Tribologische und geometrische Auslegung von additiv hergestellten Werkzeugeinsätzen zur Feinblechumformung

Tribological and Geometrical Design of Additively Manufactured Tool Inserts for Sheet Metal Forming

Von der Fakultät für Maschinenwesen
der Rheinisch-Westfälischen Technischen Hochschule Aachen
zur Erlangung des akademischen Grades eines
Doktors der Ingenieurwissenschaften
genehmigte Dissertation

vorgelegt von

Philipp Bickendorf

Berichter/in:

Univ.-Prof. Dr.-Ing. Dipl.-Wirt. Ing. Günther Schuh
Univ.-Prof. Dr.-Ing. Peter Burggräf

Tag der mündlichen Prüfung: 26. Oktober 2022

ERGEBNISSE AUS DER PRODUKTIONSTECHNIK

Philipp Bickendorf

Tribologische und geometrische Auslegung von additiv hergestellten Werkzeugeinsätzen zur Feinblechumformung

Herausgeber:
Prof. Dr.-Ing. T. Bergs
Prof. Dr.-Ing. Dipl.-Wirt. Ing. G. Schuh
Prof. Dr.-Ing. C. Brecher
Prof. Dr.-Ing. R. H. Schmitt

Band 42/2022

Bibliografische Information der Deutschen Nationalbibliothek
Die Deutsche Nationalbibliothek verzeichnet diese Publikation in der Deutschen Nationalbibliografie; detaillierte bibliografische Daten sind im Internet über https://portal.dnb.de abrufbar.

Philipp Bickendorf:

Tribologische und geometrische Auslegung von additiv hergestellten Werkzeugeinsätzen zur Feinblechumformung

1. Auflage, 2022

Gedruckt auf holz- und säurefreiem Papier, 100% chlorfrei gebleicht.

Apprimus Verlag, Aachen, 2022
Wissenschaftsverlag des Instituts für Industriekommunikation und Fachmedien
an der RWTH Aachen
Steinbachstr. 25, 52074 Aachen
Internet: www.apprimus-verlag.de, E-Mail: info@apprimus-verlag.de

Druck: CPI Druckdienstleistungen GmbH, Ferdinand-Jühlke-Straße 7 I 99095 Erfurt

ISBN 978-3-98555-133-0

D 82 (Diss. RWTH Aachen University, 2022)

Kurzfassung

Die lange Bereitstellungszeit von Umformwerkzeugen in der Serienproduktion ist mit hohen Prozessanforderungen sowie einer aufwendigen Zerspanbarkeit von Werkzeugstählen zu begründen. Durch einen Wechsel zu einem Werkstoff mit besserer Verarbeitbarkeit, wie bspw. Polymere, können Bereitstellungszeit und -kosten reduziert werden. Aufgrund einer hohen Marktdurchdringung von AM (Additive Manufacturing) und insb. des FFF (Fused Filament Fabrication) Verfahrens können Polymere verschiedener Eigenschaften kostengünstig additiv verarbeitet werden. Vorzüge sind dabei geringe Investitionskosten, eine hohe Designflexibilität sowie Möglichkeiten der Funktionsintegration. Damit können Vorteile hinsichtlich Reibung, Verarbeitbarkeit sowie Zeit- und Kosten realisiert werden. Konventionelle starre Materialien wie Werkzeugstahl werden nur im µm-Bereich verformt, wohingegen Polymere ein teils elastisches und plastisches Deformationsverhalten aufweisen. Bisher werden Deformation, Reibung und Verschleiß des Werkzeugs bei der Umformung mittels kunststoffbasierten Werkzeugeinsätzen nicht berücksichtigt. Daher ist eine Analyse der Reibungs- und Verschleißmechanismen notwendig. Polymere weisen eine geringere Abrasionsneigung auf als konventionelle Werkzeugwerkstoffe. Des Weiteren reduzieren nachgiebige Werkzeugsysteme die Flächenpressung auf konturnahe Flächen, wodurch der Aufwand der Werkzeugeinarbeitung reduziert werden kann.

Eine Optimierung hinsichtlich Werkzeugdeformation und -verschleiß findet durch gezielte Anpassung der Material/AM-Verfahrenskombination sowie der Slicing-Einstellungen statt. Zum anderen reduzieren Geometrien, welche das Werkzeug nur schwach belasten, weiter Belastung sowie Verschleiß und können anhand parametrisierter Referenzgeometrien (RG) auf weitere Anwendungsfälle übertragen werden. Die Umformung fahrzeugtypischer Feinblechgeometrien wie beispielsweise Sicken oder Fügeflansche in kleinen Stückzahlen steht dabei im Fokus und soll als Ausgangspunkt für die Übertragung auf weitere Geometrien dienen. Aufgrund der u.a. guten Steifigkeitseigenschaften, geringen Kosten und hohen Anlagenflexibilität wird ein Ordnungsrahmen für die Kombination FFF und Polylactic Acid (PLA) anhand von parametrisierten RG aufgestellt.

Abstract

The long preparation time of forming tools in series production is due to high process requirements and the complex machinability of tool steels. By changing to a material with better processability, such as polymers, the time and cost of tooling can be reduced. Due to the high market penetration of AM (Additive Manufacturing) and especially the FFF (Fused Filament Fabrication) process, polymers with different properties can be additively processed at low cost. The advantages are low investment costs, high design flexibility and the possibility of integrating functions. This allows advantages to be realised in terms of friction, processability, time and costs. Conventional rigid materials such as tool steel are only deformed in the µm range, whereas polymers exhibit partly elastic and plastic deformation behaviour. Until now, deformation, friction and wear of the tool have not been considered during forming using plastic-based tool inserts. Therefore, an analysis of the friction and wear mechanisms is necessary. Polymers have a lower abrasion tendency than conventional tool materials. Furthermore, compliant tool systems reduce the surface pressure on surfaces close to the contour, which can reduce the effort required for tool machining.

Optimisation regarding tool deformation and wear takes place through targeted adaptation of the material/AM process combination and the slicing settings. On the other hand, geometries that place only a low load on the tool further reduce stress and wear and can be transferred to other applications using parametric reference geometries (RG). The focus is on the forming of vehicle-typical thin sheet geometries such as beads or joining flanges in small quantities and is intended to serve as a starting point for the transfer to other geometries. Due to the good stiffness properties, low costs and high system flexibility, a framework for the combination of FFF and polylactic acid (PLA) is established using parameterised RG.

Inhaltsverzeichnis

Abbildungsverzeichnis

Tabellenverzeichnis

Abkürzungsverzeichnis

ABS: Acrylnitril-Butadien-Styrol-Copolymer

Al: Aluminium

AM: 3D-Druck (engl.: Additive Manufacturing)

AT: Additive Werkzeugbereitstellung (engl.: Additive Tooling)

BJ: Baujahr

BZR: Blechziehrichtung

CAD: Rechnergerstützte Konstruktion (engl.: Computer-Aided Design)

CAE: Rechnergestützte Entwicklung (engl. Computer-Aided Engineering)

CF: Kohlenstofffaser (engl.: Carbon Fiber)

CFF: Endlosfaserherstellung (engl.: Continuous Fiber Fabrication)

CFK: Kohlenstofffaserverstärkter Kunststoff

DIN: Deutsches Institut für Norming e.V.

EDO: Ende der Lieferverpflichtung (engl. End of Delivery Obligation)

EN: Europäische Norm

FEA: Finite-Elemente-Analyse

FEM: Finite-Elemente-Methode

FFF: Additives Schmelzverfahren (engl.: Fused Filament Fabrication)

FFF PLA: Fused Filament Fabricated Polylactid

FM: Füllmuster

FVK: Faser-Kunststoff-Verbund

IHU: Innenhochdruckumformen

ISO: International Organization for Standardization

IQA: Interquartilsabstand (Streuungsmaß)

LOM: Laminated Object Manufacturing

MP: Messpunkt

OEM: Fahrzeughersteller (engl.: Original Equipment Manufacturer)

PA: Polyamid

PA-CF: Kohlenstofffaserverstärktes Polyamid

PC: Polycarbonat

PEI: Polyetherimid

PEP: Produktentstehungsprozess

PLA: Polylactid (engl.: Polylactic Acid)

PLA-CF: Kohlenstofffaserverstärktes Polylactid

PoC: Wirksamkeitsnachweis (engl.: Proof of Concept)

RAT: Schnelle additive Werkzeugbereitstellung (engl. Rapid Additive Tooling)

RG: Referenzgeometrie

RP: Schnelle Prototypenentwicklung (engl.: Rapid Prototyping)

RT: Schnelle Werkzeugbereitstellung (engl.: Rapid Tooling)

RWTH: Rheinisch-Westfälische Technische Hochschule Aachen University

UM: Fa. Ultimaker BV

VDA: Verband der Automobilindustrie e.V.

WPS: Widerstandspunktschweißen

WZL: Werkzeugmaschinenlabor WZL der RWTH Aachen University

1 Einleitung

1.1 Ausgangssituation und Handlungsbedarf

Die Automobilindustrie ist insbesondere aufgrund eines harten Wettbewerbs sowie einer starken Krisenanfälligkeit einem hohen Innovationsdruck hin zu disruptiven Innovation ausgesetzt [KAMP19, S. 34], [MOHR13, S. 7f.]. U.a. setzen ein zunehmender technologischer Wandel, kürzere Produktlebens- und -entwicklungszyklen sowie die Notwendigkeit der parallelen Entwicklung und Produktion mehrerer unterschiedlicher Antriebskonzepte die Branche unter Druck [KAMP19, S. 34], [MOHR13, S. 7f.]. Verstärkt wird dieser Effekt durch eine steigende Anzahl kleiner und mittelgroßer Serien, eine anhaltend geforderte Reduktion des Fahrzeuggewichts, den Trend hin zu Mass Customization und einen wettbewerbsintensiveren Markt durch neue Marktteilnehmer [FRIE17, S. 1–15]. Diese Trends führen zu Herausforderungen der Produktentwicklung hinsichtlich der Bereitstellungszeit von Betriebsmitteln, Kosten, Flexibilität sowie Globalisierung [WALT07, S. 1f.]. [BURG20, S. 142434]

Derzeit ist der Automobilbau durch eine hohe Verfügbarkeit sowie Kapitalbindung geprägt und zeichnet sich durch hohe Qualitätsanforderungen sowie minimale Rüstzeiten und Ausfälle aus [DOEG00, S. 1f.]. Für eine sichere, nachhaltige und finanzierbare Mobilität stehen die Reduktion von Emissionen sowie Strategien des Leichtbaus als unverzichtbare und prosperierende Bausteine im Vordergrund [FRIE17, S. 1]. Folglich hängt die Zukunftsfähigkeit produzierender Unternehmen im Automobilbau insbesondere an einem ressourcenschonenden Leichtbau [KLEI19, S. 1f.], [DOEG00, S. 2]. Dahingegen sinken Markteintrittsbarrieren des aktuell wachsenden Elektromobilitätsmarkts [BMWI18, S. 3f.], [NATI18, S. 10–15]. Zusätzlich hat sich der Drang der Gesellschaft nach einer zunehmenden Individualisierung bzw. Personalisierung ebenfalls in der Automobilproduktion durchgesetzt, nachdem gemäß KOREN dieser Trend bereits in den 80er Jahren als Treiber für neue Paradigmen in Produktionssystemen entstand (vgl. Abbildung 1-1) [KORE10, S. 34]. Einer hohen Produktvielfalt wird durch personalisierte Produktion oder rekonfigurierbare Fertigungslinien begegnet. Bereits 2015 gaben mehr als 49 % der produzierenden Unternehmen an, dass die individuelle Anpassung von Produkten für sie einen strategischen Fokus darstellt [VDMA16, S. 44]. Dadurch sieht sich insbesondere die traditionell durch Großserien sowie durch eine technologische Pionierstellung geprägte Automobilindustrie mit zahlreichen Herausforderungen in der

Werkstoff-, Betriebsmittel- und Anlagenentwicklung konfrontiert [DOEG00, S. 1]. Diese Herausforderungen treffen v.a. den automobilen Rohbau sowie das Presswerk, welche eine hohe Kapitalbindung sowie Automatisierungsgrade >90 % aufweisen [KAMP19, S. 34]. Dabei ist insbesondere die Stellung des Fahrzeugbaus für die Blechumformung hervorzuheben, welche in Deutschland mehr als die Hälfte der gesamten Produktionsleistung aller Blechformteile einnimmt, gefolgt von rund 8 % für den Maschinenbau. Die Automobilindustrie ist von hoher Bedeutung für die Umformtechnik [TENN19, S. 1], [INDU20, S. 8–30]. Der Fahrzeugbau ist mit rund 50 % ebenso der wichtigste Abnehmer der Werkzeugmaschinenindustrie. Innerhalb dieser ist der Werkzeug- und Formenbau die größte Teilbranche. Geprägt ist das Verhältnis zwischen Fahrzeug- und Werkzeugbau durch eine zyklische Investitionsdynamik und eine hohe Kapitalbindung in Form eines Presswerks, der Anlagentechnik sowie bauteilspezifischer Werkzeuge. [VDMA17, S. 66f.], [INDU20, S. 8–30] Durch eine zunehmende Modularisierung sowie den Entfall des Verbrennungsmotors sinken Wertschöpfungsanteile und Produkt- sowie Produktionskomplexität erheblich [VDA13, S. 38]. Daraus folgt, dass mit zunehmender Derivatisierung Risiken und Herausforderungen im Variantenmanagement zunehmen und die Profitabilität sinkt. Dadurch wird es insbesondere für OEMs im Premiumsegment schwieriger, das Umsatzpotential zu vergrößern und Differenzierungsmerkmale zu erschaffen. [MOHR13, S. 11f.]

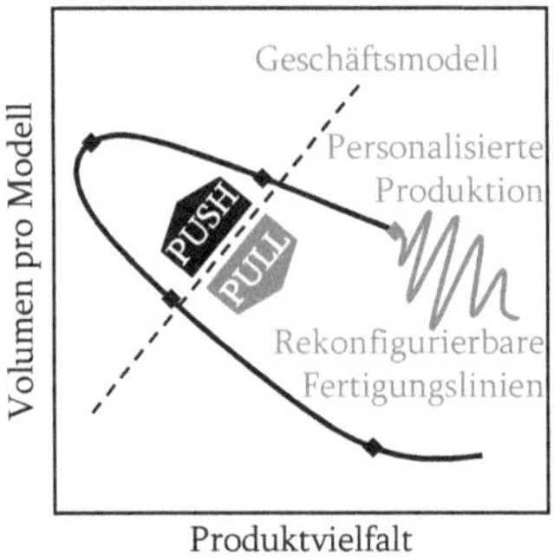

Abbildung 1-1: Paradigmen der Produktionssysteme des letzten Jahrhunderts gemäß KOREN [KORE10, S. 34]

Des Weiteren erfährt das produzierende Gewerbe im Rahmen der vierten Industriellen Revolution (Industrie 4.0) drastische Änderungen. Ein wesentliches Merkmal dieses Wandels ist die zunehmende Interaktion von Menschen, Produktionstechnik und Produkten. In der Folge wandelt sich die konventionelle Massenproduktion allmählich hin zu Produktionssystemen für Mass Customization mit höherer Flexibilität sowie On-Demand-Fertigung. Eine solche industrielle Entwicklung erfordert optimierte Konnektivität, Automatisierung im Rahmen von intelligenten Produktionssystemen, On-Demand-Ansätze zusätzlich zu bisherigen Ansätzen von hocheffizienten automobilen Großserien sowie eine höhere Flexibilität [YANG18, S. 1]. Flexibilität wird in diesem Kontext als Reaktionsfähigkeit eines Produktionssystems gegenüber Änderungen verstanden [CHRY13, S. 6788]. Hierbei sind im Automobilbau insbesondere Volumen- sowie Produktflexibilität relevant [FENO14, S. 760–764]. In Hinblick auf diese Anforderungen eröffnet sich der Bedarf an einer flexibleren Gestaltung von diversen Betriebsmitteln in der Produktion. Folglich haben insbesondere Blechumformwerkzeuge einen großen Hebel hinsichtlich Flexibilität.

1.2 Zielsetzung der Arbeit

Eine flexiblere Werkzeuggestaltung und Werkzeugbauorganisation können durch verschiedene Aspekte erreicht werden, welche nachfolgend erläutert werden. Die lange Bereitstellungszeit von Umformwerkzeugen in der Serienproduktion ist insbesondere mit hohen Prozessanforderungen sowie einer aufwendigen Zerspanbarkeit von Werkzeugstählen zu begründen. Durch einen Wechsel zu Werkstoffen mit besserer Verarbeitbarkeit, wie beispielsweise Polymere, können Bereitstellungszeit und -kosten reduziert werden. Die Werkzeugbereitstellung beinhaltet dabei sämtliche Schritte von der Bestellung bis zur Lieferung [BURG20, S. 142435]. Aufgrund einer hohen Marktdurchdringung des Fused Filament Fabrication (FFF) Verfahrens können Polymere verschiedener Eigenschaften kostengünstig additiv hergestellt werden. Von Vorteil sind dabei u.a. geringe Anlagekosten, eine hohe Designflexibilität sowie Möglichkeiten der Funktionsintegration und die Verkürzung von Produktentwicklungszeiten. Konventionelle Werkzeugmaterialien wie Werkzeugstahl weisen durch Umformprozesse Verformungen im µm-Bereich auf, wohingegen technische Polymere ein teils elastisches und teils plastisches Deformationsverhalten aufweisen. Somit können durch den Einsatz von FFF Vorteile hinsichtlich Reibung, Verarbeitbarkeit sowie Zeit- und Kostenaufwänden in der automobilen Feinblechumformung realisiert werden. Insbesondere bei Anwendungsfällen mit kleinen Stückzahlen birgt AM von konturnahen Elementen von Umformwerkzeugen großes Potential.

Bisher wurden Deformation, Reibung und Verschleiß des Werkzeugs bei der Prozessauslegung der Feinblechumformung mittels kunststoffbasierten Werkzeugeinsätzen allerdings nicht berücksichtigt [SCHM02, S. 3]. Daher ist eine Analyse der Reibungs- und Verschleißmechanismen notwendig. Polymere weisen ebenfalls beispielsweise eine geringere Abrasionsneigung auf als konventionelle Werkzeugwerkstoffe [DOEG98, S. 48]. Des Weiteren reduzieren nachgiebige Werkzeugsysteme die Flächenpressung auf konturnahe Elemente. Dadurch wird der Aufwand für die Werkzeugeinarbeitung reduziert, denn Werkzeugeinsätze aus technischen Polymeren passen sich an lokal differierende

Flächenpressungen an und gewährleisten so eine gleichmäßige Flächenpressung im Flanschbereich [DOEG98, S. 48]. Eine Optimierung hinsichtlich Deformation und Verschleiß findet durch eine gezielte Anpassung der grundsätzlichen Material/AM-Verfahrenskombination sowie der Slicing-Einstellungen statt. Zum anderen reduzieren Geometrien, welche das Werkzeug nur schwach beanspruchen, weiter Belastung sowie Verschleiß und können anhand parametrisierter Referenzgeometrien (RG) auf weitere Anwendungsfälle übertragen werden. Im Rahmen dieser Arbeit wird eine neue Material-/Verfahrenskombination für die stückzahlflexible, ressourcenarme Bereitstellung von Werkzeugeinsätzen für das Umformen von Karosseriebauteilen aus Feinblech befähigt. Die Umformung fahrzeugtypischer Feinblechgeometrien wie beispielsweise Sicken oder Fügeflansche steht dabei im Fokus und soll als Ausgangspunkt für die Übertragung auf weitere Geometrien dienen. Aufgrund der u.a. guten Steifigkeitseigenschaften, geringen Kosten und hohen Anlagenflexibilität wird ein Ordnungsrahmen für die Kombination FFF und Polylactic Acid (PLA) anhand von parametrisierten RG aufgestellt.

Zur Eingrenzung des Betrachtungsbereichs sowie zur Ausrichtung des Forschungsprozesses empfiehlt KUBICEK die Formulierung einer grundlegenden übergeordneten Forschungsfrage [KUBI77, S. 25]. Angesichts der Definition des globalen Ziels lässt sich für die vorliegende wissenschaftliche Arbeit folgende handlungsleitende Forschungsfrage formulieren:

> **Übergeordnete Forschungsfrage:** Wie müssen additiv gefertigten Werkzeugeinsätze aus Kunststoff für die Umformung fahrzeugtypischer Feinblechgeometrien geometrisch und tribologisch ausgelegt sein?

Zur Präzisierung der Forschungsfrage und weiteren Strukturierung des forschungsmethodischen Ansatzes werden zusätzlich folgende Teilforschungsfragen formuliert:

> **Teilforschungsfrage 1:** Was sind wesentliche Systemkomponenten und Einflussfaktoren aus den prozesstechnologischen Grundlagen? (vgl. Kapitel 2)

> **Teilforschungsfrage 2:** Welche Erkenntnisse lassen sich aus bestehenden Ansätzen additiv gefertigter Umformwerkzeuge aus Kunststoff ziehen? (vgl. Kapitel 3)

> **Teilforschungsfrage 3:** Wie können Einflussfaktoren der Prozess- und Werkzeugauslegung für additiv gefertigte Werkzeugeinsätze aus Kunststoff auf Basis theoretischer Analysen beschrieben werden? (vgl. Kapitel 4)

> **Teilforschungsfrage 4:** Welche Erkenntnisse ergeben ausgewählte Model- und anwendungsnahe Betriebsversuche zur experimentellen Bestimmung tribologischer und mechanischer Eigenschaften? (vgl. Kapitel 5)

Teilforschungsfrage 5: Wie kann ein Ordnungsrahmen für additiv gefertigte Werkzeugeinsätze aus Kunststoff für fahrzeugtypische Feinblechgeometrien gestaltet sein? (vgl. Kapitel 6)

Teilforschungsfrage 6: Können Karosseriebauteile, Logos und Schriftzüge in Kleinserien mittels additiv gefertigter Werkzeugeinsätze aus Kunststoff hergestellt werden? (vgl. Kapitel 7)

Diese Forschungsfragen beeinflussen maßgeblich die Struktur der grundsätzlichen Forschungskonzeption in der vorliegenden wissenschaftlichen Arbeit, welche im nachfolgenden Kapitel motiviert sowie beschrieben wird.

1.3 Forschungskonzeption und Aufbau der Arbeit

Im Hinblick auf die dargestellte Ausgangssituation und Zielsetzung ist die Raison d'Être der vorliegenden wissenschaftlichen Arbeit, einen Beitrag zur Zukunftsfähigkeit produzierender Unternehmen in der Automobilindustrie zu leisten, indem ein ressourcenschonender Leichtbau gefördert wird. Das übergeordnete Ziel ist dabei die Entwicklung eines Ordnungsrahmens, welche die Umformbarkeit von RG durch kunststoffbasierte additiv gefertigte Werkzeugeinsätze bewertet. Dieser Ordnungsrahmen beinhaltet Informationen über die Güte des Umformprozesses von 21 RG von fahrzeugtypischen Halbrund- sowie Trapezsicken. Diese werden genutzt, um Rückschlüsse auf die Umformbarkeit von weiteren Geometrien mittels kunststoffbasierter additiv gefertigter Umformwerkzeuge schließen zu können.

Die wissenschaftliche Forschung wird als Prozess verstanden, welcher durch die Wahl einer wissenschaftlichen Vorgehensweise beschrieben wird. Es ist dabei notwendig, die verwendeten Denkweisen sowie Methoden im Rahmen der wissenschaftlichen Vorgehensweise darzulegen und zu beschreiben, inwiefern sie zu dem Erkenntnisgewinn beitragen. Zunächst ist dazu die Einordnung in das Wissenschaftsspektrum durchzuführen. Da die Forschungsfrage der vorliegenden wissenschaftlichen Arbeit ein realitätsgetreues praxisorientiertes Problem mit realen Objekten darstellt, kann die Arbeit nach ULRICH UND HILL den Realwissenschaften zugeordnet werden (vgl. Abbildung 1-2), welche die Beschreibung, Erklärung und Gestaltung von Ausschnitten der Realität zum Gegenstand haben [ULRI76, S. 305]. Der interdisziplinäre Ansatz der vorliegenden wissenschaftlichen Arbeit versteht sich nicht als reine Theorie, sondern als realen Problemstellungen nachgehende Forschung [ULRI84, 168; 193]. Im Folgenden wird dazu das Tiefziehen mittels kunststoffbasierter additiv gefertigter Werkzeugeinsätze im Rahmen der Systemtheorie analysiert. Diese lässt sich dabei gemäß ULRICH als formale Wissenschaft zur Bezeichnung eines Systems anhand einer Struktur, Verknüpfungen der Systemelemente und dessen Verhalten definieren. Das System stellt dabei eine geordnete

Gesamtheit an Elementen dar, die sich durch veränderliche gegenseitige Beziehung identifizieren lassen. [ULRI70, S. 105] Dementsprechend wird das System Tiefziehen in die wesentliche Komponenten zerlegt und in einem erweiterten tribotechnischen System dargestellt [ULRI01, S. 243]. Die Bewertung primärer Beanspruchungseinflüsse dieses Systems in Form einer Systemanalyse erlaubt eine technisch sinnvolle sowie wirtschaftliche Werkzeugwerkstoffauswahl für spezielle tribologische Anwendungen [UETZ85, S. 12]. Beispielsweise kann eine geometrische Anpassung der Ziehkantenform Kontaktspannungen und somit Verschleiß am Werkzeug reduzieren, was zu einer längeren Standzeit führt [KUWE07, S. 89].

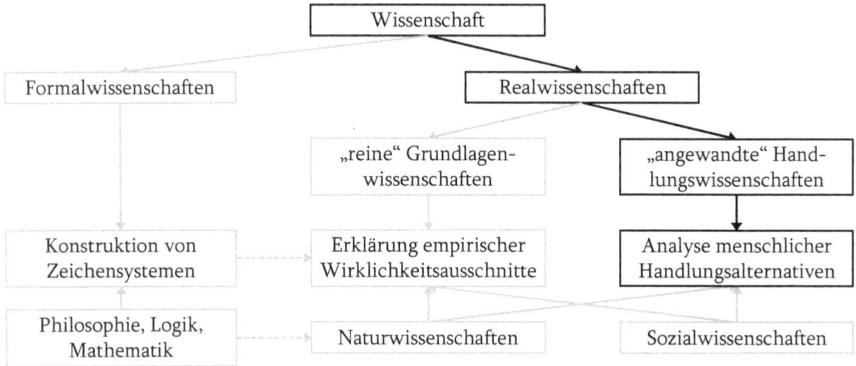

Abbildung 1-2: Wissenschaftssystematik i.A.a. ULRICH UND HILL [ULRI76, S. 305]

Der Aufbau dieser Arbeit orientiert sich zum einen am forschungsmethodologischen Ansatz für Realwissenschaften gemäß ULRICH UND HILL [ULRI76, S. 348].

Forschungsprozess angewandter Wissenschaft gem. ULRICH	Gliederung des Dissertationsvorhabens
A) Erfassen und Typisieren praxisrelevanter Probleme	**1) Einleitung** Ausgangssituation, Zielsetzung und Forschungskonzeption
B) Erfassen und Interpretieren problemrelevanter Theorien der empirischen Grundlagen-wissenschaften	**2) Prozesstechnologische Grundlagen** Automobiler Karosseriebau, Leichtbau, Umformtechnik, Werkzeugbau, Additive Manufacturing, Tribologie und Simulation
C) Erfassen und Spezifizieren problemrelevanter Verfahren der Formalwissenschaften	**3) Bestehende Ansätze** Prototyping, Kleinserien, Vorserien, Herstellung von Ersatzteilen und Mass Customization
D) Erfassen und Untersuchen des relevanten Anwendungs-zusammenhangs	**4) Auslegung kunststoffbasierter additiv gefertigter Werkzeugeinsätze** Beschreibung der Prozess- und Werkzeugauslegung kunststoffbasierter additiv gefertigter Werkzeugeinsätze
E) Ableiten von Beurteilungskriterien, Gestaltungsregeln und -methoden	**5) Experimentelle Bestimmung tribologischer und mechanischer Eigenschaften** ▪ Beschreibung des erweiterten tribotechnischen Systems ▪ Auswertung von Modell- und Betriebsversuchen zur Ermittlung tribologischer Eigenschaften, Oberflächeneigenschaften und mechanischer Eigenschaften
	6) Ordnungsrahmen für kunststoffbasierte additiv gefertigte Werkzeugeinsätze ▪ Parametrisierung der Sickengeometrie ▪ Auswertung von Analogieversuchen mit anschließender rechnerischer Validierung ▪ Synthese des Ordnungsrahmens und Ableitung erster Gestaltungsempfehlungen
F) Prüfen der Regeln und Modelle im Anwendungszusammenhang	**7) Anwendung und Erprobung kunststoffbasierter additiv gefertigter Werkzeugeinsätze** Auswertung von Umformversuchen mit Karosseriebauteilen sowie Logos und Schriftzügen
G) Beraten und Implementieren in der Praxis	**8) Schlussbetrachtung** Zusammenfassung, Limitation und Ausblick

Abbildung 1-3: Forschungsprozess angewandter Wissenschaft gemäß ULRICH [ULRI84, 168; 193]

Zum anderen ist das konsekutive Aufeinanderfolgen der Simulationen, Modell- sowie realen Umformversuche erkenntnisgesteuert, d.h. Erkenntnisse eines Versuchs werden unmittelbar in die darauffolgende Versuchsstufe integriert, um nicht zielführende Aufwände präventiv zu vermeiden. Dem Begriff der Empirie entsprechend (griechisch: Erfahrung oder Erfahrungswissen) werden Forschungs- und Versuchsstrategien erfahrungsgestützt aufgestellt und angepasst [KUBI77, S. 12f.], [TOMC92, S. 83–85]. Die Vorgehensweise der vorliegenden wissenschaftlichen Arbeit beginnt und endet in der

Praxis und fokussiert sich auf die Analyse eines konkreten Anwendungszusammenhangs. Infolgedessen eignet sich der systemtheoretische Forschungsansatz für die Beantwortung der übergeordneten Forschungsfrage [ULRI84, 168; 193]. Die Kapitelstruktur ist in Abbildung 1-3 den zugehörigen Schritten des Forschungsprozesses zugeordnet. Mit Schritt A) beginnend wird in Kapitel 1 basierend auf Praxiserfahrungen des Autors aus Entwicklungs- sowie Beratungsprojekten das Defizit an flexiblen Betriebsmittelgestaltungen motiviert und die Relevanz der Problemlösung erläutert. Darauf aufbauend werden in den Schritten B), C) und D) notwendige Grundlagen zum Verständnis problemrelevanter Themengebiete beschrieben. Mithilfe der Beschreibung der theoretischen Auslegung kunststoffbasierter additiv gefertigter Werkzeugeinsätze in Kapitel 4 wird der relevante Anwendungszusammenhang detailliert. In dem folgenden Schritt E) wird anhand der experimentellen Bestimmung tribologischer und mechanischer Eigenschaften in Kapitel 5 ein Ordnungsrahmen für kunststoffbasierte additiv gefertigte Werkzeugeinsätze in Kapitel 6 konzipiert. Dabei wird mithilfe eines erweiterten tribotechnischen Systems ein Rahmen für benötigte Modell-, Betriebs- und Analogieversuche zur Ermittlung mechanischer und tribologischer Charakteristika geschaffen. In Kapitel 6 werden parametrisierte fahrzeugtypische Feinblechgeometrien als Referenz definiert und mittels kunststoffbasierten additiv gefertigten Werkzeugeinsätzen in 1 mm DC04 und Al 5754 angeformt. Die messtechnische Auswertung wird genutzt, um einen Ordnungsrahmen aufzuspannen, in welchem Umformbarkeit sowie Prozessgrenzen hinsichtlich Geometriegestaltung und Ziehtiefe ermittelt werden können. Es werden Zusammenhänge zwischen Variablen sowie der erreichten Bauteilqualität ermittelt, welche anhand von weiteren Umformversuchen in Kapitel 7 validiert werden. Abschließend werden in Kapitel 8 neben einer Zusammenfassung der wesentlichen Inhalte Limitationen aufgezeigt und ein Ausblick auf weitere anknüpfende Forschungsarbeiten gegeben.

2 Grundlagen des Betrachtungsbereichs

Das Ziel der wissenschaftlichen Arbeit stellt die Ableitung von Lösungsansätzen zur Auslegung von kunststoffbasierten additiv gefertigten Umformwerkzeugen basierend auf deren Reibungs- und Deformationseigenschaften dar. Im Rahmen dieses Kapitels werden dazu sowohl prozesstechnologische Grundlagen des automobilen Karosseriebaus, des Leichtbaus, der Umformtechnik als auch des Werkzeugbaus dargestellt, um anschließend den Forschungsbedarf abzuleiten.

2.1 Automobiler Karosseriebau

Bei dem automobilen Karosseriebau bzw. Rohbau handelt es sich um das komplexeste Gewerk der Automobilproduktion. Er ist insbesondere durch einen hohen Grad an Automatisierung sowie hohe langfristige Investitionsvolumina geprägt [WEMH06, S. 25]. Definitionsgemäß beginnt der Karosseriebau mit der Anlieferung des Rohmaterials (Coils oder Flachblech) und endet mit dem Fügen der einzelnen Karosseriebauteile im Body-in-White [GROß21, S. 7]. Die Designsprache des Fahrzeugs wird durch die Karosserie dominiert. Sicherheit, Komfort sowie Leichtbau sind weitere bedeutende Faktoren. [KAMP13, S. 15–23], [HUTZ15, S. 256]

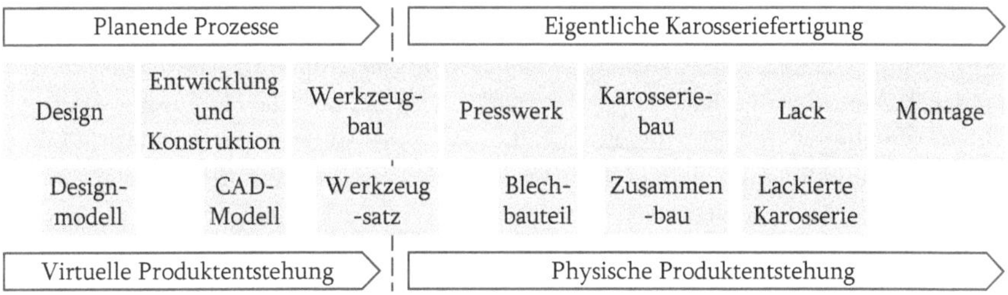

Abbildung 2-1: Einteilung des Karosserieherstellungsprozesses gemäß BIRKERT ET AL. [BIRK13, S. 43]

Hervorzuheben ist die mit mindestens 80 % rund dreimal so hohe Eigenleistung des Rohbaus in Relation zu anderen automobilen Gewerken. Damit zählt der Karosseriebau zu den wichtigsten Kernkompetenzen eines OEM. [KIEF07, S. 7] Aus Abbildung 2-1 wird ersichtlich, dass ein großer Teil der Produktentstehung vor dem Presswerk in Form von planenden Entwicklungsprozessen stattfindet [MAIE18, S. 3]. In der virtuellen Produktentstehung wird über das Design entschieden, welches als Grundlage für das in der Entwicklungs- und Konstruktionsphase situierte erste CAD-Modell dient. Dieses wird durch mehrere Iterationen bis hin zum sogenannten Design Freeze finalisiert. Mit dem Übergang in den Werkzeugbau beginnt die tatsächliche physische Produktentstehung. Die oben genannten hohen Investitionskosten sind insbesondere durch den Bedarf eines Presswerks begründet, in welchem Karosseriebauteile durch verschiedene Umform- sowie Trennoperationen hergestellt werden. Jede Umformoperation bedingt einen separaten Werkzeugsatz. Anschließend werden die einzelnen Komponenten im Karosseriebau durch diverse Fügetechnologien zusammengesetzt. Die Lackiererei ist im Folgenden für die Reinigung bzw. die alkalische Entfettung der Karosserie zuständig. Die darauffolgende sowohl chemische als auch thermische Oberflächenbehandlung sorgt u.a. für den Korrosionsschutz. Abschließend wird die Karosserie entsprechend der Anforderungen des Kunden lackiert. [BIRK13, S. 41f.] Nun erfolgt die Endmontage (vgl. Abbildung 2-1), in welcher die lackierte Karosserie um fehlende Komponenten wie u.a. Fahrwerk, Antrieb und Interieur ergänzt wird. Montageaufwände (insbesondere Fügen, Werkstückhandhabung, Justieren und Kontrollieren) betragen in der Fahrzeugproduktion rund 30 bis 50 % der Gesamtfertigungsaufwände. [LOTT12, S. 1–4] Abbildung 2-1 gibt dabei die Struktur der folgenden Kapitel 2.3 und 2.4 vor. Der im Werkzeugbau erstellte Werkzeugsatz wird in der Umformtechnik des darauffolgenden Presswerks eingesetzt.

Grundsätzlich werden zwei Bauarten von Karosserien unterschieden: die Schalenbauweise sowie die Rahmenstrukturbauweise (oder auch Spaceframe-Bauweise). Bei der Rahmenstrukturbauweise werden profilförmige Komponenten mittels Knotenelementen miteinander verbunden. In Großserien ist jedoch die Schalenbauweise der Stand der Technik [ICKE12, S. 14]. Durch das Fügen mehrerer Hohlkörper bzw. Blechschalen werden hohlprofilartige Bauteile realisiert. Die Vorteile solcher Hohlprofile sind eine verbesserte Biege- und Torsionssteifigkeit sowie eine stärkere Energieabsorption im Crashfall. Die individuell auf das Großserien-Derivat zugeschnittenen Geometrien bieten Potentiale zur komplizierten Formgebung sowie zur Einbringung lokaler Versteifungen. Diese Bauweise bedingt jedoch eine große Anzahl an Komponenten sowie Fügestellen. [KÄST16, S. 5–14], [BRÖC05, S. 10] Besonders hohe Anforderungen werden an Strukturbauteile der Karosserie gestellt, welche relevant für diverse Crashfälle sind [WALT07, S. 3].

Der Karosseriebau ist in seiner Struktur in mehrere Ebenen aufgeteilt und setzt sich aus verschiedenen Linien zusammen. In der Regel wird zwischen Neben- und Hauptlinien unterschieden. In den Nebenlinien, welche eine Aneinanderreihung von Produktionszellen darstellen, werden Blechbauteile zu (Sub-)Baugruppen gefügt. Die Hauptlinie zeichnet sich dadurch aus, dass dort die in den Nebenlinien hergestellten (Sub-)Baugruppen zur Gesamtfahrzeug-Karosserie gefügt werden. Die grundsätzliche Aufeinanderfolge der Hauptlinie wird durch sogenannte Aufbaustufen definiert, welche je nach Hersteller variieren können. Eine exemplarische Gesamtstruktur gemäß der Aufbaustufen ZB 1-3 der Daimler AG findet sich in Abbildung 2-2. In Zusammenbaustufe 1 (ZB 1) werden Vorbau, Hauptboden und Heckboden produziert sowie zur Bodengruppe gefügt. Das Ergebnis von ZB 2 ist das Karosseriegerippe, welches aus der Bodengruppe der ZB 1 sowie Dach, Rückwand und Seitenwand links sowie rechts besteht. Abschließend entsteht in ZB 3 die finale Karosserie durch die Arbeitsstrecke Vorfinish sowie das Fügen verbleibender Anbauteile an das Karosseriegerippe der ZB 2. Exemplarische Anbauteile sind Türen, Klappen oder Kotflügel. [WEMH06, S. 21], [KIEF07], [PUTZ13, S. 12f.], [KIEF07, S. 9]

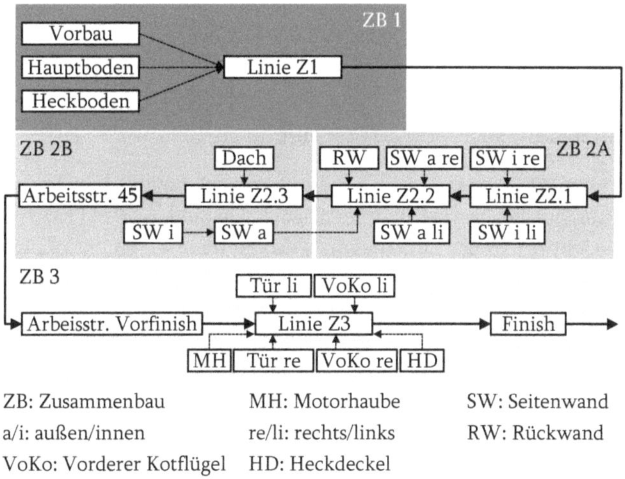

Abbildung 2-2: Karosseriebaustruktur gemäß WEMHÖNER [WEMH06, S. 21]

Zusätzliche Komplexität in dieser Struktur wird neben dem hohen Grad an Automatisierung sowie der hohen Anzahl an Fügestellen und -technologien durch zunehmend steigende Anforderungen an die Flexibilität der Anlagen verursacht [WALT07, S. 5]. Diesen Anforderungen kann beispielsweise durch automatisiert gestaltete additiv gefertigte Betriebsmitteln begegnet werden, für welche ein Konzept mit Beteiligung des Autors der vorliegenden wissenschaftlichen Arbeit entwickelt wurde [SCHU21, S. 1–6]. Im Regelfall werden verschiedene Fahrzeugmodelle auf derselben Linie gefertigt. Um dies realisieren zu können, sind die bauteilspezifischen Betriebsmittel (wie beispielsweise Bauteilaufnahmen oder Fügevorrichtungen) auf drehbaren Tischen, Revolvern oder Magazinen platziert. Des Weiteren ist der Ansatz der Batch-Produktion weit verbreitet, bei welchem die Anlage erst auf ein weiteres Derivat umgerüstet wird, sofern das geplante Volumen der vorherigen Derivate produziert wurde. Hier ist ein ausreichend großer Puffer zwischen den Nebenlinien und der Hauptlinie von großer Bedeutung. Nebenlinien werden dadurch eher bevorteilt als die Hauptlinie. [WALL15, S. 34–39] Um trotz steigender Komplexität durch Flexibilisierung bei hohen Investitionskosten im Karosseriebau eine rentable Produktion zu verwirklichen, bietet sich eine Modularisierung durch standardisierte Bauteile an. Darüber hinaus ist der Einsatz von konfigurierbaren Standard-Werkzeugeinsätzen, die eine anwendungsspezifische Flexibilisierung des Karosseriebaus ermöglichen, vielversprechend. [DUOM19, S. 4–10] Letzteres ist insbesondere für Umformwerkzeuge von großer Bedeutung, da im Vgl. zu Schweiß- oder Fräsprozessen mit Werkzeugformen und nicht mit flexiblen Werkzeug-Robotern gearbeitet wird. Ein Ansatz zur Flexibilisierung der Umformtechnik stellt dabei die inkrementelle Einzelpunktumformung dar. [YANG18, S. 1]

2.2 Leichtbauansätze im Karosseriebau

Als Leichtbau wird das Streben nach Minimierung des Bauteilgewichts mit gleichzeitiger Optimierung des Beanspruchungsvermögens verstanden [REIT13, S. 13]. Leichtbau gewinnt an Bedeutung in der Fahrzeugproduktion, da er einen entscheidenden Beitrag zu einem geringeren materiellen und energetischen Ressourceneinsatz liefert [FRIE17, S. 82]. Leichtbau verbindet folglich Gewichtseinsparungen mit einer Steigerung der Ressourceneffizienz. Somit stellt er gemäß REITTER einen integralen Bestandteil von Strategien zur Effizienzsteigerung hinsichtlich Material und Energie dar [REIT13, S. 9f.]. Gemäß KLEIN gewinnt dieser zunehmend als Entwicklungsstrategie an Bedeutung, welche als Ziel die Entwicklung einer Struktur mit reduziertem Eigengewicht, definierter Lebensdauer sowie Zuverlässigkeit hat. Derzeit fokussiert werden insbesondere Maßnahmen hinsichtlich leichten Materialien, zweckgerechten Bauweisen, anwendungsgerechter Fügetechnik sowie modernen Produktionstechnologien [KLEI19, S. 1f.].

Bei der Umsetzung von Leichtbaumaßnahmen in der Fahrzeugproduktion spielen dünnwandige Blechstrukturen eine übergeordnete Rolle. Durch den Einsatz dünnerer Bleche reduzieren sich Materialkosten sowie Energiebedarfe bei sich bewegenden Komponenten. Karosserie- und Außenhautbauteile sind solche dünnwandigen Blechstrukturen, welche eine wesentlich größere Fläche als Dicke aufweisen, was zu einer geringen Steifigkeit insbesondere unter Biegebelastung führt. Das führt u.a. zu einer Deformationsneigung und unter Schwingungseinfluss zu Vibrationen, lautem Klappern oder tieffrequentem Schall (<100 Hz). [EMMR05, S. 1f.] Im Karosseriebau haben sich in den letzten Jahren Aluminium und Mischbau-Varianten in vielen Anwendungsfeldern aufgrund der dadurch resultierenden Gewichtseinsparungen durchgesetzt. Im Fokus der Automobilindustrie stehen dabei insbesondere Stahl-Feinbleche (beispielsweise DC04), Aluminium-Magnesium-Legierungen (5xxx Gruppe) und Aluminium-Magnesium-Silizium-Legierungen (6xxx Gruppe) aufgrund ihrer guten Umformbarkeit und dennoch guten Härte-Eigenschaften. Die AlMg-Werkstoffe haben dabei gegenüber den AlMgSi-Werkstoffen den Vorteil, als naturharte Materialien zusätzliche Nachbehandlungsschritte zur Aushärtung hinfällig werden zu lassen. [SHEI06, S. 8]

Eine Leichtbauinnovation kann im Wesentlichen aus einer Anpassung des Werkstoffs, Optimierung der Produktionstechnologie und/oder Anpassung der Konstruktion bestehen [FRIE17, S. 1–3]. FRIEDRICH unterscheidet dabei zwischen den fünf grundsätzlichen Leichtbaustrategien Stoffleichtbau, Formleichtbau, Bedingungsleichtbau, Konzeptleichtbau und Fertigungsleichtbau, welche untereinander wechselwirken und nur mithilfe einer ganzheitlichen Betrachtung das gesamte Leichtbaupotential einer Anpassung entfalten [FRIE17, S. 45–49]. Im Rahmen des Formleichtbaus lässt sich durch das Einbringen spezieller Geometrien beim Umformen eine Optimierung der Materialverteilung in den Werkstücken realisieren, mithilfe derer Gewichtseinsparungen bei gleichzeitig hoher Belastbarkeit der Bauteile möglich sind. Eine besonders bei Blechbauteilen eingesetzte Geometrie sind Sicken, die im Weiteren detailliert betrachtet werden. [FRIE17, 70–73], [SCHU20, S. 2]

2.2.1 Sicken im Leichtbau

Ziel von geometrischen Versteifungen wie beispielsweise Sicken im Blech ist das Erreichen einer maximalen Steifigkeit bei gleichzeitig geringem Materialeinsatz [REIT13, S. 12]. Die Anformung von Sicken ist somit gemäß FRIEDRICH als konstruktive Maßnahme der Erhöhung des Tragvermögens von schalen- und plattenförmigen knickgefährdeten Bauteilen dem Formleichtbau zuzuordnen [FRIE17, S. 45–49]. Beim Formleichtbau wird im Bauteil dort Material hinzugefügt, wo es gemäß dem Lastfall benötigt wird und Material eingespart, wo es eine geringe Belastung zulässt. So lassen sich Blechdicken und Bauteilgewichte bei konstanter Bauteilsteifigkeit durch einfache konstruktive Anpassungen reduzieren. Sicken sind mit Rinnen zu vergleichen und zeichnen sich gemäß WIDMANN UND LANGE durch eine geringe Tiefe im Verhältnis zur Länge aus [WIDM84, S. 13–16]. Sie spielen aufgrund der Möglichkeit zur Funktionsintegration ohne zusätzliche Kosten in der Integralbauweise oder der Integrierenden Bauweise eine bedeutende Rolle. [FRIE17, 70–73]

Die am häufigsten angewendete Sickengeometrie ist die Halbrundsicke, welche sich durch einen halbrunden Sickenquerschnitt auszeichnet (vgl. Abbildung 2-3). Weitere Sicken weisen einen dreieckigen, viereckigen oder trapezförmigen Querschnitt auf. Sicken können offen oder geschlossen gestaltet sein. Offene Sicken laufen im ebenen Blechrand aus, geschlossene Sicken besitzen innerhalb des Bleches eine definierte Auslauffläche. Entsprechend des jeweiligen Lastfalls werden Sicken in der Regel in Sickengruppen bzw. als Mehrfachsicke angeordnet, um eine optimale Versteifungswirkung zu erzielen. Neben der Versteifungssicke kommen Sickengeometrien als funktionale Elemente (beispielsweise zum Fügen), Ziehsicke (zur Regulierung eines geregelten Blechnachflusses beim Tiefziehen), dekorative Elemente, zur Vergrößerung der Oberfläche oder als Leit- bzw. Begrenzungssicke vor. [WIDM84, S. 13–16], [MAJI14, S. 15], [REIT13, S. 43]

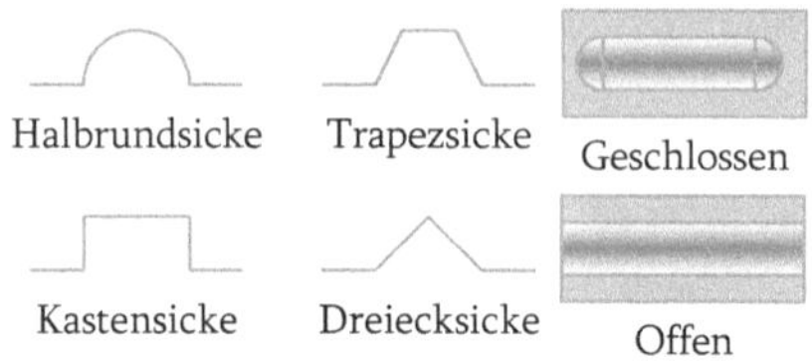

Abbildung 2-3: Typische Sickenquerschnitte gemäß WIDMANN UND LANGE [WIDM84, S. 13–16]

Im Leichtbau werden Sicken oftmals als Bestandteil einer Gesamtstruktur verwendet, die trotz des Einsatzes von räumlich ebenen und gekrümmten, dünnwandigen Blechen hohen mechanischen Belastungen ausgesetzt ist. Aufgrund der rinnenartigen Erhöhung bzw. Vertiefung und der Lage ihrer Orientierung in der Struktur ergibt sich trotz der verhältnismäßig zum Bauteil geringen Sickenhöhe eine richtungsabhängige Steifigkeit und Anisotropie. [MAJI14, S. 14] Zwischen Sickenhöhe und Sickenversteifung lässt sich dabei eine größere positive Korrelation feststellen als im Vgl. zwischen Wandstärke und Steifigkeit. Durch eine Vergrößerung der Sickenhöhe lässt sich damit eine effiziente Steifigkeitssteigerung erreichen. Durch eine Sickenhöhe von 1 mm lässt sich so bereits eine vierfache Vergrößerung des Flächenträgheitsmoments erreichen und insg. ein progressiver Anstieg des Flächenträgheitsmoments in Abhängigkeit der Sickenhöhe feststellen. [MAJI14, S. 16] Neben einer Vergrößerung des Flächenträgheitsmoments und der Steifigkeit dienen Sicken außerdem der Erreichung größerer Umformgrade sowie als Materialpuffer für nachfolgende Umformoperationen im Weiterzug, was speziell durch Ziehsicken erreicht wird [HORT00, S. 4], [GROC19, S. 2662].

Großflächige Schalenbauteile weisen unter Biegebelastung eine geringe Steifigkeit auf und verformen sich infolgedessen stark. REITTER vergleicht dazu die Verformung eines planaren Blechs (Blechdicke 7,75 mm) mit einem versickten Blech (Blechdicke 1 mm) infolge einer Prüfkraft von 3 kN, welche mittig auf das Blech aufgebracht wird. Somit konnte das große Potential hinsichtlich der Materialeffizienz durch eine Reduktion der maximalen Durchbiegung auf 57 % sowie des Gewichts auf 13 % im Vgl. zum planaren Blech unter gleicher Biegebeanspruchung bestätigt werden [REIT13, S. 15f.]. Dadurch ermöglichen Sicken auch eine verhältnismäßig hohe Energieabsorption und können Strukturverformungen gezielt lenken, sodass sich durch Sicken beispielsweise Crashboxen herstellen lassen [MAJI14, S. 14]. Diese technische und wirtschaftliche Nutzung von Sicken im Karosseriebau lässt sich nach REITTER allgemein unter der Kategorie der Gebrauchsfunktionen zusammenfassen [REIT13, S. 40f.]. Neben einer Optimierung des Belastungsverhalten von Blechen dienen Sicken auch zur Generierung von Designelementen und ermöglichen demnach die Herstellung von Logos und Schriftzügen [MAJI14, S. 14]. Diese Nutzung über technische oder wirtschaftliche Anwendungen hinaus lässt sich nach REITTER als Geltungsfunktion von Sicken zusammenfassen und gilt als Gegenstück zu den Gebrauchsfunktionen [REIT13, S. 40f.].

2.2.2 Fahrzeugtypische Feinblechgeometrien

Zu den typischen Geometrien für Karosseriebleche im automobilen Leichtbau zählen neben Sicken auch Bombierungen, Rippen, geschlossene Profile sowie Lochgeometrien bei weniger stark belasteten Bauteilen [FRIE17, 70–73]. Typische Geometrien sind dabei im Sinne der Typen-Definition nach WELTER solche, die sich zum Zwecke einer analytischen Forschungsmethodik anhand charakteristischer, forschungsbezogener Merkmale systematisieren lassen [WELT02, S. 112–116].

Allgemein können für Feinblech-Geometrieoptimierungen zwei relevante Methoden angewendet werden. Hierbei wird zwischen der Topologie-Optimierung, also der Erreichung einer günstigen Grundgestalt, und der Topographie-Optimierung, einer Veränderung der Struktur der technischen Oberfläche, unterschieden. Das Einbringen der genannten Sickengeometrien zählt hierbei klar zur Topographie und ermöglicht das Ausformen von bereits umgeformten Werkstücken zur weiteren Aussteifung und Verbesserung des Bauteilverhaltens für die gewünschten Anwendungszwecke. Hierbei haben sich v.a. Halbrund- und Trapezsicke als Geometrieformen durchgesetzt. [CHA19, S. 2], [REIT13, S. 28–30] Im Rahmen der Topographie-Optimierung und des Einsatzes von Sicken lässt sich eine Parametrisierung der Geometrien für ein systematisches Vorgehen ermöglichen. Damit lassen sich v.a. Variationen der Geometrien zur besseren Vergleichbarkeit und Validierung der Ergebnisse mit geringem Aufwand generieren. Bei Validierung und Ergebnisvergleich der Geometrie-Optimierungen ist stets auch eine Qualitätssicherung der jeweiligen Strukturbleche mit Sicken notwendig. Von besonderer Relevanz ist hierbei eine Geometrieanalyse der Wulstbodenkurve und Materialdicke, um trotz der Topographie-Änderung die Sicherstellung der Funktionalität der umgeformten Werkstücke gemäß der Konstruktion zu gewährleisten. [GROC19, S. 2660]

Aufgrund der typischen Geometrien im Leichtbau und allgemeinen Karosseriebau ist es relevant, dass die verwendeten Werkstoffe neben den Grundanforderungen an Festigkeit auch eine gute Umformbarkeit aufweisen. In Kombination dazu wird häufig ebenfalls eine gute Schweißbarkeit bei gleichzeitiger Korrosionsbeständigkeit erfordert, bei Außenhaut-Bauteilen und für dekorative Anwendungen ergibt sich darüber hinaus die Anforderung an nahezu perfekte Materialoberflächen der Bleche. Aufgrund dieser Anforderungen werden in Leichtbauanwendungen werden präferiert AlMg(Si)-Legierungen der 5/6xxx Gruppe genutzt. [PRIL14, S. 13]

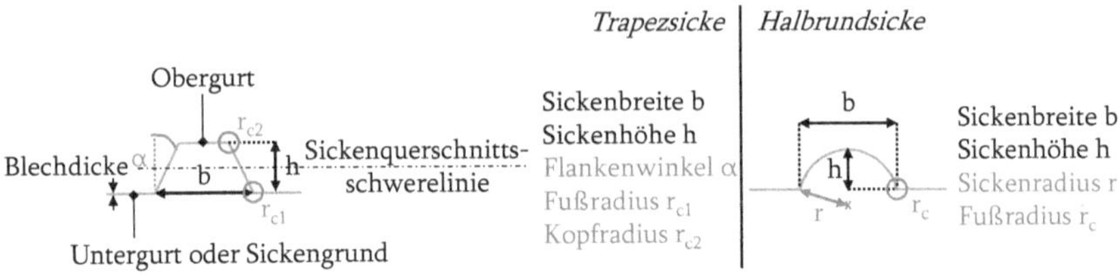

Abbildung 2-4: Beschriftung der Querschnitte von Trapez- und Halbrundsicke i.A.a. EMMRICH [GROC19, S. 2651], [EMMR05, S. 4f.]

Im Folgenden werden die geometrischen Nomenklaturen der beiden fokussierten fahrzeugtypischen Feinblechgeometrien Halbrund- und Trapezsicke definiert. Diese werden im Rahmen von Kapitel 6.2 genutzt, um 21 RG zu bilden. In der Nomenklatur einer Trapezsicke bestimmt der Ziehkantenradius des Umformwerkzeugs den Fußradius (vgl. Abbildung 2-4). Die planare Fläche am Sickenkopf wird auch als Obergurt bezeichnet, der Sickengrund als Untergurt. Grundsätzliche Größen von sowohl Trapez- als auch Halbrundsicken sind die Sickenbreite und -höhe sowie der entsprechende Fußradius. Diese Größen können in steifigkeits- und festigkeitsbestimmende Größen eingeteilt werden. Der Flankenwinkel, die Radien sowie die Gestaltung des Sickenauslaufs bestimmen die Festigkeit, wohingegen insbesondere die Länge der Sickengeometrie, Sickenbreite und -höhe die Steifigkeit beeinflussen [REIT13, S. 57–68]. Vier exemplarische fahrzeugtypische Feinblechgeometrien mit verschiedenen Anforderungsprofilen und Wirkungen sind in Abbildung 2-5 anhand eines exemplarischen Karosseriebauteils dargestellt. Diese Geometrien dienen neben der Steifigkeitserhöhung insbesondere der Erfüllung diverser Fügefunktionen sowie der Realisierung der Zugänglichkeit/Positionierung [BIRK13, S. 57f.].

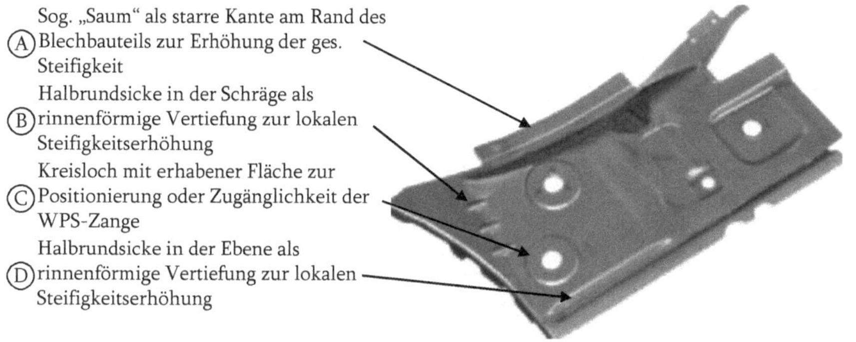

Abbildung 2-5: Fahrzeugtypische Feinblechgeometrien anhand eines exemplarischen Schließteils am Längsträger des Audi A6 [BIRK13, S. 57f.]

2.3 Umformtechnik

Die verschiedenen Umformtechniken, insbesondere zur Gestaltänderung von metallischen Feinblechen, werden gemäß DIN 8582 (vgl. Abbildung 2-6) entsprechend ihrer Hauptbeanspruchungsarten in fünf Kategorien eingeteilt, welche sich aus den durch die Relativbewegung zwischen Werkstück und Werkzeug eingebrachten Spannungen ergeben [ADAM96, S. 6–18].

Für das Umformen von Bleichteilen sind im automobilen Karosserie insbesondere das Tiefziehen als Zugdruckumformverfahren sowie das Hohlprägen als Zugumformverfahren von besonderer Bedeutung [DIN03, S. 4]. Im Weiteren wird daher besonders auf diese beiden Umformtechniken eingegangen, indem zunächst die Verfahren detailliert beschrieben werden und im Anschluss dabei auftretende Beanspruchungsbedingungen analysiert sowie sich daraus ergebende Implikationen für die Prozessgestaltung beschrieben werden. Im automobilen Rohbau ist eine eindeutige Differenzierung zwischen Zug- und Zugdruckumformung meist wegen hoher Bauteilkomplexität nicht möglich. In diesen Fällen handelt es sich um eine Verfahrenskombination von Tiefziehen und Hohlprägen [HORT00, S. 4]. Um jedoch beide Verfahren und ihre Charakteristika zu analysieren, werden diese getrennt betrachtet. Für Umformverfahren im Karosseriebau gelten allgemein hohe Anforderungen hinsichtlich Oberflächenqualität und Maßhaltigkeit (vgl. Kapitel 5.3 und 5.4). [DOEG98, S. 47], [BIRK13, S. 88]

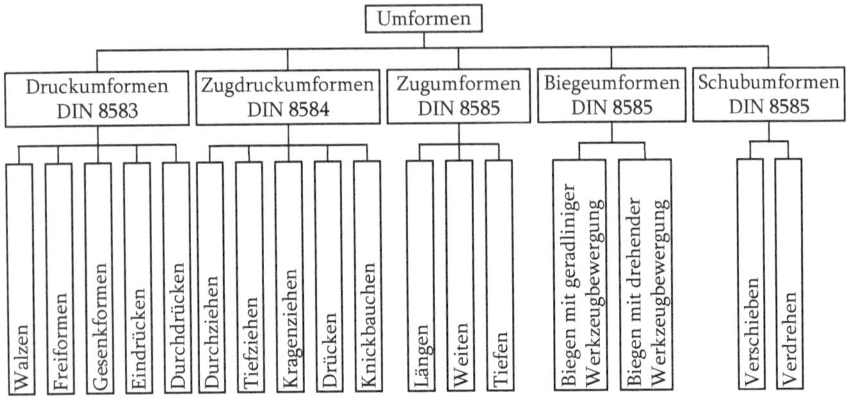

Abbildung 2-6: Einteilung der Fertigungsverfahren des Umformens gemäß DIN 8582 [DIN03, S. 3], [ADAM96, S. 7]

2.3.1 Tiefziehen und Hohlprägen

Das Tiefziehen und Hohlprägen zählen gemäß DIN 8582 sowie DIN 8585-4 zu den Fertigungsverfahren des Umformens, unter welchem „Fertigen durch bildsames bzw. plastisches Ändern der Form eines festen Körpers“ zu verstehen ist. [DEIL05, 6–15], [DIN03, S. 4–14], [DIN03, S. 3–9]

Tiefziehen

Im automobilen Rohbau werden die meisten Anbau-, Struktur- sowie Außenhautteile durch das Tiefziehen mittels starren Werkzeugen produziert [TENN19, S. 2]. Darüber hinaus besteht die Möglichkeit des Tiefziehens mit Wirkmedien und Wirkenergie [SCHE05, S. 11], [ADAM96, S. 11]. Das Tiefziehen stellt als Zugdrucktechnik eine Kombination von Zug- und Druckbeanspruchungen während des Umformprozesses dar, wobei keine Änderung der Blechdicke angestrebt wird [DIN03, S. 3]. Der Umformprozess lässt sich dabei in Erstzug und Weiterzug unterteilen. Im Erstzug wird aus der Blechplatine die Grundform eines Hohlkörpers hergestellt, während beim Durchführen weiterer Züge basierend auf dem Hohlkörper komplexere Geometrien geformt werden und eine größere Ziehtiefe erreicht wird. Ob der Umformprozess des Tiefziehens also in einem oder mehreren Zügen durchgeführt wird, hängt insbesondere von der finalen Werkstückgeometrie ab. [ADAM96, S. 11]

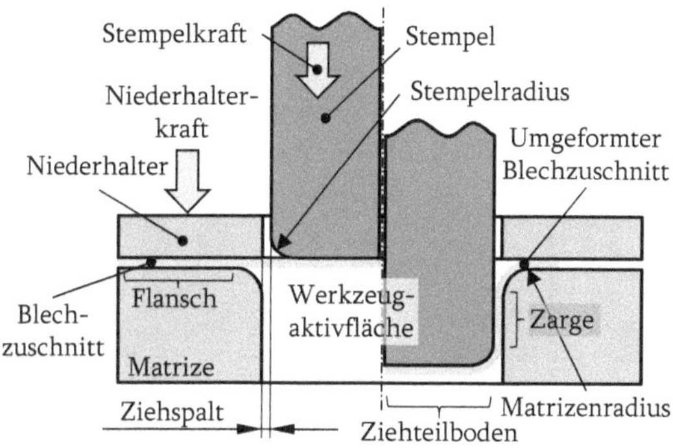

Abbildung 2-7: Prinzipielle Darstellung des Tiefziehens i.A.a. DEILER [DEIL05, S. 6–8], [DIN03, S. 3]

Zur weiteren Beschreibung des Stands der Technik des Tiefziehens mit Werkzeugen und zur Vereinfachung der Prozessbeschreibung wird nachfolgend jedoch lediglich auf den Erstzug eines rotationssymmetrischen Hohlkörpers eingegangen. Zu den typischen Bestandteilen eines Tiefziehwerkzeugs gehören ein Stempel, ein Blechniederhalter sowie eine Matrize (auch Ziehring genannt; vgl. Abbildung 2-7) [DEIL05, S. 27]. Das Tiefziehen ist ein instationärer Umformprozess, bei dem eine Vielzahl an Einflussparametern zur Erzielung der Blechgeometrie beachtet werden müssen [ELEN01, S. 11]. Der Vorgang zur Erstellung eines exemplarischen rotationssymmetrischen Hohlkörpers („Napf"; vgl. Abbildung 2-7), der rein durch Zugdruckumformung hergestellt wird [HORT00, S. 4], gliedert sich im Wesentlichen in vier Schritte. Hierbei wird zunächst die Blechplatine in das Werkzeug eingelegt und positioniert sowie mögliche Vorbereitungen wie das Einfetten von Werkzeug und Platine durchgeführt. Im nächsten Schritt wird die Platine durch den Niederhalter mit einer Niederhalterkraft beaufschlagt und zwischen Matrize und Niederhalter eingeklemmt. Dies hat den Effekt, dass es im anschließenden Tiefziehvorgang nicht zur Faltenbildung kommt sowie zunächst der Umformprozess an der Stempelkantenrundung beginnt und erst später die hauptsächliche Formänderung im Bereich zwischen Zarge und Flansch stattfindet. Dies wird durch das Nachfließen des eingeklemmten Blechs erreicht. Nach Beaufschlagung der Niederhalterkraft läuft der eigentliche Tiefziehvorgang ab, wobei ein Stempel mit der Stempel- bzw. Umformkraft in die Platine gedrückt wird, sodass das Blechmaterial in die Matrize gezogen wird und die Geometrie von Stempel und Matrize annimmt [WAGN15, S. 7]. Die Vorbereitungen im ersten Schritt wie z.B. das Einfetten dienen hierbei als präventive Maßnahmen zur Vermeidung von zu starken Belastungen des Blechs, hohen Temperaturen oder Verschleiß an Werkstück und Werkzeug. Ziel des Tiefziehvorgangs ist, dem Material durch den definierten Ziehspalt die Möglichkeit zu geben, von der Zarge in den Flansch-Bereich zu fließen und es somit möglichst zu keiner Blechdickenänderung in Folge des Umformens kommt. Den finalen Schritt stellt das Rückfahren von Stempel und Niederhalter dar, sodass das fertige Werkstück aus dem Werkzeug entnommen werden kann. [ADAM96, S. 11–18], [OTTO03, S. 18]

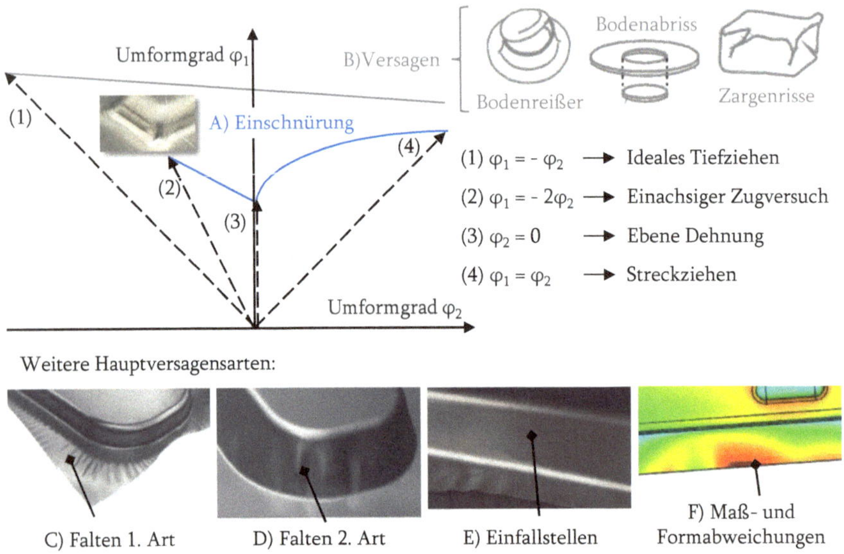

Abbildung 2-8: Hauptversagensarten im Grenzformänderungsdiagramm [KLOC17, S. 383], [KLOC17, S. 129], [KOLB18, S. 199–204], [SIEG15, S. 53], [SIEG15, S. 106], [ELEN01, S. 5]

Im Tiefziehprozess lassen sich aufgrund der instationären Prozessbedingungen, die nicht immer direkt messbar und kontrollierbar sind, im Folgenden sechs Hauptversagensarten festhalten (vgl. Abbildung 2-8) [ELEN01, S. 11]:

A) Einschnürungen
B) Bodenreißer, Bodenabriss und Zargenrisse
C) Falten 1. Art (im Flansch)
D) Falten 2. Art (in der Zarge)
E) Einfallstellen
F) Maß- und Formabweichungen (außerhalb der Toleranzen)

Diese Hauptversagensarten führen dazu, dass das tiefgezogene Bauteil als fehlerhaft deklariert wird und nachbearbeitet oder entsorgt werden muss. Maßgebliche Einflussparameter, über welche sich der Tiefziehprozess steuern lässt, stellen die Umformkraft, Niederhalterkraft und Zieharbeit dar [KOLB18, S. 147–156]. Diese Parameter verändern dabei insbesondere das Materialflussverhalten des Bauteils. Zusätzlich wirken sie jeweils an unterschiedlichen Zonen im Bauteil, auf die in Kapitel 2.3.2 unter Berücksichtigung der daraus resultierenden Belastungen stärker eingegangen wird. Einige Geometrien im Karosseriebau lassen sich jedoch nicht ausschließlich durch Zugdruckumformungen beim Tiefziehen erzeugen. Die Herstellung von Sicken wird beispielsweise durch eine reine Zugumformung ermöglicht, je nach Anwendungsfall geschieht dies auch gleichzeitig in Kombination mit Zugdruckumformungen in einem Tiefziehwerkzeug (vgl. Grenzänderungsschaubild in Abbildung 2-8 oben). Zu den Verfahren der Zugumformung, u.a. für die Sickenherstellung, zählt das Hohlprägen, das nachfolgend detailliert beschrieben wird.

Hohlprägen

Das Hohlprägen stellt ein Verfahren aus der Kategorie des Tiefens gemäß DIN 8585 dar [DIN03, S. 3–9]. Hierbei kommt es zu einer Zugumformung der Bauteile, bei denen im Gegensatz zum Tiefziehen keine Druckbeanspruchung stattfindet, da kein Niederhalter als Werkzeug zur Beaufschlagung einer Niederhalterkraft auf das Blech verwendet wird. Abgesehen vom Entfall des Niederhalters ist der Werkzeugaufbau und der Prozessablauf beim Hohlprägen analog zum Tiefziehen. Für den industriellen Einsatz haben sich beim Hohlprägen neben starren Werkzeugen bereits einzelne Anwendungsfälle mit polymerbasierten Werkzeugwerkstoffen durchgesetzt [REIT13, S. 28–30]. Durch den Wegfall des Niederhalters verringert sich auch der Hohlpräge-Prozess auf drei Prozessschritte. Zu Beginn steht ebenfalls das Einlegen der Blechplatine inkl. anfallender Vorarbeiten an. Anschließend findet der eigentliche Hohlprägevorgang statt. Hierbei wird ein Stempel mit der Umformkraft in die Blechplatine gedrückt, die sich entsprechend der Stempel- und Matrizen-Geometrie anschmiegt. Da es sich um einen reinen Streckzieh-Prozess handelt, kommt es zu einer Oberflächenvergrößerung des Bauteils in Folge einer Blechdickenreduzierung. Den letzten Schritt stellt erneut das Reduzieren der Stempelkraft und das Entnehmen des Werkstücks dar. [ADAM96, S. 15f.] In der Regel werden beim Zugumformen geringere Umformgrade im Vgl. zum Zugdruckumformen erreicht, was mit einer erhöhten hydrostatischen Spannung des Blechs zu begründen ist [REIT13, S. 28–30]. Somit wird das Hohlprägen v.a. bei Werkstücken mit kleinen Vertiefungen im Vgl. zu den Werkstückdimensionen wie z.B. zum Prägen von Logos, Schriftzügen oder der Herstellung von Sicken verwendet. Unter den Sicken haben sich dabei v.a. die Halbrund- und Trapezsicke als praxisrelevante Geometrien durch geringen Fertigungsaufwand und eine einfache Form herausgestellt. Je nach Sickengeometrie kann eine sehr homogene Spannungsverteilung über die angeformte Sicke erreicht werden. Dieser Spannungsverlauf führt zu einer guten Maßhaltigkeit des umgeformten Werkstücks [REIT13, S. 28–30].

2.3.2 Auslegung von Umformvorgängen

Beim Tiefziehen wird das Bauteil je nach Fortschreiten des Umformprozesses und nach Bauteilzone unterschiedlich beansprucht. Insgesamt lassen sich zur Beschreibung der Beanspruchungsbedingungen bei einem rotationssymmetrischen Hohlkörper die fünf Zonen Ziehteilboden, Stempelkantenabrundung, Zarge, Matrizenradius und Flansch definieren (vgl. Abbildung 2-9).

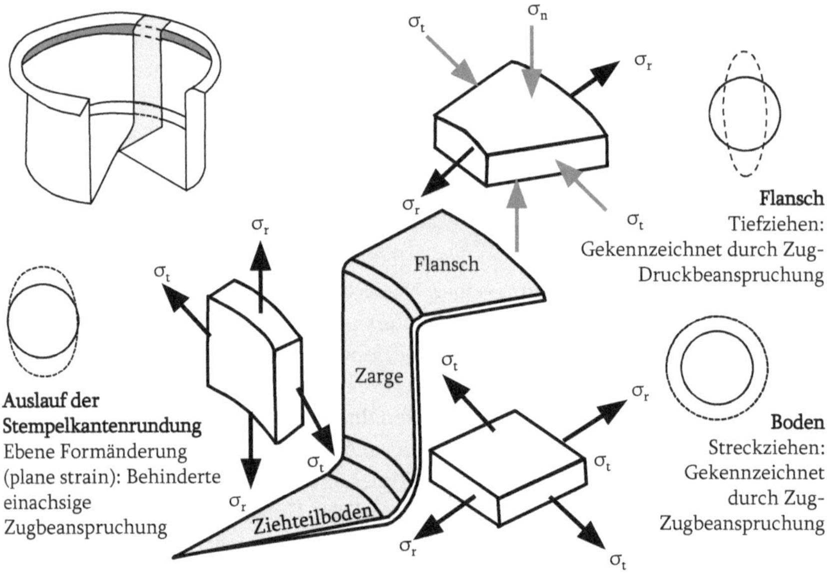

Abbildung 2-9: Spannungsverhältnisse beim Tiefziehen eines Napfs gemäß DOEGE [KÄST16, S. 16], [DOEG07, S. 262]

Der Umformprozess lässt sich dabei in zwei Phasen einteilen. In der ersten Phase der Kraftbeaufschlagung des Ziehteilbodens kommt es aufgrund einer eintretenden Formänderung an der Stempelkantenabrundung zu einem zweiachsigen Spannungszustand, der durch Zugspannungen in radialer und tangentialer Richtung geprägt ist (vgl. Abbildung 2-9). Durch die Zugspannung und Formänderung in Form einer Biegung an der Stempelkantenrundung kommt es in diesem Bereich zu einer Blechdickenreduzierung, sodass dieser Bereich besonders gefährdet ist. In dieser ersten Phase des Ausformens des Ziehteilbodens findet am Flansch noch keine Umformung statt. In der zweiten Phase nach der initialen Kraftbeaufschlagung kommt es zu einer Längenzunahme im Bereich der Zarge, die für die Kraftübertragung zum Matrizenradius und Flansch zuständig ist. Daraus resultierend stellt sich in der Zarge eine tangentiale Zugspannung ein. Im Bereich des Matrizenradius kommt es folglich zu einer Doppelbiegung des Blechs sowie einer überlagerten Reibbeanspruchung. In diesem Bereich findet die hauptsächliche Formänderung während des Tiefziehens statt, da hier der Blechwerkstoff vom Flansch über den Matrizenradius in den Ziehspalt gleitet. Durch diese Belastung stellt sich am Matrizenradius ein Zug-Druckspannungszustand aus tangentialer und normaler Druckspannung sowie radialer Zugspannung durch das Werkstoffnachgleiten ein [SHEI06, S. 33]. Im Flansch stellt sich infolge der weitergeleiteten Stempelkraft eine radiale Zugspannung ein. Durch das Nachgleiten des Werkstoffs und einen Materialüberschuss kommt es hier, zusätzlich zu normalen Druckspannungen durch die Niederhaltekraft zu einer tangentialen Druckspannung, sodass diese Stauchung zu einer Blechdickenzunahme führt. [OTTO03, 7–20], [KÄST16, S. 16]

Experimentell wurde eine Materialanhäufung oder Ausdünnung je nach Beanspruchung der Werkzeugzone nachgewiesen. Im Bereich des Ziehteilbodens und Stempelkantenradius kommt es aufgrund der vorherrschenden Zugspannung zu einer Blechausdünnung, während Flansch und Matrizenradius infolge der Druckspannungen beim Einzug in den Ziehspalt eine Blechdickenzunahme aufweisen. [BERG21, S. 8] Die Belastung beim Hohlprägen durch Zugumformung ist verglichen mit dem Tiefziehen wesentlich einfacher zu quantifizieren. Hier kommt es über die gesamte Umformzone zu einer beständigen Zugspannungsverteilung. Insbesondere für Halbrundsicken ergibt sich aufgrund ihrer gleichmäßigen Umformgeometrie mit konstantem Radius eine homogene Spannungsverteilung. Dies führt u.a. zu einer guten Maßhaltigkeit durch eine geringe Vertiefung der Halbrundsicke. [REIT13, S. 28–30] Durch Variation des Prozessaufbaus und der Prozessparameter kann sich jedoch die Zugbeanspruchung beim Zugumformen durch entsprechende Querkontraktion in Breiten- und Dickenrichtung verändern und unterschiedliche mehrachsige Spannungszustände in der Umformzone zur Folge haben.

Umformvorgänge werden im Wesentlichen durch produkt- und prozessbezogene Aspekte beeinflusst. Produktbezogene Aspekte umfassen dabei insbesondere die Integration der Fertigung in den Karosseriebau, die Bauteilgeometrie sowie die verwendeten Werkstoffe. Prozessbezogene Aspekte werden v.a. durch Reibverhältnisse und die aufgebrachten Umformkräfte beschrieben.

Die Umformprozesse im Presswerk stellen in der Regel den ersten Schritt der physischen Entstehung eines Karosserie-Bauteils dar. Einen erheblichen Einfluss auf die Prozesse haben dabei entsprechend die verwendeten Werkzeuge und Maschinen, auf die im nächsten Kapitel näher eingegangen wird, sowie der damit verbundene Mechanisierungsgrad [BIRK13, S. 43], [BIRK13, S. 490]. Im Rahmen der automobilen Serienproduktion spielen basierend auf der Werkstückgeometrie ebenfalls das Ziehverhältnis sowie die damit einhergehende Notwendigkeit von Erst- und Weiterzügen eine bedeutende Rolle für die Prozessauslegung [ADAM96, S. 166]. Bei gewalzten Blechwerkstoffen sind die mechanischen Eigenschaften in der Regel richtungsabhängig. Geschliffene Dressierwalzoberflächen führen zu anisotropen tribologischen Charakteristiken des Blechs, welche insbesondere die Reibung orthogonal zur Walzrichtung erhöhen. [REIT13, S. 28]

Zu den am häufigsten verwendeten Werkstoffen bei Umformprozessen zählen Stahl- und Aluminium-Bleche unterschiedlicher Legierungszusammensetzungen. Zudem sind Kunststoffe und austenitische Stähle als Ausgangswerkstoff geeignet. Zusammen mit der Halbzeugdicke ist das spezifische Werkstoffverhalten der jeweiligen Halbzeug-Form ein relevanter Parameter, um beispielsweise Aspekte der Anisotropie bei Blechen während der Prozessauslegung zu berücksichtigen. [BIRK13, S. 24–29], [BIRK13, S. 149] Unter den Stahllegierungen in Blechform haben sich im Karosseriebau typischerweise Blechdicken zwischen 0,3 mm und 3,0 mm etabliert. Für Außenhautanwendungen wird in der Praxis insbesondere Tiefziehstahl nach der Spezifikation DC04 bis DC06 verwendet [BIRK13, S. 25], [BIRK13, S. 35], [DIN07, S. 1–16]. Die Verwendung von Aluminium-Blechen wird heutzutage v.a. aus Leichtbauaspekten berücksichtigt. Typisch sind hierbei Blechdicken zwischen 0,8 mm und 2,0 mm, wobei insbesondere AlMg-, AlMgMn- sowie AlMgSi-Bleche aus 5xxx und 6xxx Legierungen genutzt werden. [BIRK13, S. 36–41], [SHEI06, S. 8] Das unlegierte, unbeschichtete DC04 eignet sich aufgrund seiner Werkstoffeigenschaften, einem geringem Kohlenstoffgehalt von 0,08 %, einem Streckgrenzenverhältnis <1 (Streckgrenze R_e=210-220 N/mm^2; Zugfestigkeit R_m=270-350 N/mm^2) sowie geringen Verfestigungsexponenten von 0,17-0,18 gut zur Blechumformung. [THYS18, S. 1], [DIN07, S. 1–16] Die häufige Verwendung der 5xxx (AlMg) und 6xxx (AlMgSi) Legierungen für die Umformung von Feinblechen lässt sich insbesondere auf die Legierungselemente Magnesium und Silizium zurückführen. Bei 5xxx Legierungen sorgt das Magnesium mit einem Anteil zwischen 3-5 % für eine hohe Korrosionsbeständigkeit und Schweißbarkeit der naturharten Werkstoffe. Für 6xxx Legierungen lässt sich durch jeweils ca. 1 % Magnesium- und Silizium-Anteil eine mittlere bis hohe Festigkeit, hohe Bruchzähigkeit, gute Schweißeignung, Korrosionsbeständigkeit und Umformbarkeit erreichen sowie durch die Ausscheidung von Magnesiumsilicid (Mg_2Si) ein Aushärten der Werkstücke erzielen. Aufgrund der typischen Verwendung der Materialien DC04 und Aluminium im Karosseriebau wird in den nachfolgenden Kapiteln hauptsächlich auf diese Werkstoffe eingegangen [BROC20, S. 1]. Der Werkstoff Stahl und damit die Herstellung reiner Stahlkarosserien wird insbesondere unter dem Aspekt der vergleichsweisen geringen Materialkosten weiterhin einen hohen Stellenwert haben. [KOGL13, S. 1f.], [DIN19, S. 14]

Einer der wichtigsten verfahrenstechnischen Parameter für die Prozessauslegung ist das Kraftverhältnis im Umformwerkzeug. Die auftretenden absoluten Kräfte bei der Herstellung eines exemplarischen rotationssymmetrischen Napfes aus 1,2 mm Stahl (CR4) mit einem Durchmesser von 125 mm und einer Ziehtiefe von 35 mm betragen dabei bis zu ca. 300 kN. In der Praxis hat sich hierbei die Verwendung der Angabe der Kräfte in „Tonnen" (entsprechend ca. 30 t) etabliert. Zu beachten ist dabei, dass die Kräfte mit zunehmender Werkstückverformung ebenfalls zunehmen. [VEDP19, S. 854–859] Darüber hinaus werden Schmierstoffe genutzt, um typische Prozessfehler am Werkstück in Folge von Reibungseffekten zu vermeiden. Mittels Schmierstoffen kann ein Schmierfilm hergestellt werden, mithilfe dessen unabhängig von Betriebstemperatur und -druck flächendeckend die Bauteiloberfläche vom Werkzeug separiert wird. Hierbei ist für die Schmierstoffauswahl jedoch zu beachten, dass keine ungewünschten Reaktionen mit den Werkstoffen eingegangen werden. Für die Prozessauslegung und die optimale Schmierstoffauswahl sind daher v.a. Viskosität, Dichte und Kompressionsmodul sowie während des Umformprozesses Druck und Temperatur essenziell. Der thermische Einfluss infolge von Reibung sowie der Verformung des Blechs beansprucht insbesondere die Anbauteile des Werkzeugs wie beispielsweise Gasdruckfedern. [ADAM96, S. 194f.]

2.3.3 Tribologie

Tribologie bezeichnet eine interdisziplinäre Wissenschaft der Teildisziplinen Physik, Chemie, Werkstoffwissenschaft und Ingenieurswissenschaft [CZIC15, S. 23–26]. Gemäß Arbeitsblatt 7 der GESELLSCHAFT FÜR TRIBOLOGIE „ist Tribologie die Wissenschaft und Technik von aufeinander einwirkenden Oberflächen in Relativbewegung. Sie umfasst das Gesamtgebiet von Reibung und Verschleiß, einschließlich Schmierung, und schließt entsprechende Grenzflächenwechselwirkungen sowohl zwischen Festkörpern als auch zwischen Festkörpern und Flüssigkeiten oder Gasen ein." [DETE02, S. 3]

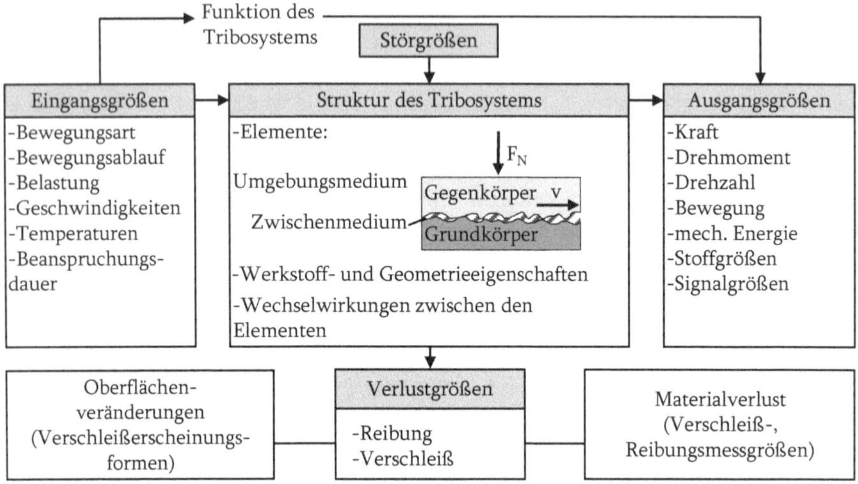

Abbildung 2-10: Allgemeines tribologisches System i.A.a. SAUER [CZIC15, S. 9]

Sowohl Leistung, Wirkungsgrad als auch Gebrauchsdauer können durch die Optimierung eines tribologischen Systems (auch Tribosystem; vgl. Abbildung 2-10) erhöht werden [CZIC15, S. 9]. Zahlreiche technische Funktionen können mittels tribologischer Systeme erfüllt werden, indem Eingangsgrößen in technisch nutzbare Ausgangsgrößen übertragen werden. Diese Übertragung führt zu Verlustgrößen, zu welchen insbesondere Reibung und Verschleiß zählen, welche im Folgenden weiter beschrieben werden. Störgrößen beeinflussen Ausgangs- und Verlustgrößen durch tribologische Beanspruchungen wie hauptsächlich Kontaktvorgänge, Kinematik sowie thermische Vorgänge. Die Struktur eines Tribosystems ist abhängig von den Elementen innerhalb der Systemgrenze, deren Eigenschaften sowie Wechselwirkungen. Ein Zwischenmedium separiert den Grundkörper vom Gegenkörper, welche sich in einem Umgebungsmedium befinden. Diese Elemente des Tribosystems zeichnen sich durch charakteristische Werkstoff- sowie Geometrieeigenschaften aus und werden durch Eingangsgrößen belastet, welche auch als Beanspruchungskollektiv (vgl. Kapitel 5.1) bezeichnet werden. Dies führt zu tribologischer Beanspruchung und zu Wechselwirkungen zwischen den Elementen, wodurch sich das Tribosystem kontinuierlich über der Belastungsdauer in Abhängigkeit der Eingangsgrößen verändert. Bei Verfahren der Umformtechnik handelt es sich um ein offenes Tribosystem, da im Gegensatz zu geschlossenen Systemen ein ständiger Stofffluss in das bzw. aus dem System stattfindet. [SAUE18, S. 3–5], [CZIC15, 29–92]

Reibung

Als bedeutendste Verlustgröße tribologischer Systeme beeinflusst die beim Tiefziehen auftretende Reibung maßgeblich das Ergebnis des Umformprozesses sowie die benötigte Umformkraft [DOEG07, S. 257–294]. Reibung wird gemäß der GESELLSCHAFT FÜR TRIBOLOGIE „als eine Wechselwirkung zwischen sich berührenden Stoffbereichen von Körpern definiert. Sie wirkt einer Relativbewegung entgegen. Bei äußerer Reibung sind die sich berührenden Stoffbereiche verschiedenen Körpern, bei innerer Reibung ein und demselben Körper zugehörig." [DETE02, S. 29] Während innere Reibungsanteile vernachlässigt werden können, herrschen bei der Blechumformung v.a. äußere Reibungsanteile. Dies ist insbesondere mit den hohen Normalkräften des Niederhalters zu begründen [SING19, S. 13–16]. Die Berechnung von Reibkräften findet durch das Reibgesetz nach COULOMB statt (vgl. Abbildung 2-11) [KLOC17, S. 133–140].

$$|F_R| = \mu * |F_N|$$

F_R=Reibkraft

μ=Reibwert

F_N=Normalkraft

Der Reibwert wird dabei als konstant angenommen. Die resultierende Reibkraft hängt nicht von der Gleitgeschwindigkeit sowie Gestaltung der Wirkfläche ab und steigt proportional mit der Normalkraft [KLOC17, S. 133–140]. Der komplexe Prozess der Reibung wird i.A.a. CZICHOS ET AL. in die drei Phasen Energieeinleitung, -umsetzung und -dissipation eingeteilt [CZIC15, S. 96]. Nach der Energieeinleitung führt eine tribologische Belastung in der Phase der Energieumsetzung zu den Reibungsmechanismen der Adhäsion, Deformation und Furchung (vgl. Abbildung 2-11). Infolgedessen finden im Rahmen der dritten Phase bewegungshemmende und energiedissipierende Reibungsmechanismen statt [SCHE05, S. 18–23].

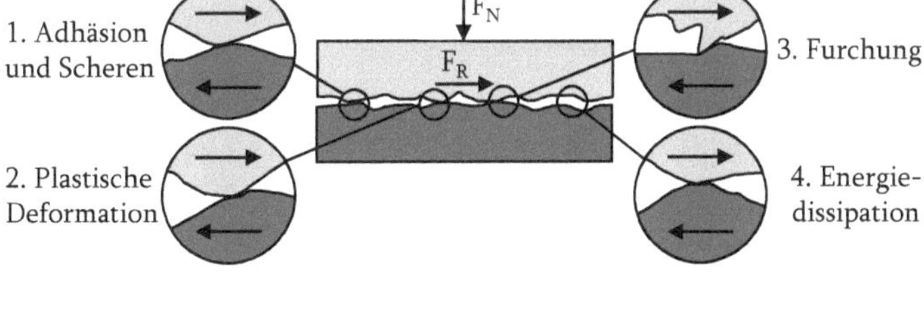

Abbildung 2-11: Darstellung 4 Reibungsmechanismen i.A.a. SCHELL [SCHE05, S. 19]

Der Reibungsmechanismus der Adhäsion beruht auf der Bildung und Zerstörung von Adhäsionsverbindungen. Die Verbindungen werden durch die zwischen Grund- und

Gegenkörper wirkenden van-der-Waals Kräfte verursacht. Die adhäsive Reibkraft ist von der tatsächlichen Kontaktfläche sowie von der Scherfestigkeit abhängig. Die tatsächliche Kontaktfläche ist im Vgl. zur nominellen Kontaktfläche meist niedriger, da zwischen zwei technischen Oberflächen nur Mikrokontakte existieren. Die reale Kontaktfläche ist die Summe dieser Mikrokontakte, in denen die tribologische Beanspruchung wirkt. [CZIC15, S. 99–104]

Treten zwei Körper mit ungleicher Härte in Kontakt tritt Furchung auf. Rauheitshügel an der Oberfläche des harten Körpers graben sich dabei in den weichen Gegenkörper. Die Reibungskraft resultiert aus dem Widerstand des weichen Gegenkörpers bei entsprechender Bewegung. Eine zweite Reibungskraft kann durch Furchung eingebetteter Verschleißpartikel entstehen. [CZIC15, S. 107]

Mit Energiedissipation wird die Umwandlung von Bewegungsenergie in eine andere Energieform beschrieben. Gemäß CZICHOS ET AL. wird Reibungsenergie hauptsächlich in Wärmeenergie umgewandelt. Der gesamte Prozess ist von hoher Komplexität geprägt, da neben der Weiterleitung der Reibungswärme auch reibbedingte Schwingungen der Reibpartner vorzufinden sind. Folglich findet neben Energieabsorption auch Energiemission statt. [CZIC15, S. 108]

Meist findet eine Überlagerung der einzelnen Reibungsmechanismen statt, sodass sich die Reibkraft aus folgenden Anteilen zusammensetzt. [SCHE05, S. 19]

$$F_R = F_{Adh} + F_{Def} + F_{Furch} + F_{Diss}$$

F_R=Reibkraft

F_{Adh}=Reibkraftanteil durch 1. Adhäsion und Scheren

F_{Def}=Reibkraftanteil durch 2. Plastische Deformation

F_{Furch}=Reibkraftanteil durch 3. Furchung

F_{Diss}=Reibkraftanteil durch 4. Energiedissipation

In der Blechumformung wird Reibung besonders durch die Einflussfaktoren Flächenpressung, Gleitgeschwindigkeit und Oberflächengestalt von Werkstück und Werkzeug und die Eigenschaften des verwendeten Schmierstoffs beeinflusst [KLUG20, S. 49].

Verschleiß

In Umformwerkzeugen wird durch dauerhafte Reibbeanspruchung zwischen Umformwerkzeug und Werkstück Verschleiß hervorgerufen. Gemäß der GESELLSCHAFT DER TRIBOLOGIE „ist Verschleiß der fortschreitende Materialverlust aus der Oberfläche eines festen Körpers, hervorgerufen durch mechanische Ursachen, d.h. Kontakt und Relativbewegung eines festen, flüssigen oder gasförmigen Gegenkörpers." [CZIC15, S. 108] Dabei hängt die Standzeit von Werkzeugen maßgeblich von drei Faktoren ab: Verschleiß und plastische Deformation des Werkzeugs sowie das Auftreten von Werkzeugbrüchen und -rissen. Die resultierende Bauteilmaßhaltigkeit und Blechoberfläche bestimmen das Ende der Werkzeugstandzeit. [KLOC17, S. 142–148] Verschleiß wird durch das Zusammenwirken verschiedener mechanischer und chemischer Prozesse hervorgerufen.

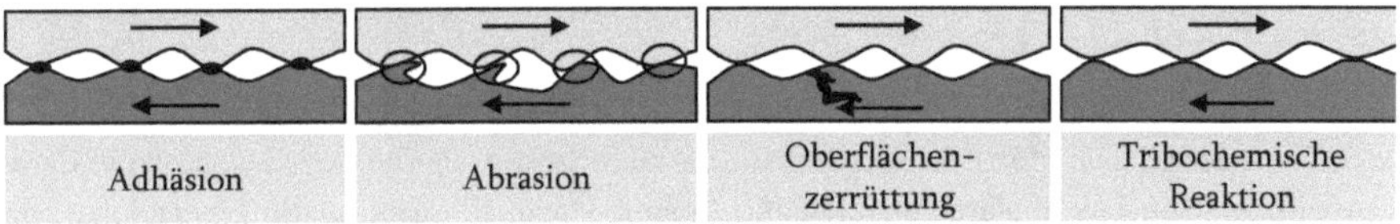

Abbildung 2-12: Verschleißmechanismen [KLOC17, S. 143f.]

Die Grundvorgänge des Verschleißes (vgl. Abbildung 2-12) lassen sich gemäß CZICHOS ET AL. auf die grundlegenden Prozesse der Adhäsion und Abrasion sowie Oberflächenzerrüttung und tribochemischen Reaktion zurückführen. [CZIC15, S. 132–146]

Beim Adhäsionsverschleiß findet ein Materialübertrag von der Oberfläche des weicheren Körpers auf die Oberfläche des härteren Körpers unter hohen Flächenpressungen statt. Die Auswirkungen sind bei konventionellen Umformwerkzeugen u.a. stark aufgeraute Werkzeugoberflächen oder Löcher. Adhäsionsverschleiß kann auf die zwei initiierenden Mechanismen Grenzflächenbindung und mechanische Umklammerung zurückzuführen sein. Ersterer entsteht durch lokale Belastungen an Rauheitshügeln. Dadurch werden schützende Oberflächendeckschichten durchbrochen, sodass lokale Grenzflächenbindungen entstehen. Diese Grenzflächenbindungen werden bei metallischen Kontaktpartnern auch als Kaltverschweißungen oder Fresser bezeichnet und können eine höhere Festigkeit als das ursprüngliche Material besitzen. Diese ist auf chemische Bindungen zurückzuführen. Dazu gehören zum einen die drei Arten der Hauptvalenzbindungen: Atom-, Ionen sowie metallische Bindung. Zum anderen existieren Nebenvalenzbindungen wie die van-der-Waals Bindung, welche jedoch schwächer als die Hauptvalenzbindungen ist. Eine mechanische Umklammerung bezeichnet die Verschiebung von weicherem Material in Risse und Furchen des härteren Materials. Treten Scherkräfte auf, löst sich dieses Material vom weichen Gegenkörper. [KLOC17, S. 145–148]

Eine Ermüdung der Oberfläche führt zur Bildung von Rissen, infolgedessen Oberflächenzerrüttung eintritt. Die Materialtrennung ist mit wechselnden tribologischen Belastungen der Oberfläche zu begründen. Dazu gehören beispielsweise normale sowie tangentiale zyklische Belastungen an Rauheitshügeln. Anzahl und Amplitude der Belastung entscheiden über das Eintreten von Ermüdungserscheinungen. Als Verschleißerscheinungsform sind Risse und daraus resultierende Brüche charakteristisch. Da Spannungsspitzen besonders an Oberflächenunebenheiten wie Rauheitsspitzen auftreten, ergibt sich daraus die Forderung, die Rauheit von Umformwerkzeugoberflächen sehr gering einzustellen. [KLOC17, S. 147f.]

Werden Partikel durch eine tribologische Beanspruchung in das Material gedrückt und zeichnet sich einer der Körper durch eine hohe Rauheit und Härte aus kann Abrasion auftreten. [CZIC15, S. 137–146]

In der konventionellen Umformtechnik ist der Grundkörper das formgebende Element des Werkzeugs. Die Härte ist dabei grundsätzlich höher als die des Gegenkörpers, das umzuformende Blech. Partikel mit einer hohen Härte können in die Oberfläche von Umformwerkzeugen eindringen und abrasiven Werkzeugverschleiß hervorrufen. [KLOC17, S. 147f.]

Bei der tribochemischen Reaktion führt die in der Kontaktzone entstehende Reibungsenergie zu chemischen Reaktionen der beteiligten Kontaktpartner. Dadurch entstehen chemisch veränderte Randschichten von Grund- und Gegenkörper, deren Materialeigenschaften sich erheblich von den ursprünglichen unterscheiden können. Falls sprödharte Reaktionsschichten gebildet werden, kann die tribologische Belastung zum Ausbrechen der Reaktionsschicht führen. Befindet sich dort weiches Material, wird dies mittels Abrasion verschoben und kann bei wiederholter tribochemischer Reaktion nachfließen. Die Folge der tribochemischen Reaktion ist Materialverlust. [KLOC17, S. 148f.]

Die Ausprägung eines Verschleißmechanismus auf der Oberfläche eines beanspruchten Körpers wird als Verschleißerscheinungsform bezeichnet und kann durch lichtmikroskopische Aufnahmen bestimmt werden. Da der Verschleiß oft durch Überlagerung verschiedener Mechanismen entsteht, können auch mehrere Verschleißerscheinungsformen parallel oder sequenziell auftreten [KLOC17, S. 143f.]. Gemäß der GESELLSCHAFT FÜR TRIBOLOGIE ist die Zuordnung von Verschleißerscheinungsformen zu den Verschleißmechanismen nach Tabelle 2-1 möglich [DETE02, S. 15]. Die Definitionen der Verschleißerscheinungsformen können dem Arbeitsblatt 7 der GESELLSCHAFT DER TRIBOLOGIE entnommen werden [DETE02, S. 16–24].

Tabelle 2-1: Verschleißerscheinungsformen

Verschleißmechanismus	Verschleißerscheinungsformen
Adhäsion	Fresser, Löcher, Kuppen, Schuppen und Materialübertrag
Oberflächenzerrüttung	Risse und Grübchen
Abrasion	Kratzer, Riefen, Mulden und Wellen
Tribochemische Reaktion	Reaktionsprodukte (Schichten und Partikel)

Abrasion und Kaltaufschweißungen auf der Werkzeugoberfläche als typisch werkzeugseitige Fehler führen gemäß DOEGE beim industriellen Tiefziehen zu Oberflächenschäden am Werkstück [DOEG98, S. 47]. Um Verschleiß zu quantifizieren, wird die Geometrie- oder Masseänderung eines verschleißenden Körpers gemessen. Abhängig von Struktur und Beanspruchung des Systems erfolgt die Wahl einer geeigneten Verschleißmessgröße. Diese Vorgehensweise wird als direkte Verschleißmessung bezeichnet. Bei der bezogenen Verschleißmessung wird das Verhältnis der Verschleißmessgröße zu einer Bezugsgröße, beispielsweise dem Verschleißweg oder der Verschleißdauer, gebildet, sodass sich Verschleißraten spezifisch zu einem Belastungskollektiv ergeben. Die direkte Verschleißmessung wird angewendet, wenn der Zustand eines Verschleißkörpers nach Beenden einer Beanspruchung betrachtet wird. Mittels der bezogenen Verschleißmessung ist es möglich, Aussagen über den Verschleißverlauf zu treffen. [DETE02, S. 33–50]

Um Reibung und Werkzeugverschleiß in der Umformtechnik zu reduzieren, werden unterschiedliche Schmierstoffe wie beispielsweise Öle, Festschmierstoffe und Folien eingesetzt. Die Hauptaufgabe von Schmierstoffen ist die Oberflächentrennung der Reibpartner, wodurch niedrigere Reibwerte erzielt werden können. Durch Reibungsminderung verringern sich die erforderlichen Umformkräfte und folglich auch der Verschleiß von Umformwerkzeugen. Eine weitere Aufgabe von Schmierstoffen ist die Kühlung der Werkzeuge durch Wärmeabfuhr. Die wichtigste Kenngröße zur Charakterisierung von Ölen ist die kinematische Viskosität, welche als Kennzahl für die Schmierfilmtragfähigkeit die Fließeigenschaften bewertet. Die kinematische Viskosität ist von Druck und Temperatur abhängig. In der Regel ist eine Temperaturzunahme mit einer Abnahme der kinematischen Viskosität verbunden. [KLOC17, S. 149–162]

Der Reibwert μ folgt unter Schmierung der sogenannten Stribeck-Kurve, welche eine Funktion der Parameterkombination Viskosität η, Geschwindigkeit v und Normalkraft F_N ist (vgl. Abbildung 2-13) [SIEG15, S. 9]. Im Bereich der Festkörperreibung befinden sich zwei feste Körper in unmittelbarem Kontakt. Die Geschwindigkeit ist niedrig. Die Oberflächenbereiche werden nicht getrennt, was zu einem vergleichsweisen hohen

Reibwert führt. Im Zustand der Flüssigkeitsreibung werden die Oberflächen der Reibpartner durch einen hydrostatisch oder hydrodynamisch erzeugten Schmierfilm getrennt. Der Reibwert nimmt linear mit der Geschwindigkeit zu. Das Reibwertminimum befindet sich im Bereich der Mischreibung, in welchem Anteile aus Festkörper- und Flüssigkeitsreibung wirken. In der Umformtechnik wirkt meist Festkörper- oder Mischreibung. [SIEG15, S. 6–10]

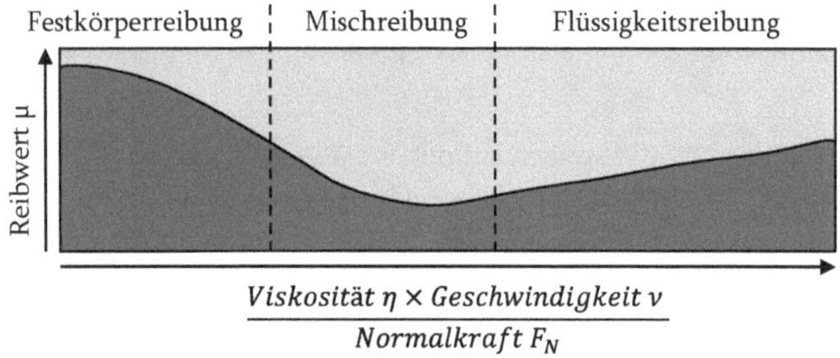

Abbildung 2-13: Stribeck-Kurve [SIEG15, S. 9]

Durch den Schmierstoffauftrag entstehen nach Tiefziehprozessen erhebliche Aufwände durch nachgeschaltete Reinigungs- und Trocknungsprozesse. Oft beinhalten Reinigungs- und Schmiermittel zudem Bestandteile, welche Gesundheit und Umwelt schaden. Weiterhin sind die Reduktion des Wasser- und Energieverbrauchs sowie die Möglichkeit der Verkürzung der Prozesskette Stellhebel zur Kostenreduktion. Folglich bestehen Bestrebungen, den Tiefziehprozess ohne Schmierstoffauftrag durchzuführen. Somit müssen umgeformte Bauteile nicht mehr gereinigt werden. Die direkte Berührung des Bauteils mit dem Umformwerkzeug führt jedoch auch zu erhöhtem Verschleiß, wodurch das Prozessfenster zur Produktion von hochqualitativen Gutteilen verringert wird. Dadurch kann die Werkstückoberfläche beschädigt werden. Um die negativen Auswirkungen der Trockenumformung zu reduzieren, bestehen Anstrengungen zur Reibungsreduktion mittels alternativer Maßnahmen wie Beschichtungen oder Mikrostrukturierung der Werkzeugoberfläche. [TENN19, S. 22–36]

Tribologische Prüfverfahren

Zur Definition von Reibung sowie Verschleiß von technischen Systemen (wie beispielsweise Umformprozesse) werden experimentelle Versuche durchgeführt, welche in Betriebs- und Modellversuche in sechs Kategorien eingeteilt werden. Mit aufsteigender Kategoriestufe wird das technische System zunehmend abstrahiert und die Komplexität reduziert. In Betriebsversuchen werden vollständige technische Systeme unter realen Betriebsbedingungen betrieben [DETE02, S. 44–50]. Aufgrund starker Schwankungen des Umformprozesses gestaltet sich eine systematische Untersuchung des tribologischen

Verhaltens schwierig. Die gezielte Optimierung eines Prozessparameters ist somit nicht durch einen einzelnen Betriebsversuch möglich [FILZ04, S. 15–35]. In Modellversuchen zum Reibungs- und Verschleißverhalten werden geometrisch simple Probekörper auf Prüfmaschinen beansprucht, um eine hohe Wiederhol- und Vergleichbarkeit zu erreichen. [DETE02, S. 41–45]

Der Streifenziehversuch ist in der Umformtechnik ein etabliertes Prüfverfahren, bei welchem ein Werkzeugabschnitt abgebildet wird. Durch diesen abstrahierten Werkzeugabschnitt wird ein Blechstreifen hindurchgezogen. Je nach abzubildendem Bereich des realen Umformwerkzeugs stehen unterschiedliche Variationen des Versuchsaufbaus zur Verfügung. Somit können Einflussfaktoren gezielt variiert und Reibkräfte direkt gemessen werden (vgl. Abbildung 2-14). [FILZ04, S. 16–35]

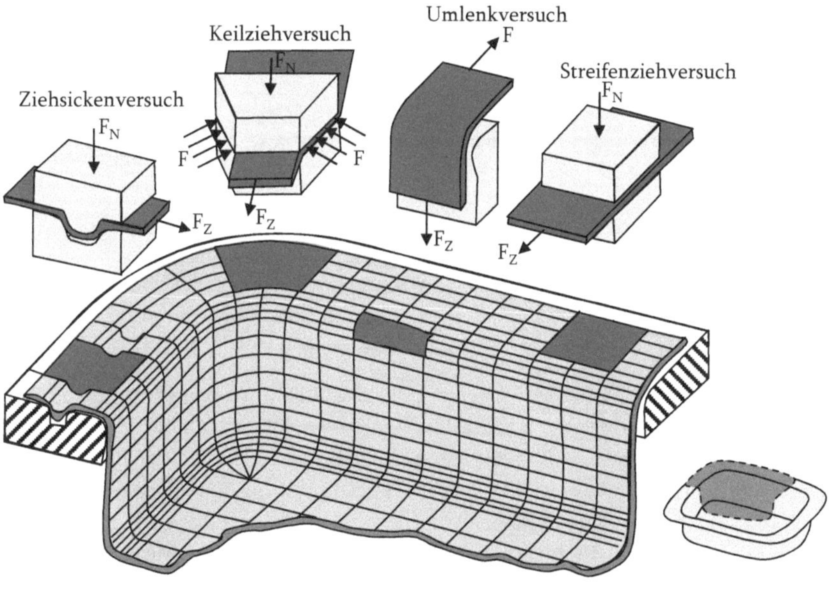

Abbildung 2-14: Variationsmöglichkeiten des Streifenziehversuchs i.A.a. NETSCH [NETS95], [HOFF12, S. 88]

Der Streifenziehversuch im Flachbahnprinzip ist der Einzige, der innerhalb einer Richtlinie beschrieben wird [FILZ04, S. 22]. Dieser ist gemäß VDA 230-213 ein geeigneter Modellversuch, welcher das für die Blechumformung relevante tribologische System ausreichend abbildet [VDA18, S. 33], [AHA20, S. 566–569], [VDA18, S. 1f.].

Durch den Streifenziehversuch in der Flachbahn wird der Niederhalterbereich des Umformwerkzeugs abgebildet. Der Blechstreifen befindet sich in beidseitigem Kontakt mit dem Werkzeug und wird unter einer definierter Normalkraft F_N durch zwei ebene und parallele Ziehbacken bzw. Zugschlitten gezogen (vgl. Abbildung 2-15). Die resultierende Kraft zum Ziehen des Blechstreifens F_Z wird durch Kraftmessdosen gemessen und als diskreter Wert in Abhängigkeit der Hublänge aufgezeichnet. Der Reibwert μ wird aus dem Quotienten der Reib- sowie Normalkraft gebildet:

$$\mu = \frac{\boldsymbol{F_R}}{\boldsymbol{F_N}}$$

μ=Reibwert

F_R=Reibkraft

F_N=Normalkraft

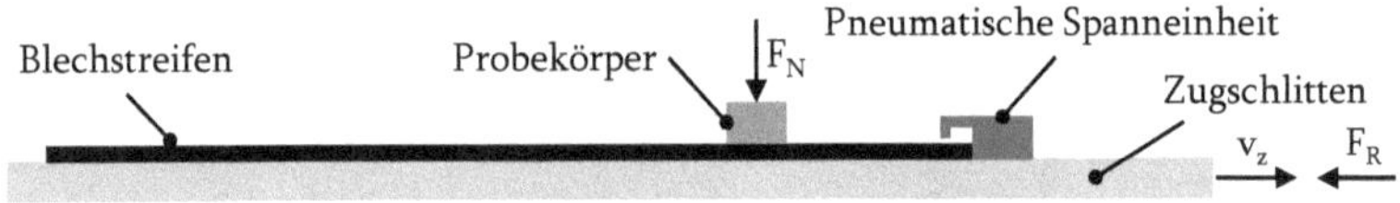

Abbildung 2-15: Funktionsprinzip des Streifenziehversuchs in der Flachbahn

Normalkraft und Ziehgeschwindigkeit des Blechs sind dabei einstellbar. Der Versuch endet, wenn die Normalkraft so hoch ist, dass der Blechstreifen durch plastische Dehnung reißt oder ein Versagen des Werkzeugs eintritt. [FILZ04, S. 17f.]

Dahingegen wird beim Umlenkversuch ein Blechstreifen um einen Probekörper mit einer Rundung gezogen. Dadurch wird der Bereich des Matrizenradius‘ des Werkzeugs abgebildet und der Verschleiß wird bestimmt. Dabei befindet sich der Probekörper in einseitigem Kontakt mit dem Blech. Die Flächenpressung am Matrizenradius wird durch die Rückhaltekraft eingestellt. Aufgrund der geringen Fläche der Rundung, unterliegt die Messung der Reibwerte jedoch starken Schwankungen. Meist wird der Versuch abgebrochen, wenn ein Grenzwert hinsichtlich des Materialabtrags erreicht wird. [STAE98, S. 76–86] Der Spannungszustand im Flanschbereich wird durch den Keilziehversuch abgebildet. Analog zum Streifenziehversuch in der Flachbahn wirkt die Normalkraft senkrecht auf das Blech. Der Ziehsickenversuch wird verwendet, um den Bereich der Ziehsicke abzubilden. Ziehsicken werden im Niederhalterbereich eingesetzt, um einen gleichmäßigen Stofffluss des Blechs zu erreichen. Das Blech wird dabei mehrmals im Werkzeug umgelenkt. Die Flächenpressung wird über die Rückhaltekraft des Blechs eingestellt. Eine höhere Rückhaltekraft führt beispielsweise zu höheren Flächenpressungen an den Radien. [STAE98, S. 76–86]

2.3.4 Umformsimulation

Modell- und Betriebsversuche können sowohl für die Validierung als auch die Kalibrierung einer FEM-Simulation genutzt werden. Vorrausetzung hierfür ist eine vergleichbare Parametrisierung der physischen und simulativen Versuche. Dies trägt zur Reduzierung der Kosten und des Zeitaufwands für die Werkzeugkonstruktion bei und verringert den experimentellen Versuchsaufwand. Insbesondere Umformsimulationen reduzieren den Bedarf an physischen Werkzeugänderungen (vgl. Abbildung 2-16) [DOEG99, S. 263–277].

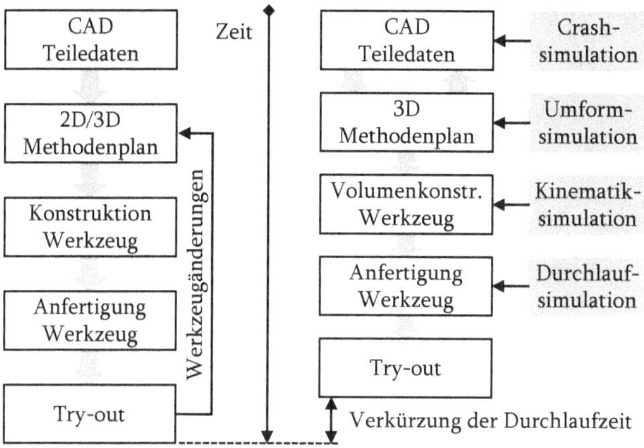

Abbildung 2-16: Verkürzung der Durchlaufzeit durch einen simulationsgestützten Produktentstehungsprozess gemäß DOEGE [DOEG99, S. 263–277]

Dies hat ebenfalls positive Effekte auf die Zeit der Werkzeugbereitstellung. Die Werkzeugbereitstellungszeit ist ein limitierender Faktor in der Blechbearbeitungsindustrie [CHAN13, S. 159]. Durch die Anwendung von Simulationen werden Trial-and-Error Aufwände im Werkzeugbau reduziert. Werkzeugänderungen können somit effizient auf ihre Einsatzfähigkeit untersucht werden. Die Folge ist eine zeit- und kostenschonende Entwicklung im Konstruktionsprozess. [DOEG99, S. 263–277] Ein optimales Umformverhalten des Werkzeuges kann durch simulative Werkzeugiterationen angenähert werden. Die Bereitstellungszeit bei der physischen Herstellung von Werkzeugen wird minimiert.

Die rechnergestützte Simulation zählt zum Computer Aided Engineering (CAE) und bezeichnet dabei ein virtuelles Experiment. Da eine vollständige Simulation realer Prozesse mit aktueller Rechenleistung nicht möglich ist, werden diese mithilfe vereinfachter FEM-Modelle abgebildet. [BUNG13, S. 1–4] Dabei wird aus der zu untersuchenden

Geometrie ein diskretes Modell gebildet, welches aus finiten Elementen besteht. Das Verhalten eines jeden Elements ist durch eine Wahl von Ansatzfunktionen bewertbar. So wird der reale Prozess mit der Transformation der problembeschreibenden Differentialgleichung in ein lineares Gleichungssystem mit Randbedingungen (sowie Anfangs- und Übergangsbedingungen) lösbar [REIT13, S. 38f.]. Ein Aspekt von hoher Bedeutung ist dabei die Diskretisierung der CAD-Geometrie. Dabei gilt: Je detaillierter die Maschenweite („Meshing"), desto genauer ist das Ergebnis und länger die Simulationsdauer (vgl. Abbildung 2-17) [BATH01, S. 2–12], [WAGN19, S. 59–61].

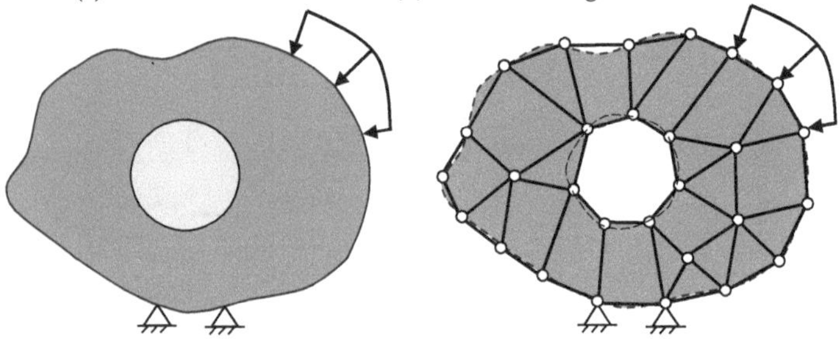

Abbildung 2-17: Diskretisierung einer CAD-Geometrie i.A.a. BATHE [BATH01, S. 2–12], [WAGN19, S. 59–61]

Die Untersuchung regelmäßig geformter Ziehteile ist durch eine analytische Lösung möglich. Unregelmäßig geformte Teile sind jedoch durch die Einwirkung kombinierter komplexer Umformoperationen nicht mit geschlossenen Formeln abbildbar. Somit sind die auftretenden Prozessabläufe lediglich durch numerisch approximierte Lösungen darstellbar. Werkzeugeinsätze aus FFF PLA weisen an hochbelasteten Bereichen ein ausgeprägtes Verschleiß- und Deformationsverhalten auf. Die explizite Lösung einer FEM-Simulation ist in der aktuellen Forschung des Verschleißverhaltens polymerer Werkzeugwerkstoffe daher hochrelevant [PRIT19, 765–772]. Im Gegensatz zu impliziten Simulationen zeichnen sich diese durch viele kleine Schritte und keine Konvergenzkontrolle aus. Im Folgenden werden im Rahmen des Ordnungsrahmens Einflussfaktoren und qualitative Lösungskonzepte beschrieben.

Mithilfe von Simulationen können grundsätzliche Spannungsverhältnisse zur Anpassung des Versuchsaufbaus und der Werkzeuggeometrie abgeleitet werden. Entsprechend der experimentellen Ergebnisse aus Kapitel 6.3 werden Veränderungen bzgl. z.B. des Materialmodels oder der Randbedingungen im Sinne der Kontaktbedingungen oder dem Mesh vorgenommen. [VAN08, S. 41–44]

Zum einen werden Machbarkeitssimulationen durchgeführt, um die Umformbarkeit der Geometrie zu überprüfen. Diese geben Aufschluss darüber, ob das Bauteil ohne Defekt am Blech oder Werkzeug umgeformt werden kann. Das Werkzeugsystem weist dabei andere Eigenschaften auf als im konventionellen Anwendungsfall. Geometrien, die zum Versagen im Blech oder im Werkzeug führen, werden vermieden und der Blechzuschnitt soweit optimiert, dass die Grenzziehverhältnisse des Tiefziehens eingehalten werden. Bei den iterativen Anpassungen infolge dieser Schritte kann auf bereits vorhandenes Erfahrungswissen der Analogieversuche zurückgegriffen werden. Für Machbarkeitssimulationen stehen anwenderfreundliche Softwarelösungen wie beispielsweise PAM-STAMP, AutoForm Forming oder LS-Dyna zur Verfügung. Diese spezialisierten Lösungen können im Vgl. zu allgemeinen FEM-Simulationen mit deutlich geringeren Rechenzeiten hohe Netzfeinheiten simulieren. Zudem kann das Erfahrungswissen einer generellen Machbarkeit abgerufen werden. Ferner bieten diese Programme zusätzliche Module für die Werkzeuggestaltung sowie das Pre- und Post-Processing. In Machbarkeitssimulationen werden metallische Werkzeuge als ideal starr angenommen. Es können daher keine Aussagen zur Werkzeugdeformation getroffen werden. Für die Ermittlung optimaler Produktionszustände für Umformprozesse werden andere Softwarelösungen benötigt.

Für Detailuntersuchungen des Werkzeugverhaltens werden explizite FEM-Simulationen durchgeführt, deren Parameter flexibel eingestellt werden. Zudem können Ergebnisse für alle beteiligten Prozesskomponenten ausgegeben werden. Als FEM-Softwarelösung wird Ansys gewählt. Ansys kann mithilfe von Volumennetzen die elastisch-plastische Verformung im Werkzeug abbilden. Dies befähigt die Feststellung von Spannungsspitzen im Werkzeug, um beispielsweise Belastungszustände an der Ziehkante oder anderen hochbelasteten Bereichen zu untersuchen [BENI14]. Hierdurch können Anpassungen in der Ziehkantengeometrie zur Belastungsreduktion abgeleitet werden [KUWE07, S. 102]. Demnach ist es mit Ansys möglich, einen optimalen Produktionszustand für Umformprozesse zu ermitteln [CHA19, S. 3]. Dabei ist die Berücksichtigung des spezifischen Materialverhaltens hervorzuheben [KUWE07, S. 29].

Das betrachtete Materialmodell ist durch die Wahl des Werkstoffes und des Fertigungsverfahrens ein gänzlich neues. Die Materialeigenschaften werden durch unterschiedliche, für den AM Prozess charakteristische Fehler, kompromittiert. Ziel ist es daher, den Einfluss der vorhersagbaren Anisotropie durch Füllmuster und unvorhersagbarer Inhomogenitäten wie Druckfehlern zu bestimmen. Besonders durch die Relevanz von plastischer Verformung bei Werkzeugeinsätzen aus FFF PLA sind einfache Materialmodelle wie beispielsweise das VON MISES-Materialmodell ungeeignet. Für Thermoplaste wird in der Regel ein viskoplastischer Ansatz gewählt. Das VON MISES-Materialmodell funktioniert hingegen mit der Annahme der plastischen Inkompressibilität. Nachteile dieser starren Stoffmodelle sind z.B. Ungenauigkeiten bei Spannungsspitzen oder, dass keine Eigenspannungen berechnet werden können. Diese Vereinfachungen führen hingegen zu reduzierten Rechenzeiten. [KOLL05, S. 303f.]

In konventionellen Umformanwendungen ist der Anteil der plastischen Verformung des Blechs in etwa dreimal höher als der elastischen Verformung [LANG93, S. 342]. Im Falle von Werkzeugeinsätzen aus FFF PLA gewinnt dieser Anteil auch für das Werkzeug an Relevanz. Zur Komplexitätsreduktion und da es sich bei Tiefziehen und Prägen um kaltumformende Prozesse handelt, wird in der vorliegenden wissenschaftlichen Arbeit kein elastisch-visko-plastisches Modell verwendet (vgl. Abbildung 2-18). Zur Abbildung des Materialverhaltens von kunststoffbasierten Bauteilen wird ein elastisch-plastisches Modell entsprechend Abbildung 2-18 genutzt.

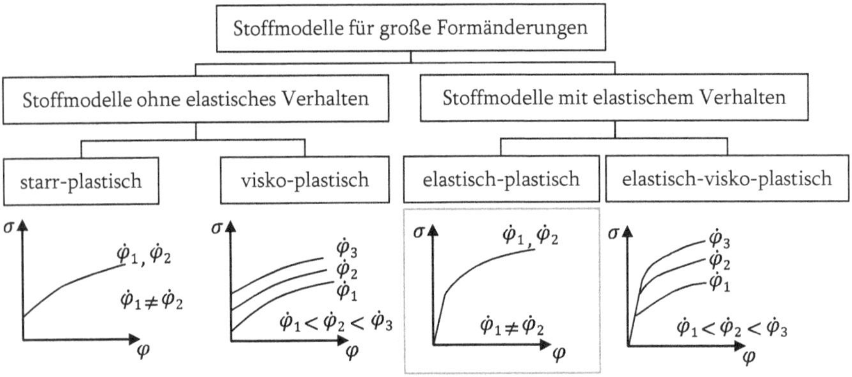

Abbildung 2-18: Einteilung der Stoffmodelle für plastische Formänderungen [LANG93, S. 342]

Neben dem Materialmodell sind weitere Faktoren des Tiefziehprozesses durch Randbedingungen in der Simulation einstellbar, um eine realitätsnahe Abbildung des Umformprozesses zu gewährleisten. Neben der Geometrie kann beispielsweise der Einfluss von Schmierung durch Kontaktbedingungen oder der Niederhalter durch eine Flächenkraft implementiert werden. Im weiteren Verlauf der Simulation wird die Gleichgewichtslage der endgültigen Konfiguration im umgeformten Zustand berechnet und Verschiebungsinformationen des Materialflusses festgelegt. Die Ergebnisse des umgeformten Blechs beinhalten Eigenspannungen, Dehnungen sowie die resultierende Bauteildicke. Diese dienen gemeinsam mit dem Grenzformänderungsdiagramm (vgl. Kapitel 2.3.1) als Grundlage für eine Überprüfung der Umformbarkeit. Darüber hinaus bestimmt das örtlich aufgelöste thermomechanische Beanspruchungskollektiv im quasi-stationären Zustand die lokale Belastung und somit den lokalen Verschleiß (vgl. Kapitel 5.1). Der kontinuierliche Fortschritt des Verschleißes wird gemäß der Zeit diskretisiert und als angenähert konstant betrachtet [BIND17, S. 20].

Der grundlegende Ablauf bei einer Simulation mit Ansys beginnt mit der Auswahl eines Analysesystems. In Abbildung 2-19 wird dies anhand einer statischen Struktur gezeigt. Nach Systemwahl und Import der Geometrie werden sämtliche Simulationsparameter eingestellt. Ein Kontakt der Komponenten in der CAD-Baugruppe ist für die spätere Bestimmung von Kontaktbedingungen notwendig.

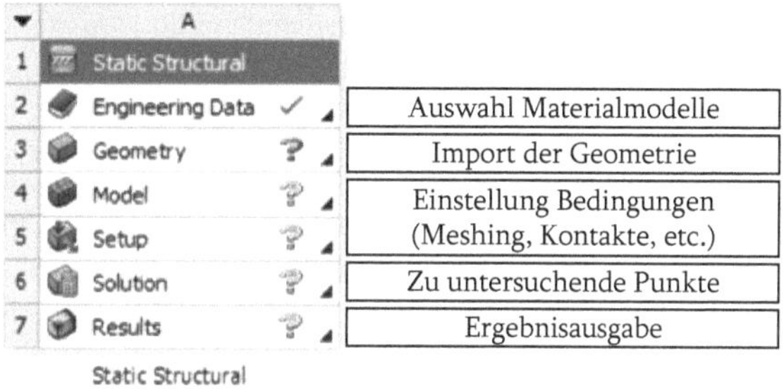

Abbildung 2-19: Auswahl eines Analysesystems in Ansys

Im ersten Schritt „Engineering Data“ wird auf bestehende Materialmodelle zurückgegriffen (vgl. Abbildung 2-19). Ferner können neue Werkstoffe mit experimentell bestimmten mechanischen Kenngrößen hinzugefügt werden. Eigenschaften von AM-Bauteilen werden durch nichtlineare Werkstoffe abgebildet. Infolge des Imports der Geometrie und der Werkstoffeinstellung wird das Simulationsmodell eingestellt. Die Schritte „Model“, „Setup“, „Solution“ und „Results“ werden sukzessive in einem zusätzlichen Fenster „Mechanical“ oder im Dateinavigator (vgl. Anhang 9-24) dargestellt.

Importierte Einzelgeometrien sind im Unterpunkt „Geometry“ des Navigators aufgelistet. Zu jeder dieser Einzelgeometrien kann entsprechend Anhang 9-25 ein Materialmodell zugewiesen werden. Die Verknüpfung der Einzelgeometrien untereinander findet im Unterpunkt „Connections“ statt. Verschiedenen Flächen einer Einzelgeometrie können unterschiedliche Kontaktbedingungen zugeordnet werden. Primär wird die Definition eines Kontaktes zwischen Geometrien und die Kontaktbedingung, wie z.B. Reibeigenschaften, durchgeführt (vgl. Anhang 9-26). Die Kontaktart richtet sich nach dem Lagrange-Formalismus. Dies verhindert eine zu hohe Durchdringung zwischen Geometrien, was zu einem realitätsnahem Steifigkeitsverhalten der Knotenpunkte beim Kontakt von zwei Flächen führt. Im darauffolgenden Unterpunkt „Mesh“ werden die Einzelgeometrien individuell vernetzt (vgl. Anhang 9-27). Die Feinheit des Netzes hat eine direkte Auswirkung auf die Genauigkeit. Dabei gilt: Je detaillierter das Netz, desto genauer ist die Abbildung. Gleichzeitig ergibt ein feineres Netz eine höhere Dichte an

Knotenpunkten, lässt allerdings ab einem gewissen Detailgrad keinen zusätzlichen Erkenntnisgewinn zu. Je höher die Anzahl der Knotenpunkte, desto höher ist die Berechnungszeit der Simulation. Das Netz ist für stark beanspruchte bzw. verformte Bereiche oder Bereiche hoher geometrischer Komplexität zu verfeinern. Für alle übrigen Bereiche reicht in der Regel eine gröbere Vernetzung aus. Weiterführende Einstellungen der Simulation werden im Unterpunkt „Analysis Settings" vorgenommen. Hervorzuheben ist die Wahl der Schrittanzahl und automatischen Zeitschritte. Bei unpassend gewählten Werten kann die Simulation abbrechen oder zu unrealistischen Ergebnissen führen. Zudem lassen sich automatische Zwischenzeitstempel in den manuell eingestellten Zeitstempeln einbringen, um die Genauigkeit der Ergebnisse zu erhöhen (vgl. Anhang 9-28).

Infolgedessen werden Verschiebungseinstellungen wie Auflagebedingung, Krafteinwirkung oder Auslenkung bestimmter Geometrien festgelegt (vgl. Anhang 9-29). Die Auflagebedingung kann beispielsweise für die Fixierung einer Fläche genutzt werden (aufliegendes Werkzeug). Zur Darstellung von Zeitabhängigkeiten werden Krafteinwirkung und Auslenkung neben dem totalen Wert auch in tabellarischer Form definiert.

Abschließend folgt die Definition der benötigten Auswertungen. Für den Anwendungsfall sind z.B. die Deformation und auftretende Spannungen von Bedeutung. Zusammenfassend können Spannungsverhältnisse und Deformationen von Werkzeugeinsätzen aus FFF PLA beim Tiefziehen von Feinblech mittels konventionellen FEM-Simulationen abgebildet werden. Dabei ist insbesondere auf eine Anpassung des Materialmodells sowie realitätsnahe Randbedingungen (beispielsweise hinsichtlich Reibung) zu achten.

2.4 Werkzeugbau

Der Werkzeugbau stellt die Schlüsseldisziplin zwischen der überwiegend digital durchgeführten Werkstück-Entwicklung und der physischen Fertigung der Bauteile im Rahmen des Karosserie-Entstehungsprozesses dar. Dabei lässt sich der Werkzeugbau ebenfalls in einen digital stattfindenden Vorbereitungs- sowie einen physischen Herstellungsprozess unterteilen. Im Werkzeugbau findet basierend auf den (finalen) Bauteildaten die Konstruktion und Entwicklung der Werkzeuge mit besonderem Schwerpunkt auf der Methodenplanung statt. Diese dient der optimalen Gestaltung der Ziehanlagen im Kontext des Umformprozesses. Nachfolgend findet die eigentliche Werkzeugherstellung inkl. des Testens und der Korrekturschleifen im Rahmen der Probeläufe (engl. Tryout) statt, woran sich mit den Umformprozessen im Presswerk und dem Karosserie-Zusammenbau der eigentliche Karosseriefertigungsprozess anschließt. [BIRK13, S. 43] Der externe Werkzeugbau ist ein Schlüsselbereich der Karosserieherstellung. Des Weiteren spielen OEM-interne Werkzeugbauabteilungen ebenfalls eine große Rolle. [WAGN15, S. 16], [BOOS20, S. 1–37], [ZEDT19, S. 1–4]

Im Werkzeugbau müssen sowohl in der Konstruktion als auch in der Werkzeugherstellung Anforderungen hinsichtlich Geometrie, Komplexität und Größe berücksichtigt werden [DARM18, S. 1f.]. Dies ist insbesondere der Grund für die sehr hohen Investitionskosten für Werkzeuge im Karosseriebau, welche als Unikate produziert mehrere Mio. € für die Produktion einer Komponente kosten. Die Hauptkostentreiber im Werkzeugbau sind dabei v.a. das Engineering für die Konstruktion und Entwicklung, Materialkosten bei der Werkzeugherstellung, Fertigungskosten für Vorbereitungs- und Werkzeugherstellungsverfahren sowie mit einem besonders hohen Anteil von bis zu 35 % der gesamten Werkzeugkosten die Korrekturschleifen im Probelauf. Daraus lassen sich einige relevante Kosten-Stellhebel ableiten, die insbesondere den Einsatz alternativer Werkzeugwerkstoffe sowie den Einsatz von Kompensations- und Korrekturalgorithmen zur Reduktion des Aufwands der Probeläufe begünstigen. [BIRK13, S. 426f.] Basierend auf dieser Kostenstruktur beläuft sich beispielsweise der Kostenanteil der reinen Werkzeugkosten für ein Seitenwand-Karosserie-Teil auf etwa 8 €. Dieser Kostenbetrag lässt sich bei den hohen Investitionskosten nur durch eine hohe Jahresstückzahl von knapp unter 1 Mio. Bauteile realisieren. [BIRK13, S. 488], [VDMA17, S. 22]

Neben den Werkzeugkosten stellt auch die Durchlaufzeit für die Umformwerkzeuge vom Start der Entwicklung bis zur Bereitstellung des finalen Werkzeugs im industriellen Kontext einen entscheidenden Faktor dar. Als Beispiel des Bauteils Seitenwand außen ließ sich in der Vergangenheit durch eine strategische Optimierung des Werkzeugbaus in allen Wertschöpfungsstufen eine Senkung der Kosten um ca. 30 % in einem Zeitraum von vier Jahren sowie eine Verkürzung der durchschnittlichen Durchlaufzeit für Umformwerkzeuge um ca. 60 % erreichen [WALT07, S. 5]. Die Erfolge in diesem Anwendungsfall lassen sich v.a. auf ein optimiertes Verhältnis aus Karosserieteil-Stückzahl und Investitionskosten für das jeweilige Werkzeug zurückführen. Eine Senkung der Durchlaufzeit und Kostenoptimierung im Werkzeugbau stellt damit insbesondere einen Schlüsselaspekt zur Ermöglichung der Ansprüche an stärker individualisierte und differenzierte Fahrzeugmodelle für die Automobilhersteller dar [WALT07, S. 1].

Eine Anpassung der Funktionalität des Werkzeugs ist je nach Stückzahl der umzuformenden Werkstücke und Anzahl der involvierten Fertigungsschritte notwendig. Ein weiterer Aspekt, der zu Optimierungen in der Werkzeugbau-Prozesskette führt, ist der Rückgriff auf weitgehend standardisierte Produktionsmittel und Werkzeugtypen anstelle von Individualanfertigungen für jedes Werkzeug. Dies lässt sich langfristig jedoch nur durch eine strategische und zukunftsgerichtete Planung des Werkzeugbaus realisieren. [WALT07, S. 5–13] Weitere Optimierungspotentiale beziehen sich v.a. auf das methodische Vorgehen des Simultaneous Engineerings sowie Simulationssoftware, beispielsweise für FEM-Simulationen (Finite-Elemente-Methode). Während des ca. zweijährigen Werkzeugentstehungsprozesses wird eine etwa sechsmonatige Simultaneous Engineering-Phase zur Verkürzung der Durchlaufzeiten und zur frühzeitigen Erkennung von möglichen Problemen für die Karosserieteilfertigung durchgeführt. In dieser findet ein interdisziplinärer Austausch zwischen Werkstück- und Werkzeug-Entwicklung sowie Produktionsplanung zur schnelleren und effektiveren Werkzeugentwicklung statt. Die anschließende Phase von bis zu 16 Monaten wird durch die Werkzeugherstellung und insbesondere langwierige Iterationsschleifen der Probeläufe bestimmt. Die Tryout-Phase ist im Werkzeugentstehungsprozess ein entscheidender Faktor in der Planungsunsicherheit. [BIRK13, S. 363f.] Probeläufe sind notwendig, da bei den ersten gefertigten Werkstücken nach der Werkzeugherstellung Formabweichungen entstehen und Werkzeuge infolgedessen angepasst werden. Um die Anzahl der notwendigen Korrekturschleifen zur Erreichung der gewünschten Werkstückgeometrie zu verringern und so auch Kosten sowie Durchlaufzeiten zu reduzieren, wird der Einsatz von (lokal begrenzten) FEM-Simulationen verstärkt. Dadurch können auch komplexe Prozesse wie das Rückfederungsverhalten von Blechen während des Umformprozesses bereits in der Werkzeugauslegung berücksichtigt werden. Ein Verzicht auf die Probeläufe ist jedoch nicht möglich, da FEM-Simulationen der teils komplexen Werkstückgeometrien durch Realerprobungen validiert werden müssen. [PAPA16, S. 102–108] Im Rahmen der Wirkflächengestaltung wird eine standardisierte Gestaltung der Aktivflächen des Werkzeugs entsprechend eines vorgegebenen Prozessablaufs zur Erfüllung sämtlicher technischer und wirtschaftlicher Anforderungen an das umzuformende Werkstück angestrebt [BIRK13, S. 672f.].

Nachfolgend werden die Aspekte Herstellungsverfahren, Werkzeugwerkstoff, Werkzeugkonfiguration sowie die Werkzeuggeometrie aufgrund ihrer besonderen Bedeutung im automobilen Wertschöpfungskontext näher betrachtet.

2.4.1 Herstellungsverfahren für konventionelle Werkzeuge

Grundsätzlich wird zwischen direkten und indirekten Werkzeugherstellungsverfahren unterschieden. Bei indirekter Herstellung wird eine Urform des Bauteils aus einem Sekundärmaterial wie beispielsweise Silikon genutzt, um die Form des Werkzeugs zu erstellen [JANC98, S. 1–5], [JAYA97, S. 1–5]. Für die Anwendung in der Blechumformung findet hingegen in der Regel eine direkte Werkzeugherstellung statt. Für die direkte Werkzeugherstellung hat sich v.a. die Verwendung von Gussverfahren mit anschließender Nachbearbeitung etabliert. Hierbei wird zunächst ein Urmodell für den Gussprozess gefertigt, ehe das eigentliche Werkzeug gegossen wird. Den Abschluss der Herstellung des Werkzeugs auf Basis des Gussteils bilden die mechanische Nachbearbeitung in Form von beispielsweise Fräsen, Schleifen und Polieren zur Herstellung der gewünschten Oberflächen sowie ggf. der Einsatz eigenschaftsverändernder Verfahren. [BIRK13, S. 363–426] Neben der Maßhaltigkeit ist auch die Oberflächenqualität aufgrund der mechanischen Fertigung ein Aspekt, der im Werkzeugbau berücksichtigt wird. Raue Werkzeugoberflächen können sich aus tribologischen Gründen negativ auf die Gestaltung der Prozessgrenzen auswirken. Aufgrund dessen sind u.a. der Einsatz von Polier-, Feinschliff- und Läpp-Verfahren sowie Beschichtungen und Wärmebehandlungen potentielle Optimierungsansätze. Hierbei gilt es jedoch, stets eine Abwägung zwischen den Kosten der Oberflächenbearbeitung und dem Nutzen durch die Oberflächenqualität zu treffen. Darüber hinaus lassen sich diese Verfahren nicht uneingeschränkt an allen Bereichen des Werkzeugs anwenden, allen voran die Abrundungen und Stirnseite des Stempels. [KOLB18, S. 378], [KOLB18, S. 215], [TENN19, S. 14–19] Die gewünschte Serienreife wird durch meistens manuell durchgeführte Korrekturmaßnahmen und Iterationen in der Tryout-Phase erreicht, die den Großteil des Zeitbedarfs für die Werkzeugbereitstellung in Anspruch nimmt. Neben Korrekturschleifen im Tryout können Liege- und Rüstzeiten im Werkzeugbau mehr als 80 % der Gesamtdurchlaufzeit betragen und somit im schlimmsten Fall zur Nicht-Einhaltung von Anlaufzielen führen [EVER98, S. 317].

2.4.2 Werkzeugwerkstoff

Bei der Auslegung von Werkzeugen wird vorwiegend auf den Einsatz von metallischen Werkstoffen zurückgegriffen. Je nach Bereich, Funktion und Verschleißanfälligkeit des Werkzeugs kommt es häufig zur Kombination mehrerer Werkstoffe unterschiedlicher Güten. Allgemein werden industriell verwendete Werkstoffe den vier Gruppen der Gusswerkstoffe, Stähle, Nichteisen-Legierungen und Polymeren zugeordnet [DEIL05, S. 35–42]. Die optimale Werkstoffauswahl kann aus diesen Gruppen entsprechend der Anforderungen durch das zu realisierende Werkstück (Größe, Zahl und Werkstoff des Ziehteils) durchgeführt werden [KOLB18, S. 214f.] Als Grundwerkstoff wird Grauguss verwendet. Je nach lokaler Werkzeugbelastung werden Einsätze aus widerstandsfähigen Werkstoffen (GGG70L oder durchgehärteter Werkzeugstahl) verwendet. Dadurch erhöhen sich die Werkzeugkosten allerdings um bis zu 50 % [BIRK13, S. 330f.]. Bei der Werkstoffauswahl für die Aktivflächen wird insbesondere unter dem Verschleißaspekt die Oberflächeneigenschaft im Zusammenhang mit der tribologischen Belastung durch die Blechwerkstoffe berücksichtigt. Durch eine abgestimmte Auswahl der Beschichtung und des Werkzeugmaterials auf das zu fertigende Werkstück lässt sich der Umformprozess durch eine Ausweitung der Prozessgrenzen geschickt optimieren. [TENN19, S. 14–21] Prinzipiell gilt daher, dass bei Änderungen der Werkzeugwerkstoffe während der Werkzeugkonstruktion stets der Einfluss auf das Blechmaterialflussverhalten aufgrund spezifischer elastisch-plastischer Deformationseigenschaften analysiert werden muss [HORT00, S. 4].

Leichtbau, der Einsatz höher- und hochfester Stahlbleche sowie der Trend der Mass Customization motivieren die Entwicklung alternativer Werkzeugwerkstoffe. Je nach

Blechwerkstoff müssen auch die eingesetzten Werkzeuge hinsichtlich ihrer Zähigkeit, Druckfestigkeit, Zugfestigkeit, Härte sowie dem Widerstand gegen Abrasion und der Adhäsionsneigung optimiert werden. Diese angepassten Werkzeuganforderungen sind jedoch nicht zwangsläufig mit den Werkstoffeigenschaften der konventionell genutzten Kalt- und Schnellarbeitsstähle vereinbar. Gleichzeitig wird der Einsatz adäquater, meist kostenintensiverer Werkstoffe aufgrund des Rückgangs der Seriengrößen weniger profitabel für die Produktion. Aus diesem Grund entsteht ein Zielkonflikt zwischen Anforderungserfüllung und Kosteneffizienz für die Auswahl des Werkzeugwerkstoffes. [KUWE07, S. 20–25]

2.4.3 Werkzeugkonfiguration

Durch die Verwendung unterschiedlicher Pressenarten in den Presswerken der Automobilhersteller und -zulieferer sowie durch unterschiedliche Bauteilkomplexitäten und umzuformende Stückzahlen ergeben sich fünf eigenständige Werkzeugkategorien (Folgeverbund-, Transfer-, Stufen-Transfer-, Mehrstößel-Transfer- und Linien-Werkzeuge) für Umformwerkzeuge. Im Folgenden wird auf die allgemeinen Charakteristika der Werkzeugkonfiguration eingegangen, die für alle fünf Werkzeugkategorien Gültigkeit besitzen. [BIRK13, S. 318]

Meist werden im automobilen Rohbau Einzelwerkzeuge verwendet [ADAM96, S. 125]. Der konzeptuelle Aufbau von Umformwerkzeugen besteht aus Aktiv- bzw. Wirkflächen, einer Grundstruktur sowie bei Bedarf Anbauteilen wie beispielsweise Gasdruckfedern [BIRK13, 329–345]. Die Grundstruktur des Werkzeugaufbaus ist ein Gussteil in rippen- bzw. plattenbasierter Rahmenstruktur (vgl. Abbildung 2-20).

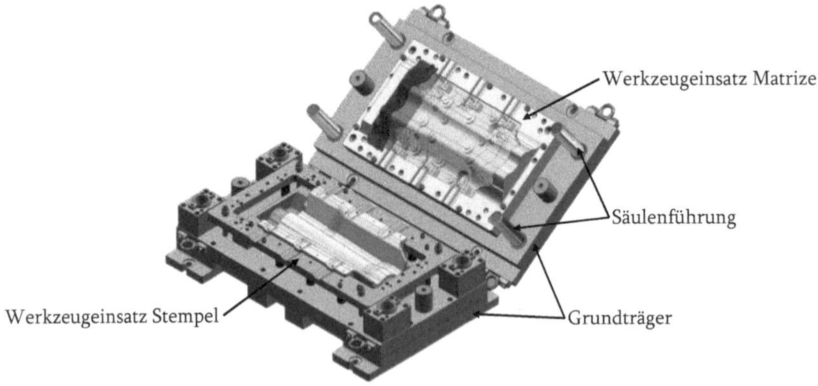

Abbildung 2-20: Werkzeugaufbau Einzelwerkzeug der Fa. MEC ideas [MEC14, S. 1]

Verglichen mit Vollguss-Werkzeugen können so zwar Materialeinsparungen erzielt werden, meist wird jedoch aufgrund des hohen Aufwands keine Optimierung der Baustruktur vorgenommen. Aus diesem Grund sind strukturell optimierte Werkzeuge, deren teils bionische Strukturen nicht mit konventionellen Verfahren herstellbar sind, zumeist nur in Forschung und seltener in den Presswerken der Automobilindustrie vorzufinden [BIRK13, S. 327–359]. Die Grundstruktur wird durch standardisierte Schnittstellen mit Werkzeugeinsätzen bestückt, welche die eigentliche Formgebung des Blechbauteils übernehmen. Diese werden aus beschichteten höherwertigen Werkzeugstählen gefertigt. Für einfache Rüstvorgänge wird der gesamte Werkzeugsatz ausgetauscht und kann mit neuen Werkzeugeinsätzen bestückt werden. Die Führung des Werkzeugs findet über Säulengestelle des Grundträgers statt. Die Werkzeugeinsätze müssen entsprechend hochgenau positioniert werden. [BIRK13, S. 319–323] Ein konstanter Blechmaterialfluss wird bei Tiefziehwerkzeugen durch den Niederhalter oder sogenannte Ziehsicken sichergestellt [WANG17, S. 42–57]. Um eine ständige Einhaltung der Qualitätsanforderungen sicherzustellen, haben sich mit dem Voranschreiten der Digitalisierung und Industrie 4.0 vermehrt Kontrollsysteme als Anbauteile direkt am Werkzeug durchgesetzt. [KOÇ08, S. 50] Diese Systeme können durch Abweichungen der optimalen Prozesse beispielsweise auf einsetzenden Verschleiß aufmerksam machen. An besonders stark beanspruchten Stellen eignen sich behandelte Einsätze oder Oberflächenbeschichtungen, um dort negative Effekte durch Oberflächenverschleiß zu vermeiden. [WANG17, S. 42–45]

2.4.4 Werkzeuggeometrie

Die Werkzeuggestaltung ergibt sich aus Größe und Geometrie der zu formenden Werkstücke, dem umzuformenden Material und der zu fertigen Stückzahl [KOLB18, S. 214–216]. Die Werkzeuggeometrie ist im Hinblick auf die Verschleißerscheinungen des Werkzeugs während der Bearbeitung und für die Beeinflussung des Materialverhaltens beim Umformprozess über Geometrieelemente wie Sicken von besonderer Bedeutung.

Vor dem Hintergrund der Vermeidung von Spannungsspitzen und der Erreichung einer homogenen Belastungsverteilung ist die Werkzeuggeometrie neben den Prozessparametern wie Umformkraft, Schmierung und Werkstoffen ein relevanter Einflussparameter [FILZ04, S. 1–35]. Durch die Anpassung der Kontaktgeometrie hinsichtlich der Oberflächenbelastungen sollen u.a. die Verschleißverhältnisse optimiert werden. [KUWE07, S. 27] Besonders die Ziehkanten sind stark von abrasiven Verschleißerscheinungen und der Ausbildung der typischen Werkstück-Tiefziehfehler betroffen [SIEG98, S. 2–25]. Um dem entgegenzuwirken ist eine homogene Spannungsverteilung durch eine flächige Krafteinleitung mittels geeigneter Geometrie zu realisieren [KLOC06, S. 73–87], [WILL84, S. 669–673]. Damit sollen oberflächennahe Zugbelastungen der Bleche sowie die resultierenden Reibungskräfte und die Biegekräfte am Ziehkantenradius reduziert werden. Eine Herangehensweise zur Optimierung der Ziehkantengeometrie ist die Durchführung von FEM-Simulationen und eine prozessoptimale Ableitung von geometrischen Maßnahmen [KUWE07, S. 28].

Die Werkzeugaktivfläche hat durch ihre Geometrie einen wesentlichen Einfluss auf das umgeformte Werkstück. Aus diesem Grund ist die Aktivfläche einer erhöhten Beanspruchung ausgesetzt und macht die Beschaffenheit der Oberfläche zu einem Qualitätskriterium für den Prozess. Der Verschleißzustand des Werkzeugs beeinflusst dabei stark die Oberflächenqualität der tiefgezogenen Bauteile und die tribologischen Charakteristika des Tiefziehsystems [HORT00, S. 12]. Riefen infolge von Verschleiß müssen prädiktiv vermieden oder durch Nachpolieren behoben werden [KOLB18, S. 215]. Zu den Möglichkeiten der präventiven Vermeidung von Oberflächenfehlern gehören insbesondere Beschichtungen sowie Mikrostrukturierungen, welche im Folgenden nicht weiter betrachtet werden. [KUWE07, S. 20–25]

Um Verschleiß durch Steuerung des Materialflusses zu verringern kann die Werkzeuggeometrie angepasst oder Sicken in das Bauteil eingebracht werden [TENN19, S. 17]. Die Sicken werden dabei meist im Flanschbereich des Werkstücks angebracht, sodass die Rückhaltekraft zusätzlich zur Niederhaltekraft erhöht wird und ein gänzliches Hineinfließen des Flansches in die Zarge verhindert werden kann [BIRK13, 256–268], [PAPA16, S. 68]. Ein weiteres geometrisches Merkmal zur Bauteilbeeinflussung stellt das Bombieren, also das Überbiegen der Bleche, durch ein Werkzeug-Aufmaß im Vgl. zur eigentlichen Werkstückgeometrie dar. Durch dieses Vorgehen sollen Rückfederungseffekte kompensiert werden und die Einhaltung von Maßhaltigkeitstoleranzen ermöglicht werden. Essenziell ist hierbei nach wie vor das Expertenwissen von Werkzeug-Konstrukteuren, da konventionelle FEM-Simulationen den „Springback-Effekt“ der Bleche nicht mit ausreichender Qualität voraussagen. [SCHM02, S. 99] Aus diesem Grund ist ein exploratives Vorgehen mit iterativer Anpassung des Aufmaßes unbedingt notwendig als Vorbereitung für die Qualitätsanforderungen der Serienfertigung, sorgt aber gleichzeitig auch für enorme Kostenaufwände [DARM18, S. 1–4].

2.5 Ableitung des Forschungsbedarfs

Die Serienproduktion des automobilen Karosseriebaus ist hocheffizient sowie -automatisiert ausgelegt und besitzt somit einen Bedarf an erhöhter Flexibilität und Wandlungsfähigkeit. Zusätzlich werden Ansätze des automobilen Leichtbaus insbesondere mit dem Hintergrund der Ressourceneffizienz an Bedeutung gewinnen. Sicken als fahrzeugtypische Feinblechgeometrien sind als geometrisches Element in der automobilen Umformtechnik hervorzuheben, bei welcher Tiefziehen und Hohlprägen eine übergeordnete Rolle einnehmen. Dabei sind konventionelle Umformwerkzeuge komplex, jedoch weit erforscht und finden in der Industrie breite Anwendungsfelder. Neben Reibung, Verschleiß und Festigkeit ist die Bedeutung der belastungsgerechten geometrischen Gestaltung von Umformwerkzeugen hervorzuheben. In der Umformtechnik typische Beanspruchungsbedingungen und Prozessgestaltungen motivieren die nähere Untersuchung von Tribologie sowie Möglichkeiten der simulativen Lösung von Umformvorgängen. Dabei stellen Werkzeugsätze für das Tiefziehen und Hohlprägen ein kritisches Element als Produkt des Werkzeugbaus und Input der Bauteilfertigung im Presswerk dar. Lange und komplexe Bereitstellungsprozesse sowie hohe Kosten werden anhand von vier untersuchten Handlungsfeldern beschrieben. Ressourcenaufwendige Herstellungsverfahren für Werkzeuge, der Einsatz widerstandsfähiger Werkzeugwerkstoffe, eine starre investitionsintensive Werkzeugkonfiguration sowie eine quasistatische Auslegung der Werkzeuggeometrien motivieren den Forschungsbedarf an einer flexiblen und wandlungsfähigen Tooling Technologie.

Die Integration von Additive Tooling (AT) in vertikale Prozessketten wie beispielsweise die Produktentwicklung verspricht insbesondere eine Verkürzung der Entwicklungszeit durch die additive Fertigung von Prototypen- und Musterwerkzeuge [BOOS21, S. 30f.]. Des Weiteren bietet Direct Tooling von Werkzeugeinsätzen oder vollständigen Werkzeugsätzen Potentiale in Kleinserien. Diese Potentiale werden im folgenden Kapitel 3 anhand bestehender Anwendungen analysiert. Die in der Umformtechnik besonders relevante tribologische sowie mechanische Auslegung von Umformvorgängen (vgl. Kapitel 2.3.2 und 2.3.3) wird in der vorliegenden wissenschaftlichen Arbeit in Bezug auf additiv gefertigte Werkzeugeinsätze entwickelt und beschrieben. Die Vorgehensweise der Ableitung von Gestaltungsempfehlungen auf Basis der experimentellen Ermittlung tribologischer und mechanischer Kennwerte additiv gefertigter Werkzeugeinsätze verspricht eine Erhöhung von Flexibilität und Wandlungsfähigkeit in der Umformtechnik.

3 Grundlagen des Gestaltungsbereichs

'Durch Beschleunigung der Werkzeugbereitstellung um einen Monat werden in der Produktion infolgedessen sechsstellige Beträge eingespart.'
Werkzeug-Fachingenieur eines internationalen Werkzeugherstellers

Zeitliche Vorteile in der Produktion können durch eine schnellere und produktionssystematisch optimierte Werkzeugbereitstellung realisiert werden. Eine hausinterne additive Fertigung von Werkzeugeinsätzen reduziert die Bereitstellungszeit von sechs auf einen Tag und Bereitstellungskosten um die Hälfte [BERG19, S. 3]. Folglich ist eine nähere Analyse hinsichtlich wirtschaftlicher und technologischer Eigenschaften von bestehenden Anwendungsfällen von AM und insbesondere AT in der Blechumformtechnik sowie Automobilindustrie sinnvoll. Dazu werden im Folgenden zunächst prozesstechnologische Grundlagen von AM mit Fokus auf die Werkstoffextrusion beschrieben. Anschließend werden verschiedene Ansätze und Anwendungsfälle von AT in fünf Kategorien beschrieben. Die Kategorien Prototyping, Kleinserien und Vorserien dienen insbesondere dem Überblick über derzeitige Lösungen für Produktionen mit kleinen Jahresstückzahlen. Dagegen werden mit der Herstellung von Ersatzteilen und der Mass Customization zwei Kategorien beschrieben, in welchen die Reduktion von Bestand und Kapitalbindung im Vordergrund steht. Die Grundlagen des Gestaltungsbereichs motivieren dabei die zugrundeliegende Problemstellung der vorliegenden wissenschaftlichen Arbeit und stellen eine Untermenge des Betrachtungsbereichs in Kapitel 2 dar (vgl. Abbildung 3-1) [BIRK13, S. 43].

Abbildung 3-1: Einordnung des Gestaltungsbereichs

3.1 Grundlagen des Additive Manufacturing

Von weiterer Bedeutung für die vorliegende wissenschaftliche Arbeit ist AM, da Bestandteile des Umformwerkzeugs auf diesem Wege hergestellt werden. Im Umfang dieser Arbeit werden insbesondere die synthetischen Polymere Polylactide (PLA) als Werkstoff betrachtet. Weiterhin steht die AM-Technologie FFF im Fokus.

Während die gewünschte Geometrie eines Bauteils bei subtraktiven Fertigungsverfahren durch Materialabtrag realisiert wird und formative Fertigungsverfahren durch Umformen eines bestehenden Volumens gekennzeichnet sind, wird das Bauteil bei AM durch Aneinanderfügen von Volumenelementen erzeugt [GEBH16, S. 260]. Der Aufbau des Bauteils erfolgt dabei in Schichtbauweise und automatisiert. Durch das Aufbauprinzip können komplexe Geometrien ohne Zusatzaufwand realisiert werden, da die Bauteilkosten größtenteils vom Materialeinsatz abhängig sind. AM erlaubt komplexe Produktdesigns ohne Zusatzkosten [ATZE10, S. 309]. Zudem sind keine produktspezifischen Werkzeuge notwendig. Die Datenkette ist bei additiven Fertigungsverfahren vollständig digital. Es wird lediglich eine Anlage, der sogenannte 3D-Drucker, benötigt. [GEBH16, S. 1–5], [TOFA18, S. 22–37].

Die schichterzeugende Anlagentechnik werden dabei automatisch von einem Computer gesteuert und stützen sich bei der Bauteilerzeugung auf einen Bauplan, welcher mittels rechnergestützter Konstruktion erstellt worden ist [TOFA18, S. 22–37]. Somit eignet sich AM aufgrund der technologischen Vorteile, der zusätzlichen Geometriefreiheiten sowie wirtschaftlicher Vorteile in kleinen Stückzahlbereichen für die Werkzeug- und Formentechnik. AM ist der Oberbegriff für alle Technologien, mit denen auf Basis einer geometrischen Darstellung Bauteile durch sukzessive Zugabe von Material erzeugt werden [DIN18, S. 6–10].

Zurzeit ist AM noch nicht in der Norm DIN 8580 aufgeführt. AM wird dort aber überwiegend dem Urformen zugeordnet, da Werkstücke mittels AM aus formlosen Materialien erzeugt werden [BÜHL19, S. 74]. Eine allgemeine AM Prozesskette wird entsprechend KUMKE definiert [KUMK18, S. 9–11]. Die wesentlichen Unterschiede zwischen den jeweiligen AM-Verfahren besteht in dem eigentlichen Herstellungsprozess. AM-Verfahren können gemäß der Norm DIN EN ISO/ASTM 52900 in verschiedene Prozesskategorien unterteilt werden. Diese teilen sich auf in „Freistrahl-Bindemittelauftrag, Materialauftrag mit gerichteter Energieeinbringung, Materialextrusion, Freistrahl-Materialauftrag, pulverbettbasiertes Schmelzen, Schichtlaminierung und badbasierte Photopolymerisation“. Im Folgenden wird das fokussierte FFF-Verfahren detailliert beschrieben. [DIN18, S. 8]

3.1.1 Fused Filament Fabrication

Das FFF-Verfahren wird der Prozesskategorie der Materialextrusion zugeordnet. In dieser Prozesskategorie wird der Bauteilwerkstoff gezielt durch eine Düse oder Öffnung aufgetragen [DIN18, S. 6–10]. Zur näheren Erläuterung des Prozessprinzips ist in Abbildung 3-2 das FFF-Verfahren schematisch dargestellt. Um ein Bauteil mittels FFF herzustellen, wird ein drahtförmiger Thermoplast mithilfe einer Vorschubeinheit aus dem Materialvorrat zu der elektrisch beheizten Düse geleitet, wodurch der für die Extrusion durch die Düse notwendige Druck aufgebaut wird. Dort erfolgt die Erwärmung bis kurz unter die Schmelztemperatur. Zur Erstellung der ersten Schicht wird der zähflüssige Thermoplast linienförmig auf die Bauplattform aufgetragen. Dabei sind die Bauplattform oder die Düse so verfahrbar, dass insgesamt drei Freiheitsgrade erreicht werden. Nachdem die erste Schicht vollständig aufgetragen ist, wird der Abstand zwischen Düse und erster Schicht um die voreingestellte Schichthöhe erhöht und die zweite Schicht aufgetragen. Dabei wird die vorherige Schicht partiell wiederaufgeschmolzen und wird durch den Abkühlvorgang mit der zweiten Schicht fusioniert. Um einen gleichmäßigen Aufbau des Bauteils zu gewährleisten, ändert sich die Ausrichtung jeder Schicht beispielsweise inkrementell um 90 °. Der Vorgang wiederholt sich, bis die letzte Schicht aufgetragen worden ist. Danach kann das Bauteil von der Bauplattform getrennt werden. Bei komplexen Geometrien und Überhängen in der Regel >45 ° sind Stützkonstruktionen notwendig, welche nach Fertigstellung des Bauteils entfernt werden. Zur Verringerung der Aufwände für die Stützstrukturentfernung werden FFF-Drucker mit mehreren Düsen eingesetzt. Diese Konfiguration ermöglicht den Einsatz mehrerer Materialien innerhalb einer Schicht. Dadurch besteht die Möglichkeit, Stützkonstruktionen auf wasserlöslicher Basis zu verwenden, welche nicht mechanisch entfernt werden müssen. [FUHR18, S. 53]

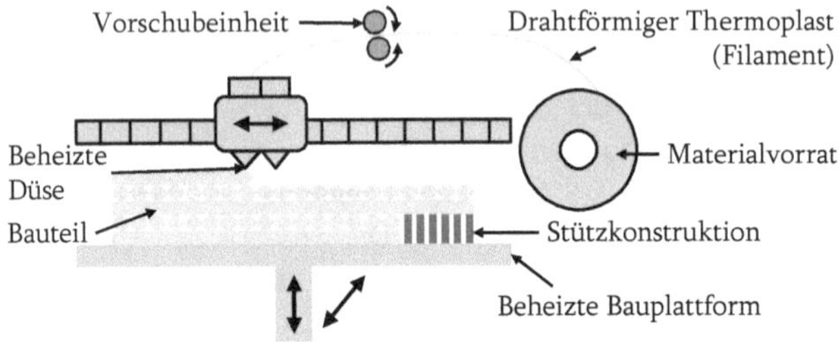

Abbildung 3-2: Prozessprinzip des Fused Filament Fabrication Verfahrens

FFF-Drucksysteme zeichnen sich dadurch aus, dass ihre Anschaffungs- und Betriebskosten im Vgl. zu anderen additiven Fertigungsverfahren gering sind. Die einfache Konstruktion und Bedienbarkeit sowie die hohe Prozessstabilität der Anlagen tragen dazu bei, dass FFF-Drucker die am meisten genutzten additiven Fertigungsanlagen sind. [WOHL21, S. 49f.]

AM-Prozessparameter nehmen entscheidenden Einfluss auf Qualität, mechanische Eigenschaften und Druckzeit des Bauteils. Im Folgenden werden die wichtigsten Slicing Parameter aufgelistet [KOVA18, S. 266–269]:

- Bauteiloberfläche: Schichthöhe h_S [mm], Linienbreite b_L [mm]
- Hülle: Wandbreite b_W [mm], Höhe der oberen Kernschicht h_{Ko} [mm], Höhe der unteren Kernschicht h_{Ku} [mm]
- Kern: Füllmuster, Fülldichte ρ_F [%]
- Temperatur: Düsentemperatur t_D [°C], Bauplattformtemperatur t_B [°C]
- Geschwindigkeit: Druckgeschwindigkeit v_D [mm/s]
- Orientierung: Positionierung des Bauteils auf der Bauplattform [kartesisches Koordinatensystem x, y, z]

Durch Einstellung der Schichthöhe und Linienbreite wird die maximale Auflösung der Bauteiloberfläche festgelegt. Besonders deutlich ist dieser Umstand an schrägen Flächen oder feinen Strukturen zu erkennen [GEBH16, S. 22]. Durch Verringerung von Schichthöhe und Düsendurchmesser und damit verbesserter Auflösung vergrößert sich wiederum die Druckzeit, sodass ein Trade-off zwischen Zeit und Qualität notwendig ist. Generell besteht ein Bauteil aus einem Hüll- und Kernbereich. Um die Geometrie des Hüllbereichs zu definieren, werden Wandbreite sowie Höhe der oberen und unteren Kernschicht über die entsprechenden Prozessparameter festgelegt. Der Kernbereich des

Bauteils wird mit einem vordefinierten Füllmuster gefüllt. Ein besonderer Vorteil des FFF-Verfahrens ist, dass der Kern nicht zwingend vollständig gefüllt ist, sondern teilweise aus Hohlräumen besteht. Die Einstellung erfolgt durch den Prozessparameter Fülldichte. Durch diese Möglichkeit können Druckzeit und Materialbedarf auf Kosten der mechanischen Belastbarkeit reduziert und individuell an den Anwendungsfall angepasst werden [KAM17, S. 115–120]. Die Düsentemperatur wird durch den verwendeten Werkstoff und die zugehörige Schmelztemperatur bestimmt. Um thermischen Verzug durch hohe Temperaturgradienten zu vermeiden, wird die Bauplattform oft beheizt. Empfohlene Temperaturen für Düse und Bauplattform sind dem Datenblatt des jeweiligen Werkstoffs sowie der verwendeten Anlage zu entnehmen. Die Druckgeschwindigkeit ist ebenfalls vom verwendeten Werkstoff sowie vom Düsendurchmesser abhängig. Je nach Viskosität und Verarbeitbarkeit des aufgeschmolzenen Thermoplasts wird die Druckgeschwindigkeit für Hüll- und Kernbereich festgelegt [FUHR18, S. 53]. Durch die Orientierung des Bauteils auf der Bauplattform werden neben der Oberflächenqualität auch mechanische Eigenschaften festgelegt, welche bedingt durch das Aufbauprinzip anisotrop sind [AHN02, S. 248–257].

3.1.2 Polymere Werkstoffe

Im Regelfall werden in FFF Polymere eingesetzt. Polymere sind organische, hochmolekulare Werkstoffe, die überwiegend synthetisch durch Polymerisation, Polykondensation oder Polyaddition hergestellt werden und aus fadenförmig angeordneten Monomeren bestehen [BONT16, S. 14]. Grundsätzlich wird dabei zwischen Thermoplasten, Duroplasten und Elastomeren unterschieden. [BONT16, S. 14–49]

Für das FFF-Verfahren werden in der Regel Thermoplaste genutzt [GEBH16, 265–271]. Bei Thermoplasten wird zwischen amorphen und teilkristallinen unterschieden. Amorphe Thermoplaste sind dadurch charakterisiert, dass diese im erstarrten Zustand eine regellose Struktur der linearen Makromoleküle ausbilden. Im Gegensatz dazu entstehen bei der Erstarrung teilkristalliner Thermoplaste örtlich begrenzte geordnete Bereiche. Der Kristallisationsgrad gibt das Verhältnis der geordneten zu den ungeordneten Bereichen eines erstarrten teilkristallinen Thermoplasts an. Dadurch, dass der Zusammenhalt bei Thermoplasten durch Nebenvalenzbindungen erfolgt, erweichen diese in bestimmten Temperaturbereichen [BONT16, S. 14–49]. Die für das FFF-Verfahren zur Verfügung stehenden Thermoplaste sind nach ihrer Warmformbeständigkeit und den Hauptgruppen Standard-Thermoplaste, Technische-Thermoplaste und Hochtemperatur-Thermoplaste eingeordnet und nach Aufbauart sortiert dargestellt (vgl. Abbildung 3-3) [WÖHR18, S. 53].

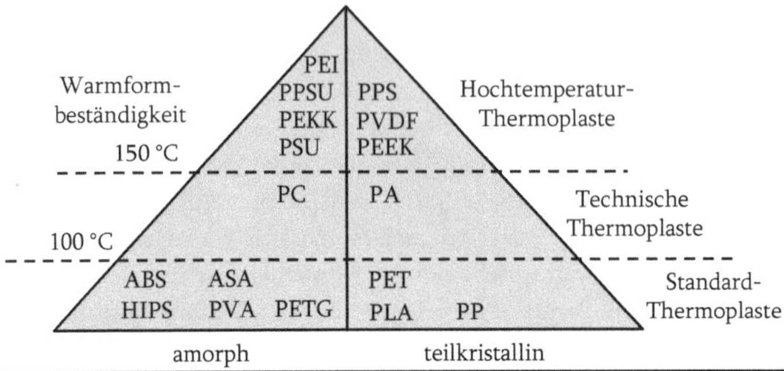

ABS:	Acrylnitril-Butadien-Styrol-Copolymer	PEI:	Polyethylenimin
ASA:	Acrylnitril-Styrol-Acrylat-Copolymer	PEKK:	Pokyetherketonketon
HIPS:	High Impact Polystyrene	PET:	Polyethylenterephtalat
PA:	Polyamid	PETG:	Polyethylenterephtalat + Glucose
PC:	Polycarbonat	PLA:	Polyactid
PEEK:	Polyetheretherketon	PP:	Polypropylen
PSU:	Polysulfon	PPS:	Polyphenylensulfid
PVA:	Polyvinylalkohol	PPSU:	Polyphenylensulfon
PVDF:	Polyvinylidenfluorid		

Abbildung 3-3: Einteilung von Thermoplasten [WÖHR18, S. 53]

Durch die amorphe oder teilkristalline Struktur ergeben sich aus dem mechanischen Verhalten Gebrauchsbereiche, die durch die Glasübergangstemperatur und die Schmelztemperatur begrenzt sind. Da amorphe Thermoplaste oberhalb der Glasübergangstemperatur erweichen, befindet sich der Verwendungsbereich unterhalb der Glasübergangstemperatur. Teilkristalline Thermoplaste sind oberhalb der Glasübergangstemperatur zähelastisch und formbeständig. Der Gebrauchstemperaturbereich liegt unter der Schmelztemperatur und über der Glasübergangstemperatur. [ARNO17, S. 233]

Zur Optimierung der mechanischen Eigenschaften wie beispielsweise Steifigkeit und Festigkeit werden Faser-Verbund-Kunststoffe (FVK) eingesetzt. FVK bestehen aus einer Matrixkomponente (Polymer) sowie orientierten Fasern. Die orientierten Fasern nehmen Lasten (Zugkräfte) in Faserrichtung auf. Die Matrix fixiert den Verbund, indem die Fasern innerhalb einer Schicht sowie die einzelnen Schichten miteinander verklebt werden. Zudem werden durch die Matrixkomponente Kräfte zwischen den Fasern weitergeleitet sowie Lasten quer zu Faserrichtung aufgenommen. Die mechanischen Kennwerte sind von der verwendeten Faserart abhängig. Für technische Anwendungen werden häufig Kohlenstoff-, Aramid-, Glas- oder Naturfasern genutzt. Bei der Verwendung von Kohlenstofffasern (CFK) werden die höchsten Steifigkeiten und Festigkeiten erreicht. Sie zeichnen sich zudem durch eine hohe Ermüdungsfestigkeit aus. Die sehr guten Festig- und Steifigkeiten sind jedoch anisotrop und liegen nur in Faserrichtung vor. Nachteilig ist der sehr hohe Preis im Vgl. zu anderen Fasern [BONT16, S. 147–150]. Die mechanischen Eigenschaften eines FVK sind neben der Faserart auch von der Faserlänge abhängig. Generell wird zwischen Kurz-, Lang- und Endlosfasern unterschieden. Während durch Kurzfasern nur die Steifigkeit signifikant gesteigert werden kann, erhöhen sich durch den Einsatz von Lang- und Endlosfasern zusätzlich auch Festigkeit und Schlagzähigkeit [BONT16, S. 151]. Für das FFF-Verfahren werden größtenteils kurzfaserverstärkte Polymere angeboten. Um den Festigkeitsvorteil der Endlosfaserverstärkung zu nutzen, kann das Continuous-Fiber-Fabrication-Verfahren (CFF) genutzt werden. Das klassische FFF-Verfahren wird dazu um eine zweite Düse erweitert, um Endlosfaserstränge gezielt in eine Polymermatrix abzulegen [ARAY18, S. 157–159]. Das FFF-Verfahren wird in den Versuchen sowie Simulationen in Kapitel 5 bis 7 als Herstellungsverfahren für Umformwerkzeuge für Bauteile sowie Werkzeugeinsätze für RG genutzt.

3.2 Anwendungsfall Prototyping

Der experimentelle Prozess des Prototyping wird als Vorgehensweise verstanden, bei welcher nicht unmittelbar ein endgültiges System, sondern mehrere Prototypen erstellt werden [HADE00, S. 2533]. Eine schnelle Entwicklung von Modellen für den Prototypenbau stellt dabei einen entscheidenden Wettbewerbsvorteil produzierender Unternehmen dar [HAGL15, S. 61]. Durch die zeitgleiche Erstellung mehrerer prototypischer Modelle werden Änderungsrisiken reduziert. Zur Einhaltung von Terminvorgaben stellen v.a. Änderungen der CAD-Daten über den sogenannten „Design Freeze" hinaus ein wesentliches Risiko dar [BIRK13, S. 363].

Eine Verkürzung der Produktentwicklungszeit kann dabei v.a. durch Ansätze des Rapid Prototyping (RP) oder Rapid Tooling (RT) erreicht werden [SCHU20, S. 1–5]. Beim RP werden CAD-Daten mittels Produktionstechnologien, welche sich für die schnelle und maßstabsgetreue Modellherstellung eignen, in ein physisches Bauteil oder eine Baugruppe übersetzt. Dazu eignet sich AM aufgrund des generativen Werkstückaufbaus. AM wird für RT genutzt, um schnell und durch wiederholtes Einleiten des Druckauftrags leicht reproduzierbar formgebende Elemente von Werkzeugen zu fertigen. Eine Herausforderung dabei ist die Verwendung von alternativen Werkzeugmaterialien, welche abweichende Friktions- und Steifigkeitseigenschaften im Vgl. zu konventionellen Werkzeugen aufweisen. Des Weiteren kann die Verwendung von Versuchspressen im Rahmen der Probeläufe eine abweichende Bauteilqualität zur Folge haben [HAAS04, S. 46].

Etablierte Werkstoffe zur konventionellen Herstellung von Werkzeugen im Prototypenbau sind beispielsweise Polymerharze oder Aluminium mit erhöhter Zerspanbarkeit (vgl. Kapitel 3.4).

Beim Verfahren des sogenannten Laminated Object Manufacturing (LOM) werden vorgefertigte 2D Ausschnitte zu einem 3D Modell zusammengefügt. Durch Begrenzung mechanischer Eigenschaften der verwendeten Materialien wie beispielsweise LOM-Papier, Kunststoff oder Feinbleche ist die Anwendung dieses Verfahrens auf die Umformung von großformatigen Feinblechbauteilen beschränkt. Forschungsansätze untersuchen die Verbesserung der Haltbarkeit und mechanischen Eigenschaften von Blechumformwerkzeugen [KÖTT11, S. 5f.]. Technologisch weiterentwickelter sind Ansätze, in denen Faserverstärkungen im Werkstoff diese Aufgabe in Verbundwerkstoffen übernehmen. Nylon-Filament, welches mit Kohlenstoffkurzfasern durchsetzt ist, wird eingesetzt, um einfache Biegewerkzeuge zu fertigen [VICK18, S. 2]. Auch Endlosfasern aus Kohlenstoff können ähnlich wie Filament platziert werden, um Festigkeitswerte vergleichbar mit Aluminium zu erreichen. Somit werden beispielsweise Gehäuse tiefgezogen [ANTO19, S. 1285]. STRATASYS LTD., Hersteller von 3D-Druckern und 3D-Produktionssystemen, beteiligt sich an der Weiterentwicklung für Werkzeuge für Hydro- oder Rubber Pad Forming und veröffentlicht regelmäßig Beiträge zu geeigneten Anwendungsfällen [STRA18, S. 3] [STRA19, S. 2–97].

3.2.1 Automobiler Produktentstehungsprozess

Grundsätzlich können gemäß KAMPKER ET AL. vier verschiedene Kategorien von Prototypen mithilfe des Produktentstehungsprozesses (PEP) voneinander abgegrenzt werden [KAMP16, S. 69]. Der in Abbildung 3-4 dargestellte Abgleich verschiedener Prozessketten beschreibt sämtliche Prozessschritte von der Konzeptphase bis zum Hochlauf der Serienproduktion inkl. sämtlicher benötigter Betriebsmittel (insbesondere Werkzeuge, Maschinen, Anlagentechnik) [GÖPF16, S. 278], [EIGN09, S. 10].

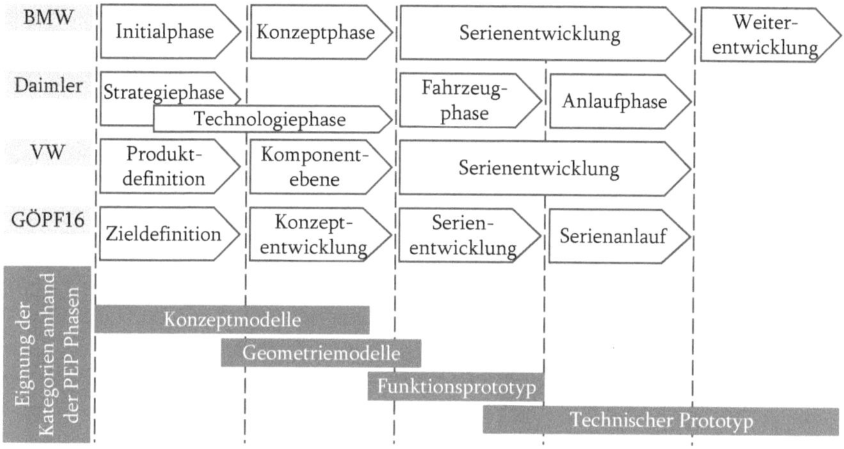

Abbildung 3-4: Abgleich der PEP renommierter OEMs und Eignung der Kategorien anhand der PEP Phasen [KAMP16, S. 67], [GÖPF16, S. 278]

Frühe Konzeptmodelle dienen dazu, das Produkt zu visualisieren oder simulieren. Als abstraktes oder digitales Modell ist es mit einem sogenannten Proof of Concept (PoC) zu vergleichen. Nach Festlegung des Produktkonzepts dienen Geometriemodelle der 3D Darstellung in CAD-Software oder Hardware zur Wiedergabe relevanter Relationen und der groben Dimensionierung. Um das Konzept oder den Prozess zu testen, wird ein Muster oder Modell des Produkts als Funktionsprototyp aufgebaut. Dieser stellt eine erste Validierung dar und dient als visuelle und funktionelle Stütze, um das Konzept zu replizieren/verbessern, sowie als Input für weitere Iterationsschleifen. Technische Prototypen weisen eine hohe visuelle und technische Ähnlichkeit zum finalen Produkt auf. Sie beinhalten bereits funktionale elektrische und Software-Komponenten und eignen sich für Usability- und Marktstudien. [KAMP16, S. 67]

Der Einsatz von kunststoffbasierten additiv gefertigten Werkzeugeinsätzen verspricht insbesondere in der Produktion von Bauteilen für nicht-seriengleiche Fahrzeuge (NSG) im automobilen PEP Potential. Bereits vor der Vorserie werden Geometrie-, Design- und Funktionsprototypen in Stückzahlen von 3-10 benötigt. Um funktionale Eigenschaften des späteren Serienfahrzeugs zu testen, werden automobile Funktionsprototypen basierend auf dem Vorgängermodell mit neuen Einzelteilen gefertigt. Dazu gehören auch Aggregat- und Baustufenprototypen für Testzwecke. Im Rahmen der automobilen Vorserie (vgl. Kapitel 3.4) werden Prototypen nah am Serienzustand gefertigt. Diese dient der Problemfrüherkennung, Mitarbeiterqualifikation, Prozessverbesserung oder Erprobung. Aufgrund geringer Stückzahlen ist eine Herstellung seriennaher Werkzeuge oft nicht wirtschaftlich, wird aber von den OEMs als Instrument der Absicherung von Produkt sowie Produktion vorausgesetzt. [SCHM15, S. 7–11], [BAUM01, S. 150–156] Im Rahmen der Homologation von Automobilen werden serienreife Musterbauteile (auch C-Muster) benötigt. Diese vollständig funktionsfähigen und serientauglichen Bauteile bedingen die Fertigung mittels optimierten Serienwerkzeugen am Fertigungsort am Ende der Serienentwicklung (vgl. Abbildung 3-4). Bis zu diesem Zeitpunkt der Homologation können sämtliche Bauteile mittels prototypischen Hilfswerkzeugen hergestellt werden. [VOLK17, S. 40]

Bei einer Reduktion der Bereitstellungszeit von Werkzeugen wird die gesamte Entwicklungszeit neuer Fahrzeuge verkürzt. Trotz einer deutlichen Zunahme der Komplexität der Bauteile und Werkzeuge konnte die Produktionszeit für einen Werkzeugsatz für die äußere Seitenverkleidung bei der Audi AG zwischen 1996 und 2006 um 60 % reduziert werden. Dieser Trend soll fortgeführt werden. [WALT07, S. 5] Die Integration von AM in den PEP bietet einen vielversprechenden Ansatz zur Verkürzung der Bereitstellungszeit von Produktionshilfsmitteln in der Produktentwicklung, sodass Produkte früher auf den Markt gebracht werden können [GEBH16, S. 13–16], [PRIT19, S. 765]. Hohe Kosten werden ebenfalls durch Change Requests während des PEPs oder der anlaufenden Serienproduktion verursacht. Diese können aus Material- oder Designänderungen bestehen, aber auch Fertigungsprozesse beinhalten, welche Passform oder Funktion des Endprodukts verändern. Aufwändig ist insbesondere die Bewertung der Auswirkungen auf weitere Prozesse oder Bauteile sowie die Beurteilung durch beteiligte Entwicklungs- und Qualitätsteams [WATT18, S. 69–74]. Change Requests verursachen Werkzeugänderungen, welche bis zu 30 % der eigentlichen Werkzeugkosten hervorrufen [DOEG99, S. 263–277]. Auch dort kann AM Vorteile im Kosten- (-70 %) und Zeitvergleich (-80 %) bieten [STRA19, S. 3]. Diese Vorteile können in verschiedenen Produktionstechnologien wie beispielsweise dem Hydroforming genutzt werden [PRIT19, 765–772].

3.2.2 Design Thinking

Eine schnelle prototypische Umsetzung wird durch moderne Produktentwicklungsmethoden erforderlich. Eine oft propagierte Methode der modernen Produktentwicklung ist die des Design Thinkings (vgl. Abbildung 3-5) [BREN16, S. 11].

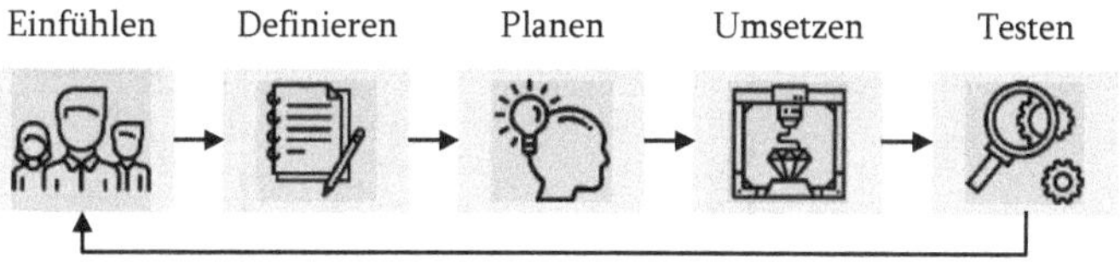

Abbildung 3-5: Design Thinking i.A.a. die Stanford University [BREN16, S. 11]

Design Thinking zielt darauf ab, den Kunden in möglichst viele Aspekte des Entwicklungsprozesses einzubeziehen. Das bedeutet nicht nur das Einholen von Feedback am Ende jedes Entwicklungszyklus', sondern auch, dass der Kunde in den Skizzier-, Ideen- und Modellbauprozess einbezogen wird. [AUGU19, S. 2191] Eine frühe Umsetzung (vgl. Abbildung 3-5) in Form eines Prototyps stellt somit eine hohe Kundenakzeptanz sicher. Im Kontext der vorliegenden wissenschaftlichen Arbeit ergeben sich zwei Herausforderungen beim Einsatz von Design Thinking in automobilen Entwicklungsprozessen. Zum einen gestaltet sich die technische Erprobung additiv gefertigter Bauteile schwierig, da diese bei technologischen Anwendungen mit Originalwerkstoffen durchgeführt werden sollte. Zum anderen kann AM bei Schalenbauteilen von Fahrzeugkarosserien aufgrund der hohlen und flächigen Bauweise dieser nicht wirtschaftlich eingesetzt werden. Design Thinking öffnet somit weiteren Bedarf an einer flexiblen AT-Technologie, welche die flexible unternehmensinterne Herstellung von Prototypen erlaubt. [AUGU19, S. 2190]

3.3 Anwendungsfall Kleinserie

Im Folgenden werden Anwendungen der Kleinserien-Produktion im automobilen Kontext beschrieben. Diese sind in der Produktionstechnik u.a. in Hinblick auf die Entwicklung der steigenden Derivateanzahl von Bedeutung [MOHR13, S. 11]. Hinsichtlich derivatespezifischer Produktions- sowie Montageschritte sind Serien unter einer Jahresstückzahl von 100 als klein zu bezeichnen. Ab dieser Stückzahl werden skalierbare Produktions- und Montagetechnologien benötigt, da sonst verschwendete Skaleneffekte in der Einzelteilherstellung eine wirtschaftliche Bereitstellung unterbinden. [KAMP14, S. 18] Jedoch ist eine Prognose der Entwicklung der Jahresstückzahlen komplexer als noch vor einigen Jahren. Dies ist u.a. mit einer Nicht-Abschätzbarkeit der Kostenreduktion durch Skaleneffekte und innovative (radikale und disruptive) Produktionstechnologien sowie externe Risiken durch beispielsweise Umweltprämien oder Fahrverboten zu begründen [KAMP14, S. 21]. Somit ergeben sich kosteneffiziente Stückzahlbereiche für konventionelle Produktionstechnologien, AM und AT gemäß Abbildung 3-6.

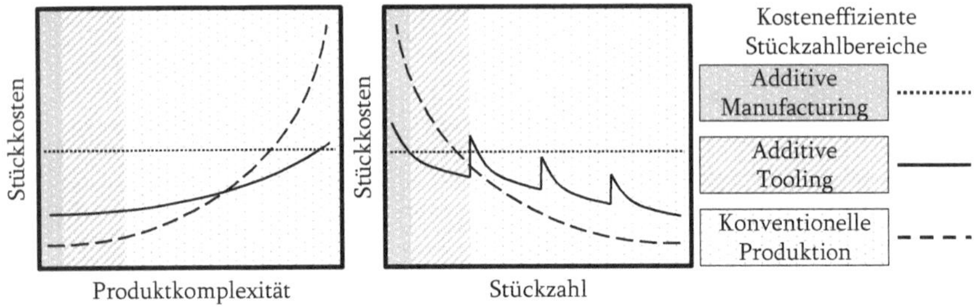

Abbildung 3-6: Qualitative Darstellung kosteneffizienter Stückzahlbereiche von AM, AT und konventioneller Produktion i.A.a. KAMPKER ET AL. [KAMP20, S. 12]

Bei AM verursacht die Produktion eines weiteren Bauteils nahezu identische Produktionskosten. AT zeichnet sich dadurch aus, dass dieser initiale Aufwand durch Reduktion der Werkzeug- und Formenherstellungskosten geringer ist. Jedoch verschleißen Werkzeuge und Formen ab einer gewissen Stückzahl und können aufwandsreduziert und nachfragegesteuert erneut additiv hergestellt werden. Ebenso vorteilhaft zeigen sich die im Vgl. zur konventionellen Produktion geringer ansteigenden Stückkosten im Verhältnis zur Produktkomplexität. Bei konventionellen Produktionstechnologien amortisiert sich der hohe initiale Aufwand über eine hohe Stückzahl. [KAMP20, S. 12]

Dahingegen lassen sich Produkt- und Prozessstandards im Rahmen von Kleinserien nicht oder nur schwer umsetzen. Grund dafür ist oft die hohe Varianz der hergestellten Produkte und die dadurch eingeschränkten Lerneffekte im Vgl. zur Massenproduktion. [SCHU19, S. 1094] Dies eröffnet den Bedarf an verfahrensangepassten sowie stückzahloptimierten Werkzeugtechnologien, welche nah an Produkt- und Prozessstandards eingesetzt werden können. Dazu gehören z.B. Kunststoffwerkzeuge oder Galvanoschalen, die teure Stahl- oder Gusswerkzeuge ersetzen [DOEG00, S. 2]. Die Anformung von Sicken in Bauteilserien mit geringen Jahresstückzahlen gilt als wirtschaftlich besonders problematisch. Jede Sickengeometrie erfordert ein Werkzeug, welches Produktions- sowie Lagerkosten verursacht und u.U. weiteren konstruktiven Änderungsumfängen unterliegt. [WIDM84, S. 15] Durch ein Umdenken in der Bauteilkonstruktion wurden im Rahmen einer Pilotstudie einige Feinblech-Strukturbauteile eliminiert und die so zusammengefassten Baugruppen mittels metallbasierter additiver Fertigung hergestellt [TECK16, S. 19], [EDAG17]. Durch flexible Prozessketten mit einem reduzierten Anteil derivatespezifischer Elemente (beispielsweise Laserschneiden, Formschlagen, Abkanten) und produktionsgerechte Produktgestaltung können Bauteile in geringen Jahresstückzahlen wirtschaftlich produziert werden [WERN15, S. 1f.]. Hydroforming eignet sich analog zum Tiefziehen bei entsprechender Werkzeugauslegung ebenfalls für Kleinserien [ALTA12, S. 175], [LAMM13]. Mittels Hydroforming können u.a. Profilbauteile mit einer variablen Dichte (engl. Tailored Tubes) hergestellt werden [HÖLK17]. Als alternativen nachhaltigen Werkzeugwerkstoff nutzt AUGUSTIN beispielsweise Robinienholz für die Umformung einer Kleinserie von 200 Blechbauteilen. Unter Berücksichtigung der Naturfaserorientierung können so gute Steifigkeits- und Festigkeitswerte erreicht werden [AUGU08].

Eine besonders kostengünstige Tooling-Technologie stellt das zuvor vorgestellte FFF-Verfahren dar [DURG15, S. 413], [BERG19, S. 2]. Das Verfahren ist durch geringe Anlage- und Materialkosten sowie Werkzeugstandzeiten charakterisiert. LEACOCK ET AL., DURGUN ET AL. und AKSENOV ET AL. haben verschiedene FFF-Werkstoffe (PET, PLA, PC) zur Blechumformung von Tiefziehstahl und Aluminium erprobt sowie die Eignung zur Umformung der Feinbleche für die Kleinserienproduktion bestätigt [LEAC15], [DURG15, S. 412–421], [AKSE19]. Somit können der Produktzyklus sowie die Produktentwicklungsphase von Kleinserienproduktionen durch den Einsatz von AM verkürzt werden [DURG15, S. 414]. SCHUH ET AL. zeigen mit Beteiligung des Autors der vorliegenden wissenschaftlichen Arbeit das Potential von kunststoffbasierten additiv gefertigten Werkzeugen ebenfalls anhand der Demonstration einer Kleinserienproduktion mit anschließender optischer Vermessung und Analyse eines vereinfachten Demonstratorbauteils und Umformwerkzeugs [SCHU20, S. 1–5]. Des Weiteren demonstrieren BERGWEILER ET AL. anhand der Kleinserienproduktion der Napfgeometrie eine Maßhaltigkeit zwischen -1,02 bis 0,96 mm mittels FFF PLA-Umformwerkzeugen. Die Steifigkeit von PLA ist geringer als die von CF-verstärktem PA, welches als Referenzwerkstoff genutzt wurde. Über eine Serie von 20 Ziehvorgängen ergab sich eine Änderung der Abweichung von 1,17 mm am Stempelradius. Daraus ergibt sich Handlungsbedarf hinsichtlich Maßhaltigkeit und Langlebigkeit. [BERG21, S. 14] Dazu werden weiterführende Untersuchungen von FROHN-SÖRENSEN ET AL. hinsichtlich verschiedener polymerer Werkstoffe sowie Slicing-Parameter durchgeführt [FROH22, S. 7–16]. Die Maßhaltigkeit von +/-1 mm wird auch beim Rubber Pad Forming, bei welchem lediglich der Stempel aus PLA additiv gefertigt wird, von 64 Bauteilen mittels optischer Vermessung des Werkzeugs bestätigt [FROH20, S. 11–22].

3.4 Anwendungsfall Vorserie

Gemäß den in Kapitel 3.2.1 genannten Anforderungen der Problemfrüherkennung, Mitarbeiterqualifikation, Prozessverbesserung sowie der Fahrzeug-Validierung wird unter Vorserien im automobilen Kontext die erste Phase des Produkt-Anlaufs verstanden [SCHM15, S. 3]. Diese Phase dient der erstmaligen Überprüfung von Qualitäts-, Termin sowie Kostenvorgaben durch die Produktion und dem Testen von 50-200 Vorserien-Fahrzeugen [SCHM15, S. 2–4]. Diese werden konventionell mit seriennahen Werkzeugen umgesetzt. Des Weiteren werden im Rahmen der Vorserie Zulieferer in die Prozessketten integriert. [DYCK12, S. 1429] Ebenfalls zu den Aufgaben des Vorserien-Managements gehört die Bereitstellung von Presse- oder Messe-Fahrzeugen [SCHU08, S. 46]. Durch geringe Stückzahlen sowie wenige Erfahrung mit dem neuen Fahrzeugaufbau entstehen höhere Kosten [STIC07, S. 7]. Einsparungen in der späteren Serienproduktion werden durch eine frühzeitige Fehlerbehebung erzielt [STIC07, S. 7]. Die Amortisierung geringer Stückzahlen ist eine große Herausforderung für OEMs. Bergweiler et al. berichten, dass eine Kostensenkung und Verringerung der Produktionszeit durch AM bzw. AT zu erreichen ist [BERG20, S. 45]. Diese modernen Produktionstechnologien bieten großes Potential, Anlaufhemmnisse auszugleichen, welche die Anlaufkurve der Produktion beschleunigen oder die Time-to-Market verlängern können [ABEL03, S. 172–176].

Werkzeuge für die Vorserien-Produktion sind bzgl. der Konfiguration vergleichbar mit Serienwerkzeugen und bestehen oft aus niedrigschmelzenden Legierungen wie Zamak (aus Zink Aluminium Magnesium Kupfer), Bolton 281 (aus Zinn Wismut) oder leicht zerspanbaren Stählen sowie Aluminium [SCHE05, S. 10–12], [KOÇ08, S. 328f.]. Mittels Grauguss hergestellte Umformwerkzeuge können innerhalb von 10 Wochen bereitgestellt werden, wohingegen solche aus Zamak eine Bereitstellungszeit von 8 Wochen aufweisen [DURG13, S. 247], [DURG13, S. 253]. In derselben Dimensionierung (6-8 Wochen) befinden sich Werkzeuge aus Aluminium sowie leicht zerspanbare Stählen [SPAL17, S. 512], [DURG13, S. 253], [DURG13, S. 247]. Ebenfalls finden Epoxidharz-Werkzeuge mit einer Bereitstellungszeit von rund 4 Wochen in Vorserien Verwendung [DURG13, S. 247]. Aufgrund geringer Nachbearbeitungsaufwände können formgebende Elemente aus eutektischen Wismut- und Zinnlegierungen wie Cerrotru mit niedrigem Schmelzpunkt innerhalb von nur einer Woche geliefert werden [DURG14, S. 7]. Durgun et al. vergleichen diverse RT Ansätze und ordnen diese Karosseriebauteilen zu, welche sich hinsichtlich Größe und Ziehtiefe unterscheiden [DURG13, S. 251]. Witulski et al. nutzen ein mit Aramidfasern beschichtetes Polyurethan-Werkzeug mit ausreichender Verschleißfestigkeit (Bauteilmaßhaltigkeit innerhalb von +/-0,4 mm) zur Umformung von 50 Freiform-Karosseriebauteilen aus hochfesten Stählen [WITU11, S. 313]. Weitere alternative Materialien für den prototypischen Formenbau sind beispielsweise das schnell fräsbare Ureol [DURG14, S. 4]. Oft werden Prototypen- oder Vorserien-Werkzeuge aus Aluminium sowie Stahl mit erhöhter Zerspanbarkeit gefertigt.

Hinsichtlich Bereitstellungszeit und -kosten bietet AM die Möglichkeit, diese formgebenden Elemente in wenigen Tagen mit einem Bruchteil der Produktionskosten herzustellen [BERG19, S. 1f.]. Dieses Ressourceneinsparungspotential durch Integration in die automobile Prozesskette im industriellen Kontext wird durch eine Studie von Bergweiler et al. mit einem OEM bestätigt [BERG20, S. 44–47]. [WOHL21, S. 149–151]

3.5 Anwendungsfall Ersatzteilbereitstellung

Im Folgenden werden derzeit vorherrschende Nachteile der konventionellen Ersatzteilbereitstellung dargestellt sowie Einsatzgebiete möglicher AM Technologien mit einem Fokus auf AT aufgezeigt. Dabei wird ein Fokus auf historische Automobile gesetzt. Entsprechend DIN 24420 werden Bauteile, -gruppen sowie vollständige Primärprodukte als Ersatzteile unterschieden [DIN76, S. 1–4]. Ersatzteile dienen der Erhaltung der Fahrzeugfunktionalität und können verschlissene und fehlende Bauteile umfassen [DOMB20, S. 36f.]. Die konventionelle Bereitstellung von Ersatzteilen ist durch eine hohe Kapitalbindung sowie Investitionskosten in konventionelle Werkzeuge und Formen charakterisiert. Sie wird in drei Phasen entsprechend Abbildung 3-7 eingeteilt [DOMB20, S. 38–40]. Hinsichtlich des Nachfrageverhaltens wird zwischen Verschleiß- und Ausfallteilen unterschieden. Verschleißteile werden in der Regel stark nachgefragt, sodass auch nach der End of Delivery Obligation (EDO) ein Angebot vorhanden ist. Ein Großteil der Verschleißteile sind simple Bauteile wie Gummibuchsen, Bremsbeläge, Sensoren oder Bestandteile der Abgasanlage [NYHU08, S. 440–442]. Dahingegen zeichnen sich Ausfallteile durch eine geringe Nachfrage und eine große Streuung der Defektzeit aus.

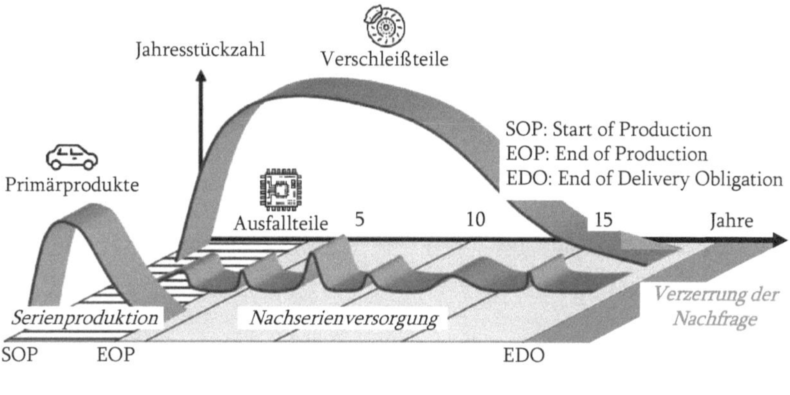

Abbildung 3-7: Ersatzteilbedarf im automobilen Produktlebenszyklus gemäß NYHUIS [NYHU08, S. 442]

Die klassische Ersatzteilbereitstellung für historische Fahrzeuge beginnt in der Regel nach dem EDO (vgl. Abbildung 3-7). Je nach Epoche der Produktion und Fahrzeugkategorie (Massen- oder Premiumfahrzeug) kann die Komplexität von Fahrzeug und Ersatzteilen schwanken [FEDE20, S. 2–9]. Je älter das Fahrzeug und je höher die Laufleistung, desto wahrscheinlicher wird der Ausfall von Karosserie- oder Innenraumkomponenten. Es wird zwischen Sicht- und Funktionsteilen unterschieden, was zu einer abweichenden Akzeptanz von Drittlösungen führt. Diese werden bei kritischen Funktionsteilen zur Erhaltung der Verkehrssicherheit akzeptiert, wohingegen bei unkritischen Sichtteilen keine Abweichung von der Originalqualität akzeptiert wird.

Die Nachfertigung mittels AM bzw. AT eignet sich für eine dezentrale, stückzahlflexible Ersatzteilbereitstellung in verschiedenen Anwendungsfällen [DURÃ16, S. 704–709], [WOHL21, S. 292f.]. Derzeit finden sich aufgrund von technologiebezogenen Herausforderungen und hohen Kosten nur wenige Ansätze von AM bzw. AT in der Automobilindustrie. Für eine erfolgreiche Integration sind OEMs verpflichtet, umfangreiche Spezifikationen und Qualifizierungsabläufe für interne sowie externe Lieferketten zu definieren. [WYCI18, S. 1–32] Ein erfolgreich umgesetzter Anwendungsfall ist beispielsweise die Nachfertigung von Steuergehäusen für den Cadillac Eldorado (BJ 1976). Durch Entfall der Anschaffungskosten für bauteilspezifische Maschinen, Werkzeuge und Formen, einen geringen Formalisierungsgrad sowie niedriges Entwicklungsrisiko eignet sich AM für Bauteile mit schwankender oder geringer Nachfrage. [FELD19, S. 80] Porsche Classic produzierte für den Porsche 959 (BJ 1986) Kupplungsausrückhebel mittels metallbasierter additiver Fertigung, welche durch vollumfängliche Tests des Originalbauteils validiert wurden. Es ist geplant, die digitale Ersatzteil-Bibliothek um weitere AM Bauteile zu ergänzen. [NICH19, S. 257f.] Additiv gefertigte Werkzeuge, Formen, Vorrichtungen und Montagehilfen ermöglichen eine Vielzahl neuer Anwendungsfälle in der Ersatzteilproduktion wie beispielsweise Spritzgusswerkzeuge, Hubhilfen oder Vakuumerzeugungssysteme [MALN19, S. 48–55]. Bei BMW ist On-Demand AM von Ersatzteilen ein Instrument zur Reduktion von Lager- und Logistikkosten, welches zunehmend ausgebaut wird [KNOP18, S. 109]. Weiteres Potential für AT in der Ersatzteilproduktion besteht bei verschiedenen Gussverfahren, der Blechumformung sowie diversen Spritzguss-Verfahren wie sie in einer Studie mit Beteiligung des Autors der vorliegenden wissenschaftlichen Arbeit beschrieben werden [SCHU21, S. 5–9].

3.6 Anwendungsfall Mass Customization

Die Individualisierung von Produkten nimmt in produzierenden Unternehmen zunehmend einen Stellenwert als strategischer Fokus ein [VDMA16, S. 44]. Der steigende Bedarf an immer kleineren Serien ergibt sich insbesondere aus spezifischen Kundenanforderungen sowie dem Wunsch nach angepassten personalisierten Produkten. Der Herausforderungen der effizienten Produktion von Unikaten und kleinen Serien ist mit angepassten Produktionstechnologien zu begegnen [SCHU19, S. 1094]. Die Anpassung des Produktionsvolumens gemäß der Kundenanforderungen erhöht dabei die Rentabilität und reduziert mögliche Schwankungen in der Produktion sowie die Kapitalbindung

[VDMA16, S. 42]. Zusätzlich verändern die Anforderungen von Industrie 4.0 die industrielle Fertigung von der Massenproduktion hin zur Mass Customization sowie On-Demand-Fertigung. Diese Aspekte gehen mit neuen produktionstechnologischen Anforderungen einher und motivieren die Entwicklung von Produktionssystemen mit höherer Flexibilität. Flexible Produktionstechnologien befähigen die Realisierung verschiedener Produktfamilien auf der gleichen Anlage bei kürzerer Umrüstzeit. [GROC19, S. 2649] Die Anpassung an Kundenwünsche ist derzeit der bedeutendste extern fokussierte Werttreiber von Produkten [VDMA16, S. 44]. Dies kann durch die flexible Gestaltung investitionsintensiver Betriebsmittel wie beispielsweise Umformwerkzeuge geschehen, was die operative Flexibilität der Organisation erhöht [VDMA16, S. 71], [HIRT05].

Insbesondere in der Produktion von Premiumfahrzeugen findet AM bereits Anwendung, z.B. werden Kühlerfiguren der Marke Bentley additiv hergestellt [HAGL15, S. 94]. Des Weiteren ist direktes AM im Bereich des Interieurs bei Jahresstückzahlen bis zu 10.000 beliebt [GIBS21, S. 645]. Beispielsweise können durch farbliche Akzente sowie anhand verschiedener Designelemente ein hoher Grad an Individualisierung erreicht werden. Die emotionale Bindung durch Personalisierung spricht v.a. jüngere Zielgruppen an. [HESS16, S. 8] Die BMW Group initiiert einige Anwendungsfälle im Bereich der Mini Kompaktfahrzeuge, bei welchen Namensschilder oder Exterieurbauteile aus Kunststoff mittels AM gefertigt werden [ZHAN18, S. 27]. Softwareapplikationen der Fa. Twikit unterstützen den Kunden bei der Auswahl und Gestaltung der angepassten Bauteile [TWIK19, S. 1–15]. Individualisierte Radmuttern sowie dazugehörige Schlüssel der Ford Motor Company erhöhen die Diebstahlsicherung von Leichtbaurädern des Mustang GT500. Hier wird die Stimme des Fahrzeugbesitzers aufgenommen, mittels Software in ein Stimmprofil umgewandelt sowie die Diebstahlsicherung mit metallbasiertem AM von Radmutter sowie Schlüssel umgesetzt. [FORD20]

In der Umformtechnik wird für individualisierte Bauteile aus Feinblech oft die inkrementelle Blechumformung (IBU) eingesetzt. Das Feinblechformat wird dabei in einen Blechhalterrahmen eingespannt und plastisch durch einen Drückdorn lokal verformt [ALTA12, S. 273]. Im Gegensatz zum Tiefziehen erfolgt der Materialfluss nicht aus der gesamten Flanschzone, sondern nur aus dem lokalen Umformbereich. Neben der Einschränkung, dass Umformgradienten >60 ° zu Rissen und Falten führen gestalten sich gemäß einer Untersuchung des Autors der vorliegenden wissenschaftlichen Arbeit v.a. eine geringe Maßhaltigkeit sowie lange Prozesszeiten als nachteilig. [SCHU19, S. 1223f.]

Durch weniger werkzeuggebundene Produktionsverfahren kann das Design von Blechbauteilen hinsichtlich der Belastung sowie individueller Anforderungen optimiert werden [GROC19, S. 2649]. Lange Prozesszeiten sowie hohe Materialkosten von Umformwerkzeugen beschränken den wirtschaftlichen Einsatz dieser auf kleine Umformbereiche, wie beispielsweise Prägewerkzeuge von Logos oder Schriftzügen im Rahmen der Mass Customization [CHEA02]. Aufgrund der starren Kostenstruktur existieren bisher keine industrienahen Ansätze der Individualisierung von Karosserie-Blechbauteilen. Dies ist mit FFF PLA aufgrund ausreichender mechanischer Eigenschaften des gedruckten Materials sowie der vorteilhaften Kostenstruktur möglich. Prozessgrenzen dieser Technologie sind noch zu ermitteln.

3.7 Zwischenfazit

Zusammenfassend bietet AM gemäß Kapitel 3.1 aufgrund der wirtschaftlichen Eignung für kleine Losgrößen sowie der flexiblen Auslegung Potential für Anwendungen mit geringen Jahresstückzahlen. Ein weiterer Forschungsbedarf wird im Folgenden durch Darstellung der wichtigsten Defizite und Potentiale der vorgestellten Anwendungsfälle in den Kapiteln 3.2 bis 3.6 abgeleitet. Moderne Polymerwerkstoffe eignen sich um unteren Stückzahlbereich (<30) für die Herstellung von Umformwerkzeugen (vgl. Kapitel 3.1.2). Aufgrund der Wahl von AM für die Herstellung von Werkzeugeinsätzen sowie der Verwendung neuer moderner Polymerwerkstoffe nehmen die plastische Verformung, die Auslegung des tribologischen Systems sowie die Definition vorherrschender Verschleißmechanismen eine übergeordnete Rolle ein. Das größte Potential von kunststoffbasierten additiv gefertigten Werkzeugeinsätzen wird in der Integration in vertikale Prozessketten im Prototyping sowie in der Produktentwicklung gesehen. Des Weiteren gibt es bei Klein- und Vorserien lediglich vereinzelte Anwendungsfälle in Form von Forschungsansätzen, welche AM in der Umformtechnik einsetzen. Zusätzlich können die stückzahlflexible Herstellung sowie Bereitstellung von Ersatzteilen kurz vor und nach der EDO durch AM befähigt werden. Im Kontext des Individualisierungstrends können Bauteile oder formgebende Elemente schnell, kostengünstig und flexibel mittels AM hergestellt werden. Somit ergibt sich Potential für eine innovative, schnelle sowie flexible Werkzeugtechnologie. Daraus resultiert der Bedarf an einer theoretischen Analyse und Beschreibung, inwiefern sich Einflussfaktoren auf die Prozess- und Werkzeugauslegung von additiv gefertigten Werkzeugeinsätzen verändern.

4 Auslegung additiv gefertigter Werkzeugeinsätze

Dieser grundlegenden Bestätigung des Potentials in Forschung sowie Industrie folgt die Analyse der Systemkomponenten, sodass Werkzeugeinsätze aus FFF PLA für Anwendungen in der Umformtechnik mit kleinen Jahresstückzahlen optimiert werden. Dazu werden zunächst geänderte Einflussfaktoren hinsichtlich der Prozess- (Kapitel 4.1) und Werkzeugauslegung (Kapitel 4.3 bis 4.5) von kunststoffbasierten additiv gefertigten Werkzeugeinsätzen aus FFF PLA beschrieben. Dies findet insbesondere durch Aggregation und anschließende Diskussion des Änderungsbedarfs für Prozesse und Werkzeuge bei Verwendung von FFF PLA statt. Blechwerkstoffe werden im Rahmen der Grundlagen des Betrachtungsbereichs beschrieben (vgl. Kapitel 2.2 und 2.3.2). Somit stellt das nachfolgende Kapitel die Basis der theoretischen Voruntersuchungen dar, welche im Rahmen des erweiterten tribotechnischen Systems in Kapitel 5.1 zusammengefasst werden. Anknüpfend an die Darstellung der Systemtheorie in Kapitel 1.3 stellt die Systembeschreibung, Einteilung in Systemelemente und systematische Darstellung komplexer Zusammenhänge einen wesentlichen Aspekt zur Vereinfachung der Produktentwicklung sowie zur besseren Organisation von Produktarchitektur und Entwicklungsorganisation dar [PIMM94, S. 1–10]. Das System „Tiefziehen mittels kunststoffbasierter additiv gefertigter Werkzeugeinsätze“ fokussiert sich dabei insbesondere auf die Analyse der im erweiterten tribotechnischen System auftretenden Beanspruchungen [KUWE07, S. 14], [KUWE07, S. 30]. Dieses System wird anhand der Prozessauslegung beschrieben, welche die vier fokussierten Aspekte der Werkzeugauslegung motiviert. Es wird analysiert, inwiefern die beschriebenen Änderungen des Herstellungsverfahrens, des Werkzeugwerkstoffs, der Werkzeugkonfiguration sowie der Werkzeuggeometrie das System Tiefziehen beeinflussen.

4.1 Prozessauslegung

Im Folgenden findet eine Betrachtung der Prozesskette der Werkzeugauslegung statt, um Schnittstellen und Anpassungen für die Verwendung kunststoffbasierter additiv gefertigter Werkzeugeinsätze zu ermitteln. Diese motivieren die Struktur der folgenden Kapitel 4.2 bis 4.5. Gemäß KUWER sind wesentliche Systemparameter des Tiefziehens u.a. die Werkzeugaktivfläche, die Werkzeuggeometrie sowie die verwendeten Schmierstoffe [KUWE07, S. 19]. Beispielsweise ergeben sich aus einer höheren Nachgiebigkeit der Werkzeuge, geringeren Reibung sowie Steifigkeit geänderte Belastungszustände im Bauteil während des Umformprozesses. Dies führt zu geänderten Spannungsverhältnissen auf der Bauteiloberfläche. Im Folgenden findet zunächst die allgemeine Einordnung des Tiefziehens mittels kunststoffbasierten additiv gefertigten Werkzeugeinsätzen im Kontext des automobilen Wertschöpfungsprozesses statt. Daran anschließend werden Anforderungen an die Werkzeugauslegung für Werkzeug-einsätze aus FFF PLA abgeleitet.

Im Werkzeugbau wird zwischen einer internen und externen Produktionsmittelherstellung unterschieden [SCHU17, S. 2]. Insbesondere bei komplexen und individuellen Werkzeuggestaltungen sind produkt-, betriebsmittel- und herstellungsspezifische Kompetenzen aus vorangegangenen Projekten hervorzuheben [EVER98, S. 30f.]. Bei kleinen Serien und individualisierten Bauteilen ist die Implementierung einer durchgängigen Prozesskette aufgrund der Vielzahl an Stakeholdern und Schnittstellen essenziell [SCHU14, S. 81]. Da sich der Werkzeugbau auf dem zeitlich kritischen Pfad zwischen Produktentwicklung und Überführung in die Serienproduktion befindet und damit einen großen Einfluss auf einen termin- und kostengerechten Produktionsanlauf hat, eignet sich AM aufgrund der gewonnenen Flexibilität gut für diese Überführung [BOOS16, S. 317]. Diese Änderungsflexibilität von AM unterstützt den Werkzeugbau, welcher sich aufgrund langer Entwicklungszeiten und einer hohen Anzahl an Iterationsschleifen an einer Schlüsselposition im automobilen PEP befindet, mittels generativer Erzeugung von Prototypen (vgl. Kapitel 3.1) [EVER98, S. 8], [SCHU08, S. 102]. Insbesondere vor dem Start der Serienproduktion ist eine Verkürzung der Prozesse relevant, um Tests mit Prototypen-Bauteilen bzw. -Fahrzeugen sowie zu Homologationszwecken zeitnah umzusetzen und damit die Industrialisierungsaufwände für Fahrzeugprojekte zu reduzieren. Rapid Additive Tooling (RAT) bietet Potential zur Verkürzung dieser Zeiten. Des Weiteren zeigen sich kritische Stellen der Werkzeugbereitstellung bei der Anforderung, diesen Ablauf für Blechbauteile in kleinen Stückzahlen anzuwenden [BURG20, S. 142434f.]. Diese kritischen Stellen können durch AM beschleunigt werden, um beispielsweise schneller und mit geringerem Aufwand auf Kundenanforderungen, Change Requests oder Kleinserien reagieren zu können. Die Herstellung des Werkzeugs wird durch AM abhängig von der geometrischen Gestaltung sowie der Anlagenbelegung beschleunigt. Im Rahmen von Kapitel 4.2 werden dazu Änderungen infolge des Wechsels des Herstellungsverfahrens zu AM beschrieben. Um einen termin- und kostengerechten Produktionsanlauf zu erreichen, ist eine möglichst frühe Erstbemusterung der Betriebsmittel durch die Produktentwicklung sinnvoll. Eine Beschleunigung der Werkzeugbereitstellung wird insbesondere durch die Wahl eines neuen Werkzeugwerkstoffs, wie in Kapitel 4.3 beschrieben, realisiert. Leicht bearbeitbare Werkstoffe mit niedrigem Schmelzpunkt können mit reduziertem Aufwand in eine neue Form gebracht werden und ermöglichen so eine frühzeitige Erstbemusterung der Werkzeuge sowie Blechbauteilproduktion. Aufwände der Werkzeugkorrektur können durch erneutes AM der geänderten Werkzeug CAD-Datei reduziert werden. Die Anpassung der grundsätzlichen Werkzeugkonfiguration in Form eines beispielsweise modularen Aufbaus mit definierten Schnittstellen, bei welchen lediglich die konturnahen mittels AM gefertigten Werkzeugeinsätze ausgetauscht werden, beschleunigt u.a. Werkzeuganpassungen infolge von Bauteiländerungen. Ein solch modularer Aufbau wird in Kapitel 4.4 beschrieben. [EVER98, S. 8], [SCHU08, S. 102], [SCHU14, S. 81] Jedoch müssen infolge des geänderten Herstellungsverfahrens sowie Werkzeugwerkstoffs die Möglichkeiten der geometrischen Formgebung angepasst werden. Da metallbasierte Umformwerkzeuge einen niedrigen Verschleiß und eine geringe Verformung aufweisen, sind die Einflüsse verschiedener Werkzeuggeometrien auf das Umformergebnis zu untersuchen (vgl. Kapitel 4.5).

4.2 Additive Herstellungsverfahren für Werkzeugeinsätze

Bei der Auslegung von Werkzeugen für Tiefziehprozesse ist zu betrachten, dass sich erst nach einer bestimmten, je nach Geometrie variierenden Stückzahl ein sogenannter eingeschwungener Zustand einstellt. Die Einschwingphase ist durch die Einebnung von Rauheitsspitzen und den Abschluss von Versetzungswanderungen gekennzeichnet. Dieser Zustand unterscheidet sich je nach Wahl des Werkzeugmaterials. [KUWE07, S. 50f.] Die folgende Untersuchung der Werkzeugauslegung zielt dabei auf eine möglichst flexible Gestaltung des Low Effort Toolings durch Nutzung von RAT ab [YANG18, S. 3–23]. Durch verfahrensimmanente Unterschiede zwischen konventionellen, trennenden Fertigungsverfahren und AM haben Tiefziehwerkzeuge, welche mit letztgenannten Verfahren hergestellt werden, geänderte Einflüsse auf den Tiefziehprozess. So ist die Auflösung in Aufbaurichtung durch die Schichthöhe begrenzt, was sich durch den Treppenstufeneffekt an flachen oder spitzen Winkeln im Bauteil äußert. Diese Stufen sind, abhängig vom tiefgezogenen Werkstück, im umgeformten Bauteil sichtbar und verringern somit die Gesamtbauteilqualität in Relation zu polierten oder geschlichteten Stahlwerkzeugen. Es existieren verschiedene semiautomatische bzw. manuelle Prozesse zur Glättung additiv hergestellter Oberflächen, abhängig von AM Prozess und Material.

Eine geringe Festigkeit beeinflusst das Werkzeugverhalten von Werkzeugeinsätzen auf Polymerbasis. So muss die Umformpresse durch die höhere Werkzeugelastizität vollständig geschlossen werden, um die Werkzeuge komplett abzuformen. Zudem tritt beim Einsatz von Polymer-Niederhaltern ein stärkerer Faltenwurf auf, da die Druckfestigkeit von PLA kleiner ist als die metallischer Werkstoffe und in der Regel geringere Reibwerte aufweist. Wegen geringer Druckfestigkeit ist die minimale Breite von Geometrien begrenzt und schmale Geometrien somit nicht umformbar. Neben diesen Einschränkungen bieten kunststoffbasierte additiv gefertigte Werkzeugeinsätze zahlreiche Vorteile. Bereitstellungskosten und -zeiten sind geringer im Vgl. zu konventionellen Fertigungsverfahren. Darüber hinaus lassen sich mit additiven Fertigungsverfahren konventionell nicht oder nur schwer herstellbare Geometrien fertigen, sodass eine höhere Designflexibilität herrscht. Daneben sind die Reibeigenschafften von Polymerwerkzeugen für den Umformprozess vorteilhaft. Weiter lassen sich die Werkzeuge ohne erhöhten Aufwand auf anderer Anlagentechnik fertigen und schaffen so zusätzliche Flexibilität. [STRA18, S. 2]

Im Folgenden werden exemplarische Handlungsempfehlungen für die Auslegung kunststoffbasierter additiv gefertigter Werkzeugeinsätze für Tiefzieh-/Prägewerkzeuge auf Basis des Herstellungsverfahrens für Werkzeuge abgeleitet. Zum einen sind Spitzen in z-Richtung aufgrund des Schichtaufbaus nicht möglich. Der Aufbau der Wände wird bei den meistern Slicern priorisiert, sodass die Ebene auf eine minimale Breite entsprechend der Schichthöhe beschränkt ist [ADAM15, S. 143–147]. Zum anderen sind Kanten und Ecken entsprechend abzurunden oder mit einer Fase zu versehen. Durch Schmelzpunkt und Schichthöhe werden Abmessungen von Kanten und Ecken begrenzt. Bei FFF sollten Innenradien ein Maß von 0,3 mm nicht unterschreiten, bei Außenradien beträgt dieser Wert 1,5 mm [ADAM15, S. 143–147]. Versteifende oder belastete Elemente im Werkzeugaufbau sind ebenfalls am Fuß mit abgerundeten Kanten oder Fasen zu versehen. So wird die Stabilität erhöht sowie die Kerbwirkung reduziert. Der kritische Bereich des Durchbruchs bzw. der Delamination (kleinster Querschnitt) wird zum Kraftangriffspunkt verlagert, womit der Krafthebel reduziert wird. Die Bauteilstabilität kann zusätzlich erhöht werden, indem das Bauteil so in der Baukammer platziert wird, dass die Ausrichtung der Schichten von Versteifungselementen und Wänden gleich ist. Des Weiteren sollte durch die Ausrichtung des Bauteils sowie konstruktive Maßnahmen der Einfluss des Treppenstufeneffekts reduziert werden. Riefen, Anrisse oder Unebenheiten auf der Werkzeugoberfläche sind gemäß KOLBE UND HELLWIG zu vermeiden [KOLB18, S. 215]. Dies kann auch durch Einstellung der Druckparameter beeinflusst werden. Im Falle kunststoffbasierter additiv gefertigter Werkzeugeinsätze können diese entsprechend einer Untersuchung des Autors der vorliegenden wissenschaftlichen Arbeit gemäß des Lastfalls sowie der vorgesehen Stückzahl angepasst werden [SCHU20, S. 4].

Die hinsichtlich des Lastfalls des Tiefziehens relevantesten Slicing Parameter werden im Folgenden beschrieben. Diese werden im dritten Schritt der in Kapitel 3.1 beschriebenen Prozesskette festgelegt und beinhalten insbesondere Maschinenparameter und die Bahnplanung. Die Stabilität der Bauteile ist abhängig von der Fülldichte. Beispielsweise kann durch eine Erhöhung der Fülldichte von 20 auf 60 % (vgl. Abbildung 4-1) eine Zunahme der Druckfestigkeit um bis zu 70 % erreicht werden. Das Füllmuster hat die Aufgabe, das gesamte Bauteilvolumen, mit Ausnahme der Bauteilwände, so druckbeanspruchungseffizient wie möglich zu befüllen.

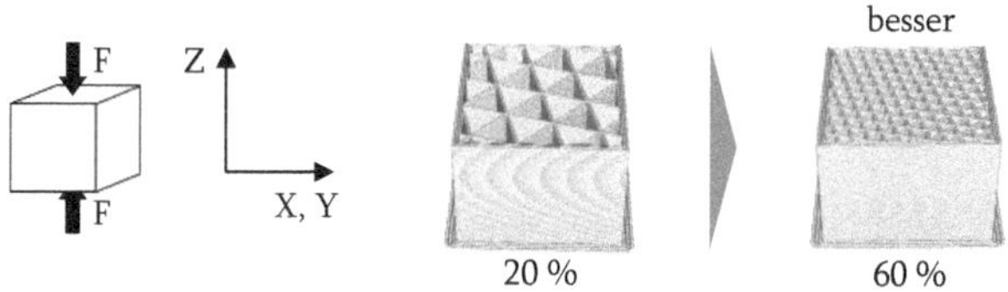

Abbildung 4-1: Einfluss der Fülldichte auf Druckbeanspruchung

Mit der Wahl des Füllmusters können die Materialeffizienz gesteigert sowie Produktionszeit und -kosten reduziert werden [ABBA17, S. 16–18]. Füllmuster basieren auf sich wiederholenden Mustern und sind vollständig computergeneriert (vgl. Abbildung 4-2) [ULTI20, S. 3].

Diese entsprechen entweder einem zweidimensionalen Extrusionsprofil (beispielsweise Dreieck) oder sind gemäß einem dreidimensionalen Körper konstruiert (beispielsweise Würfel). Das Dreiecks-Muster (vgl. Abbildung 4-2) weist dabei die höchste Belastbarkeit hinsichtlich Druckbeanspruchung auf [SCHU20, S. 4].

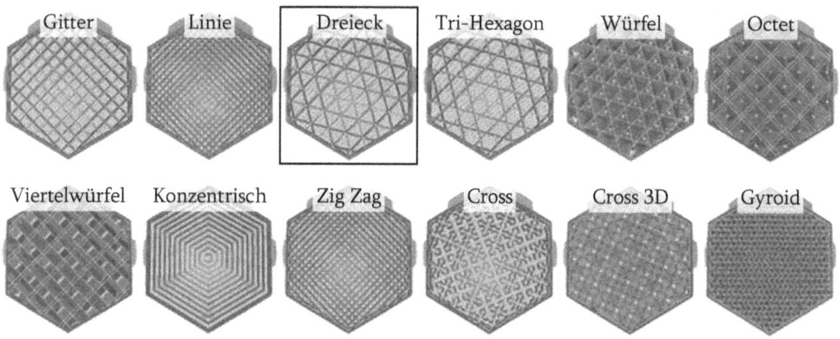

Abbildung 4-2: Füllmuster der Software Cura [ULTI20, S. 3]

Zugkräfte senkrecht zur Schichtrichtung (Scherkräfte) sollen aufgrund der Anisotropie von AM Bauteilen vermieden werden. In der Baukammer ist auf eine horizontale Ausrichtung langgestreckter oder flächiger Bauteile zu achten (vgl. Abbildung 4-3). Beispielsweise kann die Zugfestigkeit um 12 - 15 % gesteigert werden, wenn die Ausrichtung von x- bzw. y-Richtung zur z-Richtung geändert wird [KRAU21, S. 1–4]. Treten zusätzlich Scherkräfte aufgrund der umzuformenden Bauteilgeometrie oder Produktionstechnologie (beispielsweise Innenhochdruckumformen/IHU) auf, wird eine vertikale Ausrichtung der Werkzeuge empfohlen. In diesen Fällen ist eine Optimierung des

Blechmaterialflusses, indem geometrische Anpassungen durchgeführt werden, von besonderer Bedeutung.

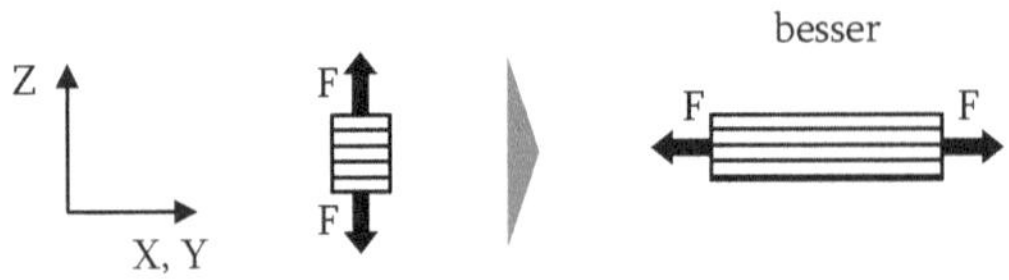

Abbildung 4-3: Einfluss der Schichtrichtung auf Zugbeanspruchung

Bei sowohl Zug- als auch Druckbeanspruchung führt eine Verringerung der Schichthöhe zu einer höheren Zugfestigkeit [MIAZ21, S. 51–56]. Die Schichthöhe beeinflusst des Weiteren in einem besonderen Maße die benötigte Produktionszeit sowie die Oberflächenqualität der Werkzeugeinsätze (vgl. Abbildung 4-4). Ein geeigneter Kompromiss zwischen Qualität und Produktionszeit zeigt sich in der Auswahl einer Schichthöhe von 0,2 mm, welche mit einer Extrusionsdüse (Durchmesser: 0,4 mm) realisiert wird. [MIAZ21, S. 51–56] Eine Auswahl der wesentlichen Slicing Parameter ist in Tabelle 4-1 dargestellt.

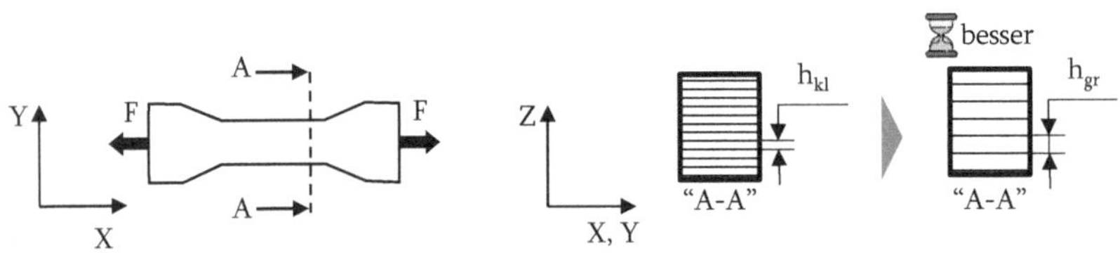

Abbildung 4-4: Einfluss der Schichthöhe auf Zugbeanspruchung

Tabelle 4-1: Empfehlungen für Slicing Parameter

Druckparameter	Ausprägung
Düsendurchmesser [mm]	0,4
Schichthöhe [mm]	0,2
Wanddicke [mm]	2,5
Anzahl der Wandlinien	8
Justierung der z-Naht	Zufall
Fülldichte [%]	73
Füllmuster	Dreiecke
Anzahl obere Schichten	5
Anzahl untere Schichten	5
Drucktemperatur [°C]	205
Temperatur Druckplatte [°C]	60
Druckgeschwindigkeit [mm/s]	80
Druckgeschwindigkeit Wand [mm/s]	40

Diese Auswahl von Düsendurchmesser (0,4 mm) und Schichthöhe (0,2 mm) führt entsprechend Kapitel 5.4 zu ausreichenden Festigkeitseigenschaften und einer guten Auflösung der Geometrie. Eine Reduktion des Parameters zu 0,1 mm würde zu nahezu einer Verdopplung der Druckzeit führen, was nicht wirtschaftlich hinsichtlich einer geringfügigen Festigkeitszunahme ist. Die minimale Wanddicke wird auf 2,5 mm eingestellt. Dahingegen gibt die Anzahl der Wandlinien die Mindestanzahl der Wände zur Konturierung der Querschnittsfläche an. Wenn sich ein Widerspruch mit der Wanddicke ergibt, erfolgt eine Priorisierung der Anzahl der Wandlinien. Eine zufällige Justierung der z-Naht ergibt eine bessere Oberfläche, da die Startpunkte einer jeden Schicht zufällig auf dem Modell angeordnet werden. Die Dichte der inneren Struktur bestimmt die innere Festigkeit des Modells. Das Muster der inneren Struktur beeinflusst ebenfalls die innere Modellfestigkeit. Geeignet für die Anwendung als Umformwerkzeug sind Muster, welche sich durch eine hohe Steifigkeit gegen unidirektionale Belastung und eine hohe Druckgeschwindigkeit auszeichnen [SCHU20, S. 4]. Eine Anzahl der oberen und unteren Schichten von fünf stellt eine hohe Festigkeit der formgebenden Elemente, eine saubere Abbildung der Konturen sowie eine hohe Festigkeit der Gesamtstruktur sicher. Hinsichtlich der Drucktemperatur sollten die Herstellerangaben des Filament- sowie Druckerherstellers berücksichtigt werden, um ein optimales Druckergebnis zu erzielen. Die Temperatur der Düse, mit welcher das Filament während der Extrusion aufgeheizt wird, bestimmt die Festigkeit der Verbindung mit den darunterliegenden Schichten. Hier ist es von besonderer Bedeutung, Erfahrungswerte mit der vorhandenen Anlagentechnik sowie dem entsprechenden Filament zu sammeln. Dies gilt ebenfalls für die Temperatur der beheizten Druckplattform sowie die Geschwindigkeiten der Düse beim Drucken des Füllmusters oder der Wandlinien. Weitere Überlegungen betreffen den Überlappungsgrad der Schichten. Ist dieser entsprechend hoch, kann die Festigkeit gesteigert werden. Durch eine AM-gerechte Konstruktion der Werkzeugeinsätze kann des Weiteren der Einsatz von Stützstrukturen wegfallen. Konventionelle FFF-Anlagen besitzen zwei Extruder, wovon einer in der Regel Material für Stützstrukturen führt. Dadurch kann dieser mit einem größeren Düsendurchmesser sowie einer höheren Schichtdicke das Füllmuster drucken, während der andere feinere Außenkonturen druckt.

4.3 Werkzeugwerkstoff

Infolge eines Wechsels des Werkzeugwerkstoffs zu Polymerwerkstoffen ergeben sich abweichende Reibkoeffizienten und Verformungen an Bauteil und Werkzeug. Des Weiteren ist die Festigkeit des umgeformten Werkstücks höher als die des Polymerwerkzeugs. Der Elastizitätsmodul von bearbeitetem Werkzeugstahl ist beispielsweise um ein Vielfaches höher als das von additiv hergestelltem PLA. Somit ergibt sich ein grundsätzlich anderes Umformverhalten der Werkzeuge unter Last. [SCHU20, S. 4] Ferner sind keine klassischen Beschichtungen für Werkzeuge zur Anpassung des tribologischen Verhaltens möglich. Beispielsweise würde PLA aufgrund der niedrigen Glasübergangstemperatur bei einer PVD-Beschichtung (engl. Physical Vapour Deposition) aufschmelzen. Das Materialverhalten von Stahl kann nicht durch PLA abgebildet werden, was zu einem geänderten Einfahrverhalten führt. Dies wird u.a. bei der Neigung zur Kaltverfestigung von Stahlwerkzeugen durch Versetzungswanderung deutlich. Eine lokale Erhitzung während des Umformprozesses verringert lokal die Festigkeit des Werkzeugwerkstoffs. Die geringe Wärmeleitfähigkeit von PLA vergrößert diesen Einfluss. Folglich empfiehlt sich beispielsweise eine Verringerung der Umformgeschwindigkeiten, um der Tendenz zur Versetzungswanderung entgegenzuwirken.

Bei der Werkstoffauswahl für Werkzeuge in der Blechumformung spielen insbesondere eine hohe Druckfestigkeit, Härte, Zugfestigkeit, eine ausreichende Zähigkeit, ein hoher Abrasionswiderstand sowie eine geringe Adhäsionsneigung (vgl. Kapitel 2.3.3) eine übergeordnete Rolle [KUWE07, S. 20]. Im Gegensatz zu Metallen vergrößert sich die tatsächliche Kontaktfläche bei Polymeren überproportional zur aufgebrachten Last. Dadurch ist bei geringen Lasten bereits eine starke Zunahme der wahren Kontaktfläche zu beobachten, während bei hohen Lasten eine geringe Zunahme stattfindet. Folglich nimmt der Reibwert von Polymeren mit der Flächenpressung in der Regel ab (vgl. Kapitel 5.2.1) [SCHE05, S. 20]. Der Kontakt zweier Körper in Relativbewegung führt zu plastischer Deformation. Durch dissipative Prozesse können sich dabei Energieverluste einstellen [SCHE05, S. 20]. Bei vertikaler Belastung einer Polymer-Paarung bilden sich wie bei Metallen diskrete Berührungsbereiche aus. Dabei sind Größe und Anzahl von dem viskoelastischen Verformungsverhalten von Polymeren und der Zeit der Lasteinwirkung abhängig [UETZ85, S. 59]. Folglich ist eine Vermessung und Analyse der Werkzeugeinsätze in Abhängigkeit einer zunehmenden Anzahl von Umformoperationen vorzunehmen.

Während dem adhäsiven Reibkraftanteil bei Polymeren eine geringe Bedeutung zugesprochen wird, dominieren durch geringe Festigkeitseigenschaften die Anteile durch Deformation und Furchung (vgl. Kapitel 2.3.3) [PREH06, S. 19f.]. Bei Polymer-Gegenstoff-Paarungen kann Adhäsion bereits bei niedrigen statischen Lasten nachgewiesen werden. Da Metalle eine besonders hohe Affinität zu in Polymerwerkstoffen enthaltenen Elementen besitzen, bewirkt dies in der Regel einen Übertrag des Polymers auf das Metall bei Polymer-Metall-Paarungen. Bei Polymer-Polymer-Paarungen wird jeweils der Werkstoff mit geringerer Kohäsion auf den anderen übertragen. Durch Adhäsion werden in der Regel an beiden beteiligten Elementen verschiedene Verschleißerscheinungsformen festgestellt. [UETZ85, S. 69f.]

Im Falle kunststoffbasierter additiv gefertigter Werkzeugeinsätze ist allerdings das Werkstück härter als das Werkzeug. Dies führt zum sogenannten Verstrecken des Polymers oder zur Einlagerung von harten Partikeln im Werkzeugmaterial. Charakteristische Verschleißerscheinungsformen sind Furchen im mikroskopischen Bereich sowie Materialverlust durch harte Partikel. [UETZ85, S. 70f.] Dabei ist die quantitative Ausprägung abhängig von der Härte der Abrasionspartikel in Relation zum Werkzeugwerkstoff [KLOC17, S. 144f.]. Durch nachgiebige Werkzeugwerkstoffe wird im Gegensatz zu starren Werkzeugen die Belastung auf der Bauteiloberfläche homogen verteilt. Dadurch werden Spannungsspitzen an kritischen Stellen wie beispielsweise der Ziehkante oder feine Konturelemente vermieden und der Verschleiß reduziert. So kann das Ziehverhältnis von kunststoffbasierten additiv gefertigten Werkzeugeinsätzen um rund 10 % reduziert werden. Des Weiteren sind flexible Werkzeugwerkstoffe in der Regel einfacher zu bearbeiten und somit günstiger in der Herstellung. Nachteilig gestaltet sich insbesondere der große Verschleiß sowie die plastische Deformation. Dies führt dazu, dass die Maßhaltigkeit mit zunehmenden Stückzahlen nachlässt. [RAAB03, S. 9]

Bei der Gestaltung von AM Funktionselementen ist der Einfluss der Prozessabwärme auf die Werkzeugwerkstoffe zu beachten. Gerade bei wiederholten Umformzyklen kommt es zu einer erhöhten Temperatur der beteiligten Komponenten. Dadurch liegt insbesondere bei der Herstellung von größeren Stückzahlen zum Ende des Entwicklungszyklus‘ von Fahrzeugen, wenn eine Vielzahl an Prototypen hergestellt wird, ein erheblicher thermischer Einfluss vor. Vor diesem Hintergrund ist bei der Prozessauslegung stets die Glasübergangstemperatur zu beachten, die für FFF PLA-Werkzeugeinsätze bei T_G=45-65 °C liegt. Wird diese Temperatur beim Umformprozess überschritten, beginnt der feste Polymerwerkstoff, in einen gummiartigen bis zähflüssigen Zustand überzugehen, was zu einer defizitären Bauteilqualität führt.

Neben Berücksichtigung thermischer Einflüsse gibt es weitere Einflussfaktoren, die durch die Verwendung von FFF PLA bei der Werkzeugauslegung berücksichtigt werden müssen. Hierzu zählt die Einhaltung spezifischer Gestaltungsrichtlinien hinsichtlich der Belastung sowie der Umformfähigkeit der Werkzeugeinsätze. Insbesondere der geringe Elastizitätsmodul von Polymeren wirkt sich auf die zulässigen Umformkräfte aus, da Polymere eine geringere Druckbelastung als konventionelle Werkzeugwerkstoffe aushalten. Feinbleche mit einer Streckgrenze von <250 MPa und einer Blechdicke von <1,5 mm haben in Vorversuchen gute Umformergebnisse erzielt. Damit wird eine qualitativ ausreichende Umformbarkeit bei gleichzeitiger Begrenzung der Druckbeanspruchungen des Werkzeugs erreicht. Dies stellt folglich eine deutliche Reduktion der maximalen Blechdicke im Vgl. zu konventionellen Tiefziehwerkzeugen dar.

In den folgenden experimentellen Untersuchungen werden insbesondere die Filamente UM PLA (PLA der Fa. Ultimaker BV) und PA-CF (kohlenstofffaserverstärktes Polyamid) fokussiert (vgl. Abbildung 4-5). In Kombination mit den verwendeten Anlagen UM3 und UM5 wurden qualitativ hochwertige und zuverlässige Werkzeugeinsätze gefertigt. Das PA-basierte Filament PA-CF (F3 PA-CF Pro der Fa. Fiberthree GmbH) besitzt einen 15%igen Anteil an nicht ausgerichteten Kohlenstoff-Kurzfasern [FIBE20, S. 1]. Es zeichnet sich durch eine gute Schichthaftung und hohe Festigkeit bei geringer Verzugsneigung aus. Dahingegen ist der Umgang mit dem Filament aufgrund der hohen Sprödigkeit und Empfindlichkeit gegenüber Feuchtigkeit insbesondere bei der Vorbereitung des AM-Prozesses komplex und umständlich. Aufgrund der abrasiven Eigenschaften der Carbon-Kurzfasern wird für die Verarbeitung des Materials eine verschleißfeste Extrusionsdüse benötigt. Durch einen synthetischen Rubin widersteht die Düse auch abrasiven Filamenten. Aufgrund des 0,6 mm großen Durchmessers der Extrusionsdüse sind die Slicing Parameter insbesondere hinsichtlich der Schichthöhe im Vgl. zu einer 0,4 mm Düse anzupassen.

Abbildung 4-5: Belastete Probekörper aus UM PLA (links) und PA-CF (rechts)

4.4 Werkzeugkonfiguration

Beim Einsatz von Polymerwerkzeugen sind grundsätzliche Änderungen beim Aufbau von Umformanlagen nötig. So kann die Auslegung der Pressen simpler und mit geringeren Kräften stattfinden, da sich u.a. Reibeigenschaften und Steifigkeitsverhalten für Prototypenwerkzeuge aus Alternativmaterialien von Serienwerkzeugen unterscheiden. Zudem werden durch einen Wechsel von Versuchs- zu Produktionspresse weitere Änderungen hervorgerufen [HAAS04, S. 46]. Dazu werden Möglichkeiten der Prozesskettenverkürzung und Flexibilisierung im Werkzeugbau wie beispielsweise konfigurierbare Fertigungssysteme zur lebensdaueroptimierten Nutzung von investitionsintensiver Umformtechnik in Betracht gezogen [VDMA17, S. 29]. Durch die Integration von AM in der Werkzeugtechnik ergeben sich Potentiale entgegen der Unikatfertigung im klassischen Werkzeugbau [DAIM16, S. 1]. Das AM von kompletten Werkzeugen ist derzeit noch nicht wirtschaftlich, sodass im Folgenden formgebende Werkzeugeinsätze fokussiert werden [BOOS21, S. 32].

Eine weitere Herausforderung in der Werkzeugauslegung findet sich in der erhöhten Flexibilität der Werkzeuge selbst. Das Überfahren der eigentlichen Blockposition darf nicht zur Kollision und Werkzeugbeschädigung führen. Dazu muss die Deformation des jeweiligen Werkzeugwerkstoffs quantifiziert werden sowie der Einfluss der Aufbauparameter bekannt sein. Insgesamt ist daher ein neues Konzept für einen modularen Werkzeugaufbau notwendig, um auf geänderte Anforderungen zu reagieren. [WALT07, S. 5]

Für die in Kapitel 5.2.2, 6.3 und 7 durchgeführten Versuche wird ein modulares Säulengestell entwickelt, welches die zeitgleiche Umformung von bis zu zwölf unterschiedlichen Werkstücken erlaubt. Aufbauend auf einem handelsüblichen Säulenführungsgestell werden Grundplatten angebracht, auf welchen die eigentlichen Werkzeugeinsätze verstiftet und verschraubt werden. Dabei wird ein quadratisches Lochbild verwendet, welches aus jeweils zwei diagonal gegenüberliegenden M5-Gewindebohrungen und 5 mm Stiftbohrungen besteht. Das Lochbild ist für den Einsatz von zwölf 70 x 70 mm Werkzeugeinsätzen ausgelegt, größere Einsätze können mit Berücksichtigung des Lochbildes eingesetzt werden (vgl. Kapitel 7). Es ergibt sich eine maximal nutzbare Fläche der Grundplatten von 330 x 240 mm. Bei Geometrieänderungen werden durch den modularen Aufbau lediglich die entsprechenden formgebenden Elemente ersetzt. Die Niederhalterkraft wird mittels eines von Schienen geführten gekanteten Blechwerkstücks auf die umzuformenden Werkstücke aufgebracht. Dabei wird die Niederhalterkraft nicht durch die Abwärtsbewegung der Presse, sondern durch mit Schrauben vorgespannten Federn erzeugt, sodass die Niederhalterkraft über den Tiefziehprozess konstant ist. Je nach Werkzeugkonfiguration werden in den Niederhalter unterschiedliche, zu den jeweiligen Werkzeugeinsätzen passende, Niederhaltereinsätze verschraubt. Das

Säulengestell ist für die Nutzung einer Lindenberg TP-20 Hydraulikpresse ausgelegt, kann durch eine Anpassung der Anbauteile allerdings auf die Verwendung an anderen Pressen umgerüstet werden (vgl. Abbildung 4-6).

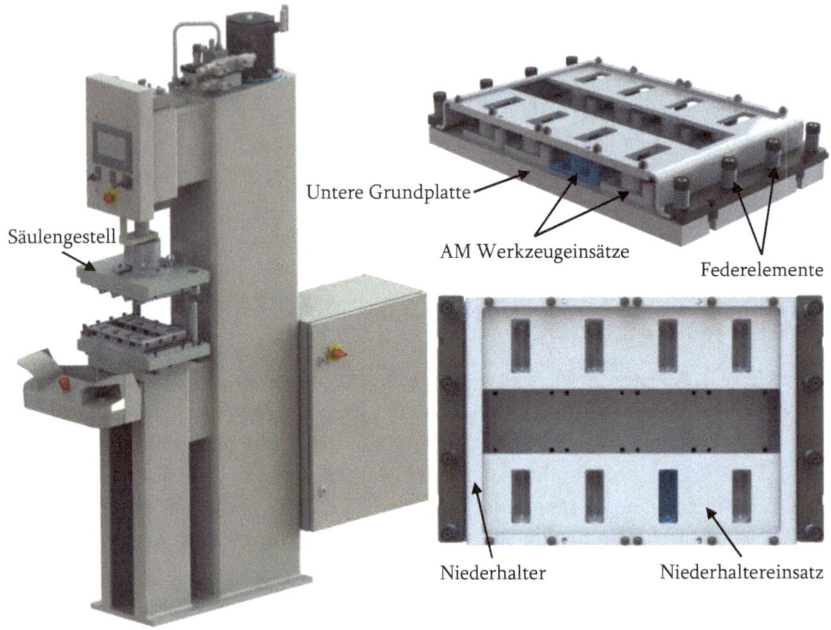

Abbildung 4-6: Säulengestell für kunststoffbasierte additiv gefertigte Werkzeugeinsätze

Zudem ist die Verwendung einer Kraftmessdose vorgesehen, welche direkte Aussagen zu den benötigten Kräften während des Prozesses liefert. Die Kraftmessdose KM115 der Fa. ME-Meßsysteme GmbH kann Prozesskräfte bis zu 200 kN hochpräzise aufnehmen. Statt einer klassischen Exzenterpresse mit Ziehkissen wird eine einfachwirkende Hydraulikpresse Lindenberg TP-20 mit einer maximalen Presskraft von 200 kN eingesetzt. Durch den Einsatz von AM Werkzeugeinsätzen mit geringer Festigkeit verglichen mit konventionellen Werkzeugen ist diese Limitation unproblematisch. Die Hydraulikpresse besitzt ein elektronisches Wegmesssystem, welches die Einstellung einer oberen und unteren Endlage ermöglicht. Somit kann mithilfe der Vermessung der Höhe des gesamten Werkzeugsystems im geschlossenen Zustand eine Endlage des Umformvorgangs bestimmt werden. Dadurch wird eine hohe Wiederholbarkeit mit identischer Pressgeschwindigkeit, -zeit, -weg sowie -kraft gewährleistet. Die Vermeidung von Bodenreißern und die Minimierung von Faltenbildung gemäß Kapitel 2.3.1 steht bei der Prozessauslegung der Umformung im Vordergrund. Diese Eigenschaften werden direkt von der Auslegung des Zugspalts beeinflusst. Dieser Parameter wird iterativ bestimmt und als ein Vielfaches der Blechdicke angegeben (vgl. Abbildung 4-7).

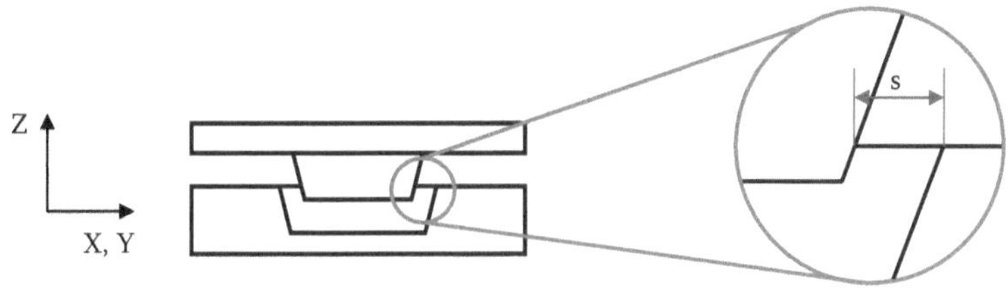

Abbildung 4-7: Gestaltung des Zugspalts

Als Ausgangspunkt kann ein Zugspalt s vom 1,4-fachen der Blechdicke gewählt werden. Für geringe Blechdicken <1 mm ist aufgrund der elastischen Eigenschaften von FFF PLA kein zusätzlicher Zugspalt notwendig. Je größer der Zugspalt, desto besser ist der Materialfluss. Weitere Richtlinien betreffen den minimalen Spaltabstand, welcher aufgrund des AM Verfahrens durch beispielsweise Schrumpfung oder Materialrückstände mindestens 0,2 mm betragen sollte, um eine problemlose Montage sicherzustellen [ADAM15, S. 143–147]. Analog zur Gusstechnik sind Materialansammlungen zu vermeiden, um Verzug zu reduzieren. Dies hat Auswirkungen auf den Konstruktionsprozess. Es werden zunächst Funktionsflächen identifiziert, welche anschließend mit Versteifungselementen verknüpft werden, um die Stabilität des Werkzeugeinsatzes zu erhöhen.

4.5 Werkzeuggeometrie

Die Betrachtung der Werkzeuggeometrie beinhaltet gemäß KUWER insbesondere die Betrachtung der Werkzeugaktivflächen. Dabei ist die Werkzeugaktivfläche die Fläche, welche während des Umformprozesses im jeweiligen Zeitabschnitt in Kontakt mit dem Bauteil steht. Die Gestaltung der Werkzeugaktivfläche wird entsprechend den mechanischen Eigenschaften des verwendeten Werkstoffs angepasst. Um eine Systemoptimierung im Rahmen der Analogieversuche in Kapitel 6.3 durchzuführen, wird die Anzahl der Variablen weitestgehend reduziert. Im Rahmen der vorliegenden wissenschaftlichen Arbeit wird insbesondere die geometrische Gestaltung von RG fokussiert, die Variation der vorangegangenen Systemparameter wird entsprechend eingeschränkt. An der Werkzeuggeometrie herrschen Zonen unterschiedlicher Zug- sowie Druckbeanspruchung. Besonders beansprucht sind aufgrund des direkten Kontakts zwischen

Werkzeug und Werkstück die Bereiche um den Stempelkantenradius, Matrizenradius und Ziehring bzw. Niederhalter. [KUWE07, S. 50f.], [KUWE07, S. 20]

Im Folgenden werden exemplarische Handlungsempfehlungen beschrieben, welche auf experimentellen Voruntersuchungen und wissenschaftlicher Literatur basieren. So ist zum Ausgleich der elastischen Rückfederung des Bauteils und im Falle von FFF PLA-Werkzeugeinsätzen auch der elastischen Verformung des Werkzeugs ein geregeltes Aufmaß vorzusehen. An kritischen Stellen kann ein Aufmaß von 1-2 mm notwendig sein, um Toleranzen einzuhalten. [DARM18, S. 1–4]

Nachgiebige Werkzeuge reduzieren in der Regel die Flächenpressung und somit den Versschleiß. Lokal auftretende Belastungsunterschiede innerhalb von Bauteil und Werkzeug werden durch die Elastizität des Werkzeugwerkstoffs ausgeglichen. Somit wird der Aufwand der Werkzeugnachbearbeitung verringert. [DOEG98, S. 48] Ein weiterer Fokus liegt auf der Gestaltung von Kanten bzw. Flanken. Zur Befähigung von Kleinserien ist eine Erhöhung der Werkzeugstandzeiten notwendig. Dabei haben sich Winkel im Bereich von α=15-30 ° als vorteilhaft herausgestellt (vgl. Abbildung 4-8). Bei geringen Blechdicken sowie für minimale Umformtiefen ist keine Schräge notwendig.

Abbildung 4-8: Gestaltung von Kanten und Winkeln der Flanken

Neben dem Wandwinkel ist die Gestaltung der Ziehkanten- und Stempelgeometrie zur Vermeidung einer zu hohen Blechausdünnung von Bedeutung. Des Weiteren hat die Gestaltung der Radien und Fasen einen Einfluss auf den Materialfluss (vgl. Abbildung 4-9).

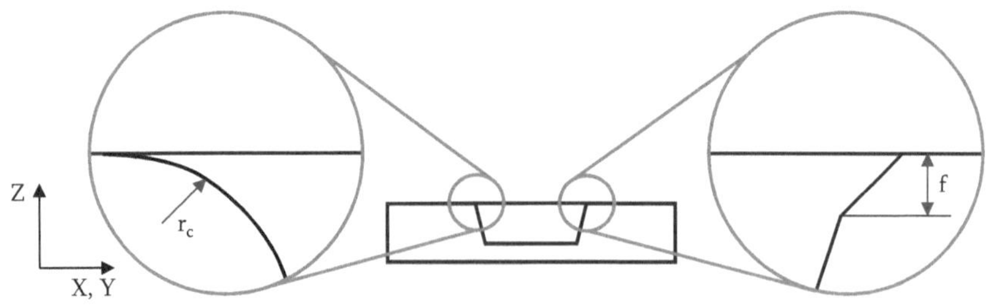

Abbildung 4-9: Gestaltung der Ziehkantengeometrie

Derzeit erfolgt die Bestimmung der Ziehkantengeometrie durch empirisch festgelegte Formeln. Bei Werkzeugeinsätzen aus FFF PLA haben sich Werte von r_c>2 mm bzw. f>2 mm bewiesen. [KUWE07, S. 29]. Je größer der Ziehkantenradius, desto geringer ist die dort wirkende Biege- und Reibungskraft (vgl. Abbildung 4-10) [FARR02].

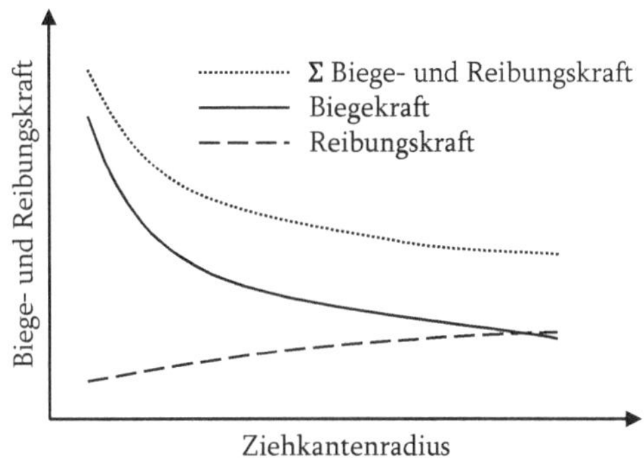

Abbildung 4-10: Qualitativer Verlauf von Biege- und Reibungskraft in Abhängigkeit vom Ziehkantenradius [PAPA16, S. 52], [FARR02]

Unterschreitet die Breite der anzuformenden Geometrie einen Wert von w=2,5 mm, ist eine für Kleinserien ausreichende Standzeit nicht gewährleistet (vgl. Abbildung 4-11). Für größere Ziehtiefen oder Blechdicken ist diese Untergrenze entsprechend zu erhöhen.

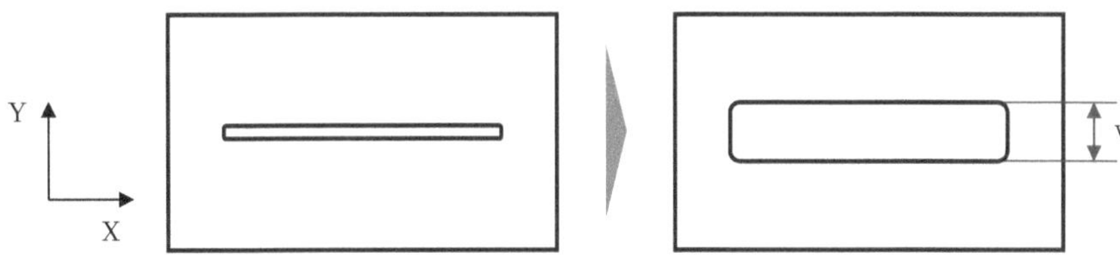

Abbildung 4-11: Gestaltung der minimalen Geometriebreite

Aufgrund der geringeren Werkstofffestigkeit von FFF PLA-Werkzeugeinsätzen sind die von konventionellen Werkzeugen bekannten Ziehtiefen ab einer bestimmten Stückzahl nicht erreichbar. Hohe Ziehtiefen d>10 mm führen oft zu einer Überlastung des Werkzeugs oder Tiefziehfehlern. Dabei spielt die Komplexität der Bauteilgeometrie eine übergeordnete Rolle. Für simple Geometrien sind Ziehtiefen zwischen 2 und 20 mm zu erreichen, für komplexe Geometrien verringert sich dieser Wert auf 2 bis 10 mm (vgl. Abbildung 4-12).

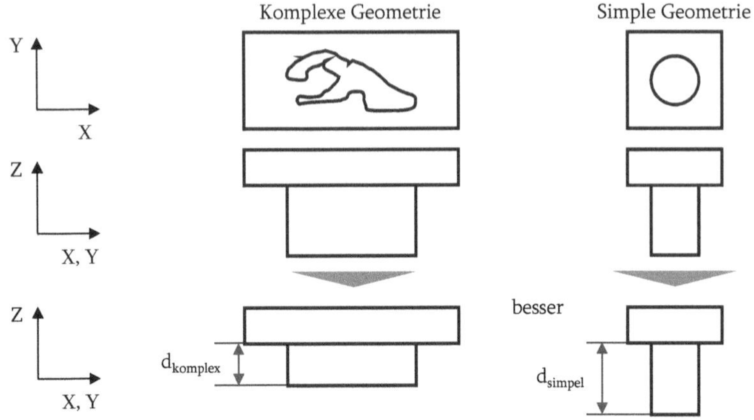

Abbildung 4-12: Limitation der Ziehtiefe

Weiter wird bei der Ziehtiefe der maximal zulässige Umformgrad des Bauteilmaterials betrachtet. Bei ungenügender Datenlage werden diese Parameter experimentell oder simulativ ermittelt.

5 Experimentelle Bestimmung tribologischer und mechanischer Eigenschaften

Im Folgenden werden experimentelle Untersuchungen zur Bestimmung tribologischer sowie mechanischer Eigenschaften beschrieben und ausgewertet. Dazu werden theoretische Voruntersuchungen mittels eines erweiterten tribotechnischen Systems in Kapitel 5.1 zusammengefasst (vgl. Abbildung 5-1). Die folgenden Modell- und anwendungsnahen Betriebsversuche in Kapitel 5.2 bis 5.4 dienen dabei der Bewertung der einflussnehmenden Faktoren sowie der ersten Ermittlung der Prozessgrenzen von kunststoffbasierten additiv gefertigten Werkzeugeinsätzen.

5.1 Erweitertes tribotechnisches System

Tiefziehen mittels kunststoffbasierter additiv gefertigter Werkzeugeinsätze kann anhand einer Bewertung der gesamten Beanspruchungseinflüsse im Rahmen eines Systems beschrieben werden. Bei der Bewertung von Polymeren für verschiedene technische Anwendungsfälle ist eine tribologische Untersuchung geeignet [UETZ85, S. 12]. Eine ganzheitliche Darstellung und Untersuchung des Systems sowie die prozessspezifische Anpassung ist in der wissenschaftlichen Literatur nicht vorhanden. Dabei sind insbesondere Verlust- sowie Bewertungsgrößen relevant. [KUWE07, S. 30] Dementsprechend wird im Folgenden die Struktur eines erweiterten tribotechnischen Systems beschrieben sowie dieses anhand von qualitativen und quantitativen Untersuchungen tribologischer, mechanischer oder technischer Eigenschaften spezifiziert [HORT00, 34–42]. Diese Versuche dienen als Grundlage für den in Kapitel 6 definierten Ordnungsrahmen sowie die Auslegung der empirisch gestalteten Analogieversuche in Kapitel 6.3.

Das System beinhaltet Eingangs-, Verlust-, Stör- und Ausgangsgrößen, welche voneinander abgegrenzt werden. Bestandteile sind insbesondere die Systemelemente, deren Korrelationen sowie die angegebene Struktur. Ein Beanspruchungskollektiv des Systems „Tiefziehen" wird gemäß KUWER „aus der Summe der äußeren Lasteinwirkungen wie Prozesskräfte, Temperatur oder auch Gleitgeschwindigkeit gebildet" [KUWE07, S. 11]. Aufgrund der großen Bedeutung von Reibungs- und Verschleißeigenschaften für das Tiefziehen mittels FFF PLA-Werkzeugeinsätzen wird das System im Folgenden als erweitertes tribotechnisches System verstanden (vgl. Abbildung 5-1). [DETE02, S. 6], [SAUE18, S. 4]

Abbildung 5-1: Erweitertes tribotechnisches System für kunststoffbasierte additiv gefertigte Werkzeugeinsätze

Ein tribotechnisches System kann nicht ausschließlich durch materialbezogene und mechanische Kenngrößen beschrieben werden, sondern beinhaltet des Weiteren insbesondere Einflussfaktoren auf das Deformationsverhalten des Werkzeugwerkstoffs (vgl. Abbildung 5-1). Im Fokus der vorliegenden wissenschaftlichen Arbeit liegt insbesondere die Spezifikation der Verlust- und Ausgangsgrößen. Dabei werden Modell- sowie Betriebsversuche zur Beschreibung der tribologischen Beanspruchung, Festigkeitseigenschaften, Bauteilmaßhaltigkeit sowie -oberfläche genutzt. Innerhalb des definierten Systems liegt die Funktion darin, ein Feinblech mittels FFF PLA-Werkzeugeinsätzen umzuformen. Somit liegt ein offenes System vor, welches durch das Beanspruchungskollektiv und Störgrößen belastet wird und über Verlustgrößen zum Systemoutput führt. Grundkörper des Systems ist der mittels FFF PLA hergestellte Werkzeugeinsatz. Die Eigenschaften werden entscheidend durch Fertigungsparameter und den verwendeten Werkstoff eingestellt. Der Gegenkörper ist das umzuformende Karossiere-Feinblech. Durch werkstoffspezifische Eigenschaften und die Oberflächenstruktur (Rauheit, Beschichtungen) wird das Reibungs- und Verschleißverhalten des Gesamtsystems beeinflusst. Daher ist es erforderlich, die Auswirkungen der Wahl des Blechwerkstoffs auf Verschleiß sowie Reibwerte des Werkzeugeinsatzes zu kennen. Um Reibung und Verschleiß zu reduzieren sowie die notwendige Oberflächenqualität zu erreichen, können Schmierstoffe als Zwischenmedium eingesetzt werden. Polymere weisen einige Eigenschaften auf, die für die tribologische Beanspruchung günstig sind. Dazu zählen niedrige zwischenmolekulare Bindungskräfte, was in geringen Adhäsions- bzw. Reibungskräften resultiert [CZIC15, S. 412f.]. Zudem ist die Gefahr der Erzeugung von Oberflächenfehlern auf dem Blech geringer, da Polymere im Vgl. zu konventionellen Werkzeugwerkstoffen eine geringere Festigkeit und Härte aufweisen. Das Beanspruchungskollektiv ist die Summe der äußeren Lasteinwirkungen wie beispielsweise die einzustellende Prozesskraft oder -geschwindigkeit [KLOC17, S. 131]. Maßgeblich sind dabei der zeitliche Ablauf, weitere technisch-physikalische Beanspruchungen sowie die Form der Bewegung [DETE02, S. 8].

Gemäß Kapitel 2.3.3 beeinflussen Reibungs- und Verschleißeigenschaften den Blechmaterialfluss und somit Werkzeugverschleiß und Formqualität des Bauteils [HORT00, S. 4–7]. Das Verständnis der Einflussfaktoren ist essentiell zur Auslegung stabiler Prozesse [KUWE07, S. 11]. Eine gute Oberflächenbeschaffenheit von Umformwerkzeugen ist ebenfalls wichtig [DAIM16, S. 3]. Nach dem Lackieren ist selbst ein Haar, welches während dem Umformen auf der Blechoberfläche liegt, noch zu erkennen [DAIM16, S. 2]. Neben diesen beiden Faktoren heben SCHUH ET AL. mit Beteiligung des Autors der vorliegenden wissenschaftlichen Arbeit insbesondere den Einfluss von Ziehtiefe und Umformgrad, der Ziehgeschwindigkeit sowie der elastisch-plastischen Deformation von FFF PLA infolge der Oberflächenpressung und Scherbeanspruchung hervor [SCHU20, S. 2]. Die Ziehgeschwindigkeit hat einen Einfluss auf Bauteilversagen sowie -qualität [BIRK13, S. 18]. So werden beispielsweise der Wirkungsgrad des Schmiermittels oder die Erweichung der Thermoplasten aufgrund niedriger Schmelzpunkte beeinflusst [UETZ85, S. 109]. In Abhängigkeit der gewünschten Bauteilqualität variieren Ziehgeschwindigkeiten gemäß DEILER zwischen 10 (hohe Anforderungen) und 250 mm/s (geringe Anforderungen) [DEIL05, S. 5], [BIRK13, S. 193]. Des Weiteren ist die Prozesskraft von gewünschter Geometrie, Blechdicke und -werkstoff abhängig. In Abhängigkeit des Umformbereichs wirken in einem Tiefziehwerkzeug unterschiedlich hohe Flächenpressungen. Für den Niederhalterbereich werden beispielsweise Flächenpressungen von bis zu 30 MPa angeben [FRAN99, S. 17], [LIEW08, S. 65f.], [FILZ04, S. 14]. Die höchsten Flächenpressungen treten im Bereich des Matrizenradius auf. Generell ist bei Polymeren eine Abnahme des Reibwerts mit zunehmender Flächenpressung zu erwarten. Durch Überlagerung des Effekts einer steigenden Prozesskraft mit einem lokalen Temperaturanstieg ist ein Anstieg des Reibwerts möglich. Die Verschleißrate steigt im Allgemeinen linear zur wirkenden Flächenpressung bis zum Versagensfall an [UETZ85, S. 112–116]. Die Temperatur ist ebenfalls Teil des Beanspruchungskollektivs. Durch die Relativgeschwindigkeit zwischen den Reibpartnern entsteht Reibungswärme, welche den Kontaktbereich erwärmt. Ein Temperaturanstieg führt zur Abnahme der Schmiermittelviskosität, wodurch die Tragfähigkeit des Schmierfilms abnimmt und ein Anstieg von Reibung sowie Verschleiß zu erwarten ist. Zudem haben Polymere im Vgl. zu metallischen Werkstoffen einen geringen Schmelzpunkt und eine reduzierte Wärmeleitfähigkeit, sodass der Eintritt von Verschleiß aufgrund der Wärmebelastung des Systems wahrscheinlich ist. Des Weiteren wird die Systemtemperatur durch äußere Einflüsse wie beispielsweise die Umgebungstemperatur beeinflusst [UETZ85, S. 105].

Negativ beeinflusst wird das Umformergebnis sowie Verschleißverhalten der Werkzeuge durch Störgrößen. Relevant sind insbesondere eine Degradation der Polymere, Luftfeuchtigkeit, Chargenschwankungen sowie Wechselwirkungen im System. Als Degradation wird die Alterung von Polymeren durch irreversible chemische und physikalische Vorgänge bezeichnet, wodurch die Lebensdauer beschränkt wird. Ursache dafür sind u.a. mechanische Belastungen, energieintensive Strahlung wie beispielsweise UV- oder Wärmestrahlung, erhöhte Umgebungstemperaturen oder Kontakt zu Medien wie beispielsweise Wasser oder Sauerstoff. In Abhängigkeit des verwendeten Polymers führen verschiedene Alterungsmechanismen zu Versprödung, Vergilbung sowie verminderter Reißfestigkeit, Schlagzähigkeit, Biegefestigkeit und Masse [BONT16, S. 192–199]. Im Falle kunststoffbasierter additiv gefertigter Werkzeugeinsätze wird eine geringe Bereitstellungszeit angestrebt und eine geringe Standzeit erwartet. Somit ergibt sich ein geringer Einfluss der Degradation. Des Weiteren weisen Polymere unterschiedlich starke hydrophile Neigungen auf. Beispielsweise ist das verwendete nylonbasierte F3 Filament (PA-CF) vor der Verarbeitung zu trocknen, um eine Verarbeitung durch den UM S5 (Ultimaker S5) zu gewährleisten. Dahingegen ist konventionelles PLA in Bezug auf seine hydrophile Neigung als unkritisch zu bewerten. Sowohl konventionelle Werkzeuge und Karosseriebau-Feinbleche als auch Filamente unterliegen Chargenschwankungen. Beispielsweise variiert die Oberflächenqualität der Bleche durch unterschiedliche Oberflächenrauheiten sowie -vorbehandlungen und die exakte chemische Zusammensetzung der Filamente. Dieser Umstand führt zu nicht gewünschten Auswirkungen auf das Reibungs- und Verschleißverhalten der Polymere. Die Gesamtheit aller auf das System einwirkenden Größen führt wiederum zu Wechselwirkungen im System.

Unerwünschte Verlustgrößen des Systems sind insbesondere Reibung, Verschleiß und Energiedissipation, welche zu einer Veränderung der Oberfläche sowie elastisch-plastischen Volumenänderungen führen. In den folgenden Kapiteln wird neben den tribologischen Eigenschaften (Kapitel 5.2), Oberflächeneigenschaften (Kapitel 5.3), mechanischen Eigenschaften (Kapitel 5.4) auf die daraus resultierende Maß- und Formqualität (Kapitel 6.3) eingegangen. Im Rahmen dessen werden in einem reduzierten Umfang die Verlustgrößen Oberflächenveränderung, Materialverlust und Energiedissipation thematisiert. Dabei werden dominante mechanische Eigenschaften (Elastizitätsmodul, Druckfestigkeit, Spannungs-Stauchungs-Verhältnis) und tribologische Eigenschaften (Reibung, Verschleiß, Topographie, Rauheit) fokussiert. Dahingegen werden geometrische Eigenschaften im Rahmen von Kapitel 4.5 und 6.3 betrachtet und Einflussfaktoren der Polymerchemie nicht charakterisiert. Somit wird eine Übertragbarkeit auf weitere AM Technologien und Werkzeugwerkstoffe sichergestellt. [DOEG98, S. 46f.]

5.2 Tribologische Eigenschaften

Neben der Realisierung von geometrischen Elemente innerhalb der angegebenen Toleranzen gehört die wirtschaftliche Fertigung der geforderten Stückzahlen zur Herausforderung der Produktionstechnologie [BULL13, S. 4]. Die Werkzeugkonfiguration sowie die Standzeit der Werkzeuge bestimmen dabei maßgeblich die Wirtschaftlichkeit der Produktionstechnologie. Folglich sind Untersuchungen hinsichtlich Reibung und Verschleiß von Umformwerkzeugen als Haupteinflussfaktoren auf die Standzeit auch heutzutage ausschlaggebend für eine wirtschaftliche Fertigung [DUKW20, S. 15f.], [SCHM02, S. 2]. Im Folgenden werden standardisierte experimentelle Untersuchungen zum Reibungs- und Verschleißverhalten additiv gefertigter Werkzeuge beschrieben und ausgewertet. In Hinblick auf die Bauteilqualität ist dabei insbesondere das tribologische Verhalten zwischen Blech und Kunststoff, das zu einem besseren Fließen des Materials in den Umformbereichen führt, relevant [FRAN99].

5.2.1 Reibung

Bereits im 15. Jh führte LEONARDO DA VINCI als Pionier der Tribologie und Reibungsforschung quantitative Studien und Experimente durch. Dazu bestimmte er die (statische) Haftreibung eines Körpers, der auf einer schiefen Ebene liegt. Zur Beurteilung von tribotechnischen Systemen eignen sich Modellversuche, welche im Makro- und Mikrobereich stattfinden. Aufbauend auf Kapitel 2.3.3 wird im Folgenden der Streifenziehversuch im Flachbahnprinzip gemäß VDA 230-213 auf der Prüfanlage Tribometer 5000 der Fa. Razial durchgeführt [VDA18, S. 1f.]. Um eine Vergleichbarkeit mit bisherigen Experimenten zu gewährleisten, werden sämtliche Versuchsstufen in Kapitel 5.2.1 mit einem reproduzierbaren und kontaktlosen Schmierstoffauftrag durchgeführt. Dieser wird durch eine Laborbeölungsanlage der Fa. Raziol ermöglicht, welche die Einstellung von Öl-, Sprühluft- sowie Breitstrahldruck zulässt. Diese Parameter beeinflussen das Befettungsbild des Blechstreifens sowie die Schmierstoffmenge und Tröpfchengröße. Bedeutend für tribologische Untersuchungen sind insbesondere eine konstante Schmiermittelmenge von durchschnittlich 2 g/m² sowie ein gleichmäßiges Befettungsbild. Als Zwischenmedium wird der Schmierstoff Wisura FMO 5020 der Fa. Fuchs in sämtlichen Streifenziehversuchen in Kapitel 5.2.1 und 5.2.2 verwendet. Dieser eignet sich für Umformverfahren von sowohl Stahl- als auch Aluminiumwerkstoffen und zeichnet sich durch eine hohe kinematische Viskosität (110 mm²/s bei 40 °C) aus. Um Einflüsse von Verunreinigungen zu minimieren, werden die Blechstreifen mit Aceton gereinigt, bevor der Schmierstoff aufgetragen wird. [FILZ04, S. 97], [LIEW08, S. 66], [SOUZ10, S. 243], [CHAN18, S. 861] Im Kontrast zu dem Versuchsaufbau in Kapitel 2.3.3 befindet sich der Probekörper in der verwendeten Anlage in einseitigem Kontakt mit dem Blechstreifen. Des Weiteren liegt der Blechstreifen auf dem Zugschlitten auf. Folglich wird der Einfluss der Blechdehnung auf die untersuchten Eigenschaften vernachlässigt.

Durch die Fa. Raziol werden drei verschiedene Probekörper mit Kontaktflächen von 200, 500 und 1.000 mm² angeboten. Mit zunehmender Fläche wird der Einfluss dieser auf die tribologischen Eigenschaften verringert. Beispielsweise halbiert sich die Reibungszahl μ bei Erhöhung der Kontaktfläche von 200 auf 1.800 mm². [FILZ04, S. 82f.] Um den Einfluss des Werkzeugwerkstoffs sowie Herstellungsverfahrens zu untersuchen, wird die größte Fläche mit den Kantenlängen 44 und 22,8 mm gewählt (vgl. Abbildung 5-2). Die Anbindung der Probekörper wird mit einer Aufnahme aus Automatenstahl realisiert, da mittels FFF keine tragfähigen Gewinde hergestellt werden können (vgl. Abbildung 5-2). Sämtliche Probekörper werden mit den Slicing Parametern gemäß Kapitel 4.2 auf einem UM S5 gefertigt. Werkstoffspezifische Parameter wie Drucktemperatur und Temperatur der Druckplatte werden gemäß den technischen Datenblättern der Hersteller angepasst. Die Probekörper aus PEI werden aufgrund höherer benötigter Drucktemperaturen mit der miniFactory Ultra der Fa. miniFactory hergestellt. Probekörper aus Al 6082 werden spanend gefertigt und anschließend geschliffen. Die genutzten Blechstreifen in den Abmessungen 50 x 1.000 x 1 mm werden mittels einer 2D Laserschneidanlage aus Kleinformat-Blechen geschnitten.

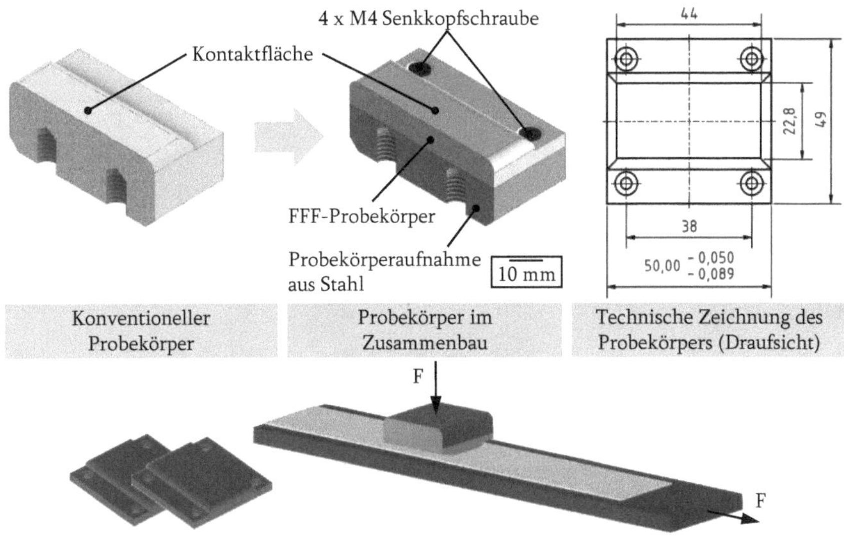

Abbildung 5-2: Probekörper des Streifenziehversuchs

Jeweils vor und nach dem Streifenziehversuch werden Messungen zur Oberflächentopologie, Geometrie und Masse durchgeführt. Lichtmikroskopische Aufnahmen zur Analyse vorherrschender Verschleißmechanismen werden mittels einem Digitalmikroskop VHX-6000 der Fa. Keyence aufgenommen. Oberflächendefekte können in einer 20 bis 2.000-fachen Vergrößerung aufgezeichnet und vermessen werden. Um Geometrieänderungen zu quantifizieren, werden die Probekörper vor der Belastung sowie nach dem Versuchsumfang der entsprechenden Versuchsstufe mit einem handgeführten 3D-Laserscanner Modelmaker H120 der Fa. Nikon vermessen. Ausgewertet werden die Daten mittels der Software Inspect der Fa. GOM, welche die ermittelten Polygonnetze vor und nach dem Versuch überlagert sowie miteinander vergleicht. Dazu wird in sämtlichen folgenden Auswertungen das Best-Fit-Verfahren gewählt, bei welchem automatisiert die kleinstmögliche Abweichung der Gesamtfläche ermittelt wird. Flächenvergleiche unterschiedlicher Messungen derselben Geometrie ergaben in Vorversuchen eine Messungenauigkeit von 0,05 mm. Änderungen der Masse werden mittels einer Feinwaage JS-100xV der Fa. Scale mit einer Genauigkeit von 0,01 g ermittelt.

Zunächst werden verschiedene Werkzeugwerkstoffe aufgrund der für Kleinserien typischen Stückzahl 30 in ebendieser Hubanzahl über einen 1 mm DC04 Blechstreifen gezogen. Die Versuchsparameter sind in Tabelle 5-1 dargestellt [VDA18, S. 1f.]. Zur Reduktion des Versuchsumfangs werden sieben konventionelle Werkzeugwerkstoffe sowie Al 6082 als Referenz-Werkstoff ausgewählt

Tabelle 5-1: Versuchsparameter Variation Werkzeugwerkstoff

Versuchsparameter	Ausprägung
Werkstoff Probekörper	UM PLA; ABS; PA; PC; PEI; PET-CF; PA-CF; Al 6082
Werkstoff Gegenkörper	DC04
Flächenpressung p [MPa]	30
Ziehgeschwindigkeit v_z [mm/s]	50
Schmierstoffmenge m_s [g/m²]	2 (in Hub 1 und 2)
Hubanzahl n	30

Zur Reduktion des Versuchsaufwands sowie zur Ermittlung der Robustheit bzgl. Schmierstoffschwankungen wird ein Blechstreifen genutzt, welcher lediglich zum ersten und zweiten Hub vor der Einspannung in der Testanlage mit Aceton gereinigt und beölt wird, bevor weitere 28 Hübe ohne Beölung stattfinden. Die mittels der Prüfanlage Tribometer 5000 aufgenommenen Reibwerte nach dem ersten Hub sind in Abbildung 5-3 dargestellt. Die dargestellten Reibwerte werden mittels der Methode des gleitenden Mittelwerts geglättet, bei welcher der Reibwert an einer beliebigen Position durch Bildung des Mittelwerts der vorangegangenen 25 Werte bestimmt wird. In der Einlaufphase verringert sich der Reibwert zunächst regressiv und konvergiert schließlich gegen einen Grenzwert. Je nach Werkzeugwerkstoff ist die Einlaufphase 25 bis 200 mm lang. Anschließend wird ein stationärer Zustand erreicht, in welchem der Reibwert sich näherungsweise konstant verhält.

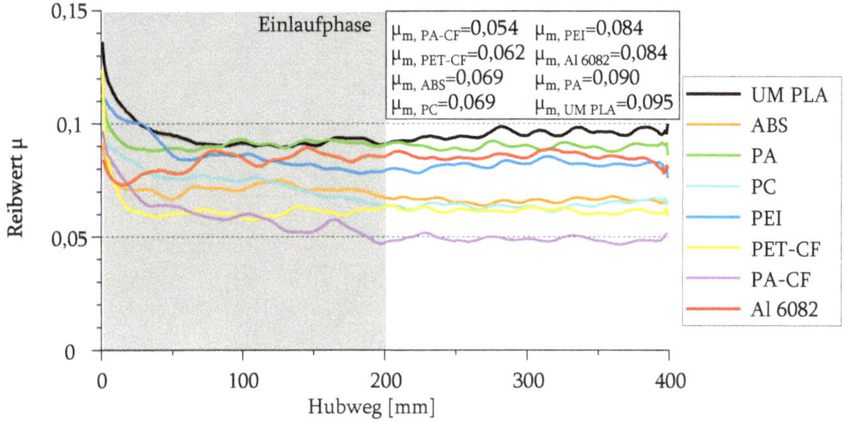

Abbildung 5-3: Ergebnisse der Reibwertermittlung nach dem 1. Hub unter Variation des Werkzeugwerkstoffs

In Abbildung 5-4 sind die Reibwerte in Abhängigkeit der Hubanzahl je Werkzeugwerkstoff durch Box-Plot-Diagramme dargestellt. Neben Mittelwert (rote Linie) und Median ist somit ebenfalls die Verteilung der Werte eines Hubs ablesbar. Gemäß ihres charakteristischen Reibwertverlaufs können die Werkzeugwerkstoffe in drei Gruppen eingeteilt werden. PA-CF, PET-CF, UM PLA und PA zeichnen sich durch ein niedriges (μ_m=0,055-0,091), nahezu konstantes Niveau aus. Dabei weist PA-CF den geringsten Reibwert auf. ABS, PEI und PC zeigen einen hohen Anstieg des Reibwerts nach einer bestimmten Hubanzahl sowie eine hohe Streuung.

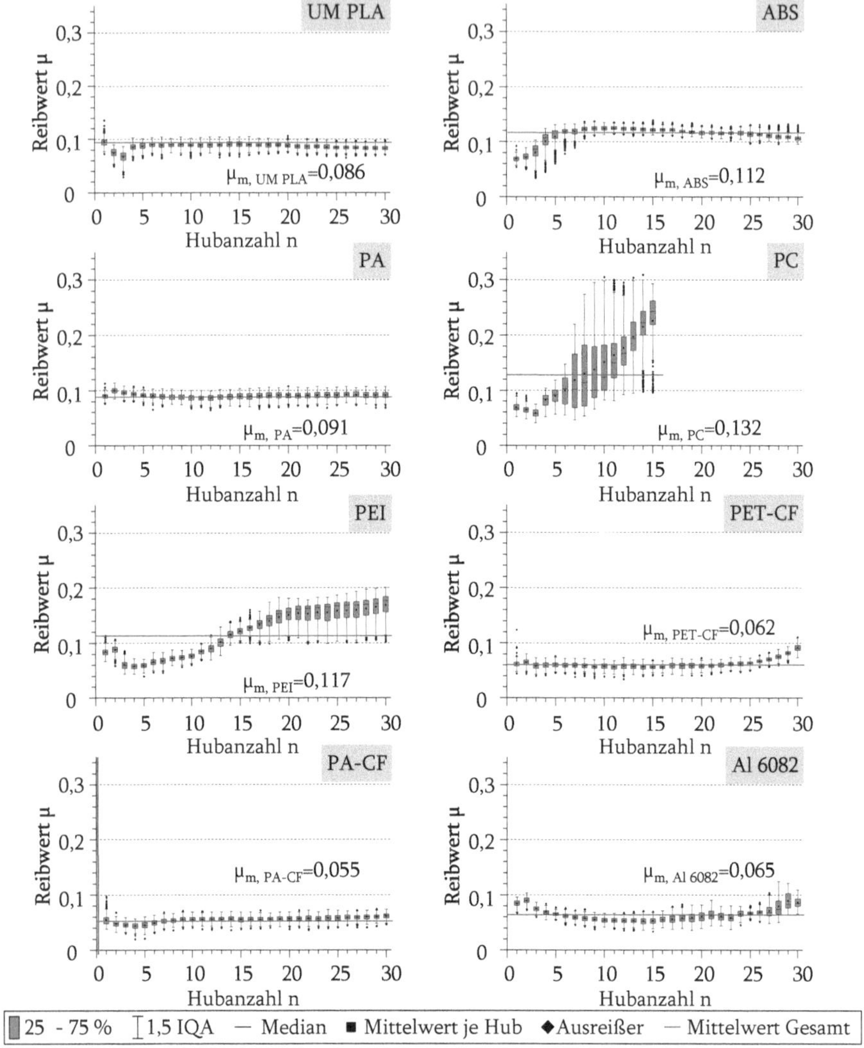

Abbildung 5-4: Ergebnisse der Reibwertermittlung unter Variation des Werkzeugwerkstoffs

Des Weiteren findet ein polymerer Materialübertrag auf die Blechstreifen statt (vgl. Abbildung 5-5). Aufgrund dessen wird der Versuch bei PC ab dem 15. Hub abgebrochen.

Abbildung 5-5: Fotografische Aufnahmen des polymeren Materialübertrags auf die Blechstreifen

Der Probekörper aus Al 6082 weist zunächst einen abnehmenden Reibwert auf. Darauffolgend ist dieser konstant und nimmt ab dem 27. Hub deutlich zu. Das Reibungs- und Verschleißverhalten ist somit erheblich vom verwendeten Werkzeugwerkstoff abhängig. Gemäß UETZ ET AL. ist die beim ersten Hub erkennbare Einlaufphase charakteristisch für Thermoplaste, da ein Wechsel vom statischen zum dynamischen Gleichgewichtszustand stattfindet, indem beispielsweise zunächst Haftreibungskräfte überwunden werden [UETZ85, S. 94]. Diese Einlaufphase sollte in realen Umformversuchen berücksichtigt werden. Die zunächst hohen Reibkräfte können zu Materialausdünnung oder Reißern führen. Eine Reduktion der Niederhalterkraft bei der ersten Nutzung eines kunststoffbasierten additiv gefertigten Werkzeugeinsatzes könnte einen konstanten Nachfluss des Blechwerkstoffs gewährleisten. Die Probekörper reagieren des Weiteren unterschiedlich auf kritische Beölungsbedingungen. Bei den teilkristallinen Thermoplasten UM PLA, PA, PA-CF und PET-CF ist der Verschleiß insbesondere auf Abrasion/Riefenbildung zurückzuführen, welche durch Rauheitshügel des Blechs oder in das Filament eingebrachte Fasern hervorgerufen wird. Die Verringerung der Oberflächenrauheit der Probekörper zeigt, dass durch Belastung der Probekörper Rauheitshügel zunächst deformiert und durch Abrasion geglättet werden. Trotz ausbleibender Beölung ab dem dritten Hub bleibt der Reibwert näherungsweise über die gesamte Hubanzahl konstant, sodass insgesamt ein stabiler Produktionsprozess bei Schwankung der Beölungsmenge garantiert werden kann.

Für eine weitere Ermittlung der Prozessgrenzen werden im Folgenden die Werkzeugwerkstoffe UM PLA aufgrund der Kostenvorteile und guten Kenngrößen in der ersten Versuchsstufe sowie PA-CF aufgrund der besten Kenngrößen ausgewählt. Dazu wird zunächst die Ziehgeschwindigkeit v_z in fünf Abstufungen variiert (vgl. Tabelle 5-2). Ziehgeschwindigkeiten zwischen 25 und 300 mm/s bilden dabei den relevanten Bereich für die meisten konventionellen Umformvorgänge ab [MEHI15, S. 6]. Eine Reinigung und erneute Beölung des gesamten Blechstreifens finden nach jedem Hub statt.

Tabelle 5-2: Versuchsparameter Variation Ziehgeschwindigkeit

Versuchsparameter	Ausprägung
Werkstoff Probekörper	UM PLA; PA-CF
Werkstoff Gegenkörper	DC04
Flächenpressung p [MPa]	30
Ziehgeschwindigkeit v_z [mm/s]	25; 50; 75; 100; 300
Schmierstoffmenge m_s [g/m²]	2
Hubanzahl n	3

Die Einlaufphase ist unabhängig von der Ziehgeschwindigkeit anhand von Ausreißern zu erkennen (vgl. Abbildung 5-6). Des Weiteren sinkt der Reibwert im zweiten Hub unter das Niveau des ersten. Bei einer hohen Ziehgeschwindigkeit von 300 mm/s zeigt UM PLA im Gegensatz zu PA-CF einen deutlichen Anstieg des Reibwerts. Die Streuung des Reibwerts nimmt bei Steigerung der Ziehgeschwindigkeit zu. UM PLA zeigt bei 100 mm/s das Minimum, während PA-CF bei 75 mm/s die besten Reibwerte erreicht werden. Generell ist ein geringer Einfluss der Ziehgeschwindigkeit auf die Reibwerte von kunststoffbasierten additiv gefertigten Werkzeugeinsätzen festzustellen. Der Vgl. mit der Stribeck-Kurve in Abbildung 2-13 ergibt die Hypothese, dass bereits bei geringer Ziehgeschwindigkeit ein Mischreibungszustand vorliegt, der bei hoher Ziehgeschwindigkeit in einen Flüssigkeitsreibungszustand übergeht.

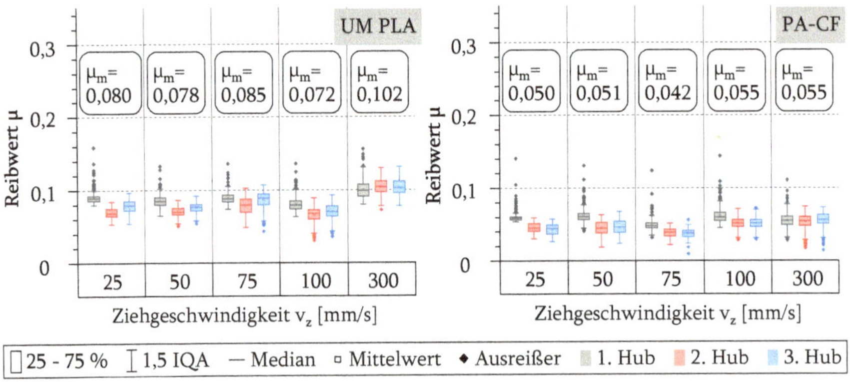

Abbildung 5-6: Ergebnisse der Reibwertermittlung unter Variation der Ziehgeschwindigkeit

Im Übergang von Misch- zu Flüssigkeitsreibung ist ein Anstieg der Reibwerte zu beobachten, was auf hydrodynamische Effekte oder hohe Temperaturen in der Kontaktzone zurückzuführen ist. Insbesondere UM PLA weist eine geringe Schmelztemperatur auf und bei hohen Ziehgeschwindigkeit bilden sich an der Probekörperoberfläche Poren.

Zur weiteren Untersuchung der Prozessgrenzen wird die Flächenpressung in sechs Abstufungen bei konstanter Ziehgeschwindigkeit variiert (vgl. Tabelle 5-3). Dabei sind 5 MPa die niedrigste Flächenpressung, welche in der Anlage eingestellt werden kann. 100 MPa stellt die Versagensgrenze der additiv gefertigten Probekörper dar. Der Blechstreifen wird erneut bei jedem Hub gereinigt und beölt.

Tabelle 5-3: Versuchsparameter Variation Flächenpressung

Versuchsparameter	Ausprägung
Werkstoff Probekörper	UM PLA; PA-CF
Werkstoff Gegenkörper	DC04
Flächenpressung p [MPa]	5; 15; 30; 50; 75; 100
Ziehgeschwindigkeit v_z [mm/s]	50
Schmierstoffmenge m_s [g/m²]	2
Hubanzahl n	3

Beide Werkstoffe zeigen bei einer Flächenpressung von 100 MPa Versagenserscheinungen zu Beginn der Beanspruchung. Bei einer niedrigen Flächenpressung von 5 MPa ist keine Einlaufphase zu erkennen (vgl. Abbildung 5-7).

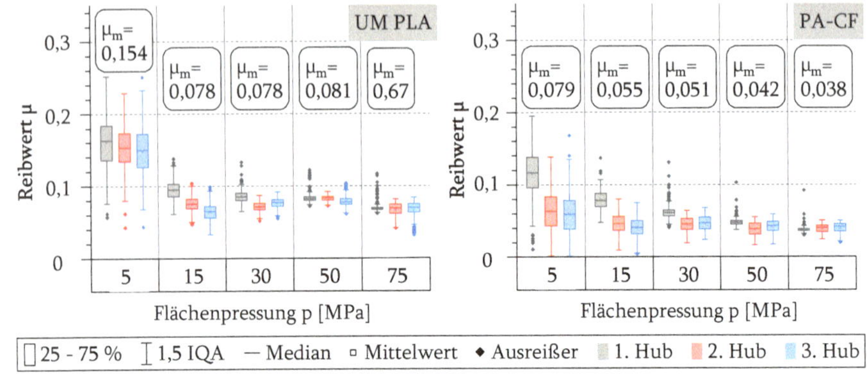

Abbildung 5-7: Ergebnisse der Reibwertermittlung unter Variation der Flächenpressung

Der Reibwert schwankt über die gesamte Hublänge gleichmäßig um seinen Mittelwert. Ab einer Flächenpressung von 15 MPa ist eine Einlaufphase innerhalb der ersten Hubes vorhanden, was durch Ausreißer oberhalb des Medians erkennbar ist. Erneut ist ein Abfall des Reibwerts beim zweiten und dritten Hub zu erkennen. Weiterhin wird deutlich, dass der mittlere Reibwert μ_m mit Zunahme der Flächenpressung verringert wird. Folglich steigt die Werkzeugaktivfläche bei anfänglich kleiner Belastung zunächst schnell an und erreicht einen Grenzwert. Der Betrag der adhäsiven Reibungsanteile ist von der Werkzeugaktivfläche abhängig und konvergiert ebenfalls gegen einen limitierenden Wert. Die hohe Streuung des Reibwerts bei niedrigen Flächenpressungen deutet auf Stick & Slip-Effekte hin.

Im Rahmen der folgenden Versuchsstufe wird der Einfluss des Blechwerkstoffs auf die Reibungseigenschaften untersucht, um die Übertragbarkeit der Versuche mit DC04 auf weitere im Karosseriebau übliche Blechwerkstoffe wie DC01, CR240BH und Al 1050A vorzubereiten [DIN07, S. 1–16]. Je Werkzeugwerkstoff werden drei Hübe auf demselben Blechstreifen durchgeführt, welcher nach jedem Hub gereinigt und beölt wird (vgl. Tabelle 5-4).

Tabelle 5-4: Versuchsparameter Variation Blechwerkstoff

Versuchsparameter	Ausprägung
Werkstoff Probekörper	UM PLA; PA-CF
Werkstoff Gegenkörper	DC04; DC01; CR240BH; Al 1050A
Flächenpressung p [MPa]	30
Ziehgeschwindigkeit v_z [mm/s]	50
Schmierstoffmenge m_s [g/m²]	2
Hubanzahl n	3

Dabei liegen Tendenzen des Reibwerts in Abhängigkeit von Probekörper- sowie Blechwerkstoff vor (vgl. Abbildung 5-8). Die für PA-CF ermittelten Reibwerte sind bei den vier Blechwerkstoffen näherungsweise auf einem Niveau und zeigen ein ähnliches Reibverhalten. UM PLA zeigt bei CR240BH (feuerverzinkt) die höchsten Reibwerte, wohingegen bei PA-CF die Versuche mit DC04 höhere Reibwerte ergeben. Mit Ausnahme der Werkstoffpaarung von UM PLA und Al 1050A zeigt sich die charakteristische Einlaufphase. Die Auswertung ergibt, dass der Reibwert vom verwendeten Blechwerkstoff abhängt. Das Reibwertniveau von UM PLA korreliert beispielsweise mit der Zugfestigkeit der Blechwerkstoffe sowie den Rauheitswerten (vgl. Abbildung 5-31).

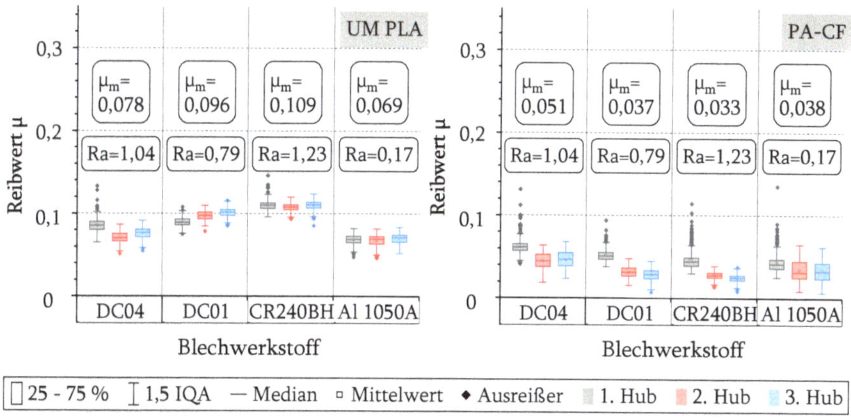

Abbildung 5-8: Ergebnisse der Reibwertermittlung unter Variation des Blechwerkstoffs

Aufgrund der geringen Hubanzahl sind keine Verschleißmechanismen zu identifizieren. Lediglich Al 1050A zeigt vereinzelte Riefen in Blechziehrichtung (BZR). Die Höhe der Reibwerte hat einen Einfluss auf den Blechmaterialfluss und somit auf die Bauteilqualität. Um eine hohe Prozessstabilität und ein konstantes Betriebsverhalten im angestrebten Stückzahlbereich erreichen zu können, sind folglich Reibwerte in eng tolerierten Grenzen notwendig [HORT00, S. 4f.]. Dabei führt ein geringer Reibwert zu niedrigen Werkzeugbelastungen und einer höheren Produktivität [KUWE07, S. 49f.].

5.2.2 Verschleiß

Die reale Oberflächentopographie der Werkzeugaktivfläche wird im Folgenden insbesondere basierend auf lichtmikroskopischen Aufnahmen für eine weitere Reibungs- und Verschleißanalyse genutzt. [ZUM85, 260–267], [HORT00, S. 33f.] Dabei wird zunächst auf den Erkenntnissen von Kapitel 5.2.1 aufgebaut. Die Analyse sowie anschließende Simulation der herrschenden Verschleißmechanismen ist gemäß DETER notwendig, um die Ziele der Verschleißprüfung zu erreichen. Dabei wird nachfolgend insbesondere die Optimierung der Auslegung und im Detail der Geometrie von tribotechnischen Systemen fokussiert, um die vorgegebene Standzeit für die in Kapitel 3 untersuchten Anwendungsfälle zu erreichen. [DETE02, S. 41] Bestehende Untersuchungen zur Verschleißfestigkeit von kunststoffbasierten additiv gefertigten Werkzeugen untersuchen dabei den Stückzahlbereich 20-140 [BERG21, S. 8–13], [FROH20, S. 14], [DURG15, S. 414–420], [NAKA19, S. 9], [ZARA21, S. 7]. Da jedoch Anwendungen des Prototyping sowie der Produktentwicklung betrachtet werden, wird im Folgenden der Stückzahlbereich von 20-30 fokussiert.

Bei Betrachtung der Höhen- sowie Masseänderung der Probekörper bei Variation des Werkzeugwerkstoffs mit Schmierung (vgl. Tabelle 5-1) fällt bei der Auswertung der geometrischen Bemessung und Tolerierung mittels der Software GOM Inspect Pro auf, dass Probekörper mit einer im Vgl. hohen Massereduktion >0,07 g ebenfalls eine deutliche Höhenänderung <0,2 mm aufweisen (vgl. Anhang 9-10). Die Werkstoffe UM PLA, PA-CF und PET-CF weisen gemäß Anhang 9-10 eine geringe Masseänderung <0,03 g auf. Höhenänderungen <0,1 mm verteilen sich auf die gesamte beanspruchte Fläche. Bei UM PLA auftretende Verschleißmechanismen sind mithilfe der lichtmikroskopischen Aufnahme in 50-facher Vergrößerung zu erkennen (vgl. Abbildung 5-9). Bereits vor dem Versuch sind die für AM typischen „Air gaps“ als Zwischenräume zwischen den UM PLA-Strängen zu erkennen. Durch den Luftspalt wird die darunter orthogonal orientierte Schicht sichtbar. Bei dem belasteten Probekörper sind dagegen kaum „Air gaps“ zu erkennen. Es zeigen sich vereinzelte Riefen in BZR. Die in Abbildung 5-9 abgebildete Riefe weist dabei eine Breite von durchschnittlich 28,6 µm auf. Die glänzenden Bereiche sind beigemischte Partikel, die den Glanzgrad des Filaments erhöhen.

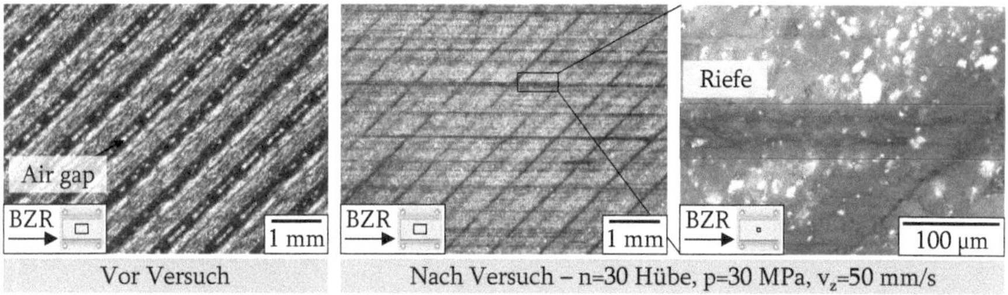

Abbildung 5-9: UM PLA in 50- und 1.000-facher Vergrößerung

Die faserverstärkten Werkstoffe PA-CF und PET-CF weisen eine geringe Höhen- und Masseänderung sowie kleinere Riefen als UM PLA auf (vgl. Abbildung 5-10). Die Massenzunahme von PA (0,07 g) und PA-CF (0,02 g) gemäß Anhang 9-10 ist mit der Einlagerung des Schmierstoffes in den Probekörper zu erklären.

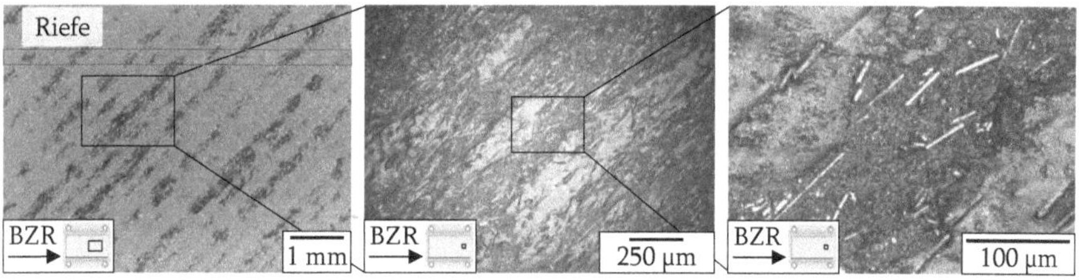

Abbildung 5-10: PA-CF in 50-, 200- und 1.000-facher Vergrößerung

Des Weiteren wird ebenfalls die oberste Schicht geglättet, wodurch die Kohlenstofffasern der Rauheitshügel freigelegt werden und sich nun direkt an der Oberfläche des Probekörpers befinden. Im Bereich des erhöhten Verschleißes (vgl. Anhang 9-11) befinden sich weniger Kohlenstofffasern als im Referenzbereich (vgl. Anhang 9-11 rechts).

Bei Probekörpern aus den Werkstoffen PEI, ABS und PC wird dahingegen ein hoher Materialübertrag >0,07 g sowie eine Höhenreduktion festgestellt (vgl. Abbildung 5-11 und Anhang 9-10). Auf deren Oberflächen lassen sich entsprechende Verschleißmechanismen feststellen. Exemplarisch sind verschiedene Defekte der Oberfläche des PEI-Probekörpers abgebildet.

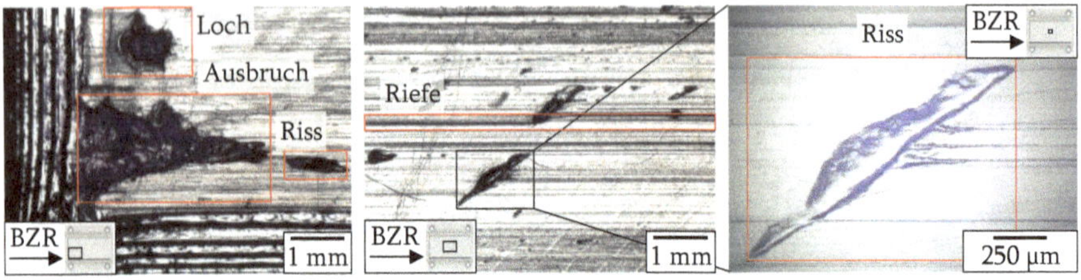

Abbildung 5-11: PEI in 50- und 200-facher Vergrößerung

Neben den bereits beschriebenen Riefen in BZR finden sich Löcher, Ausbrüche und Risse von mehreren mm Länge. Bei dem ABS-Probekörper zeigt sich in Randbereichen eine Höhenreduktion von 0,2 mm, was der Schichthöhe des AM Prozesses entspricht. In Abbildung 5-12 ist eine deutliche Delamination im Randbereich zu erkennen.

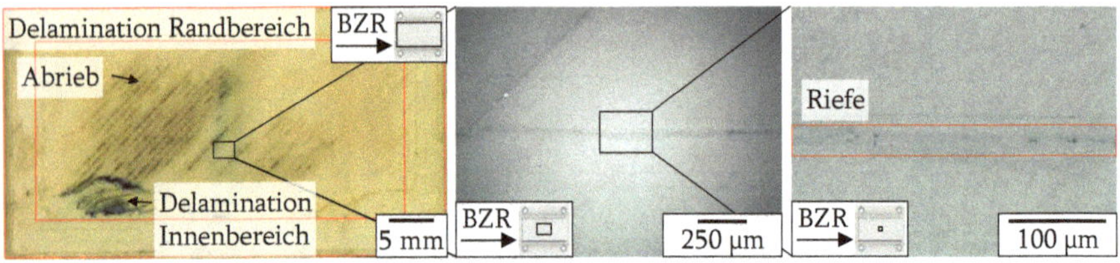

Abbildung 5-12: ABS in 20-, 200- und 1.000-facher Vergrößerung

Diese setzt sich im Inneren des Probekörpers fort, nimmt jedoch ab (vgl. Abbildung 5-12 links). Des Weiteren sind Riefen sowie Abrieb in den „Air gaps“ erkennbar. Noch deutlichere Verschleißmechanismen in Form von zahlreichen Rissen und Löchern im mm-Bereich sowie Riefen in BZR weist PC auf (vgl. Abbildung 5-13).

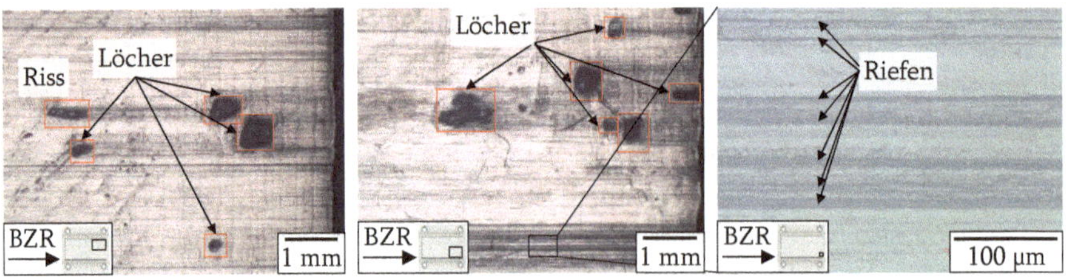

Abbildung 5-13: PC in 50- und 1.000-facher Vergrößerung

Aufgrund der ausbleibenden Beölung nach dem zweiten Hub zeigt der Al 6082-Probekörper ebenfalls deutliche Riefen und Löcher sowie einen Grat und Ausbruch im Randbereich (vgl. Abbildung 5-14).

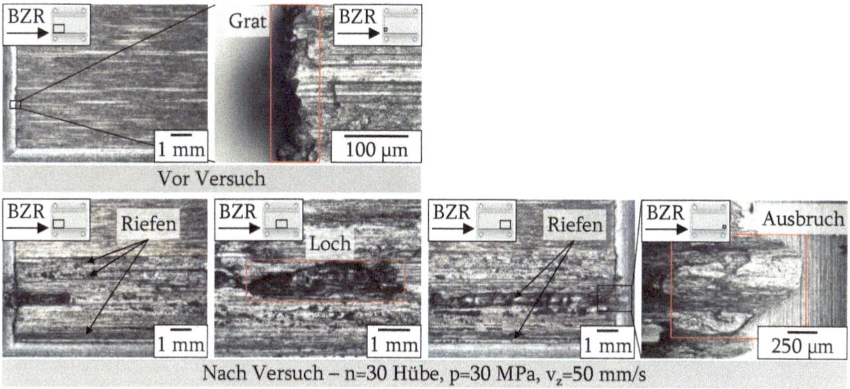

Abbildung 5-14: Al 6082 vor und nach dem Versuch in 30-, 50-, 200- und 1.000-facher Vergrößerung

Bei den amorphen Thermoplasten ABS, PC und PEI führt das Ausbleiben einer erneuten Beölung zur Erhöhung des Reibwerts und seiner Streuung. Materialübertrag und Löcher in Abbildung 5-11 und Abbildung 5-12 implizieren Adhäsion. Verstärkt wird die Verschleißausprägung durch Risse, welche auf Oberflächenzerrüttung hinweisen. Ein Grund für die hohe Streuung der Reibwerte sowie stark ausgeprägte Verschleißmechanismen könnte die Molekülbindung von amorphen Thermoplasten sein.

Bei niedriger Hubanzahl kann auch bei hohen Ziehgeschwindigkeiten gemäß Tabelle 5-2 kein Volumenverschleiß festgestellt werden. Bei Probekörpern aus UM PLA ergibt sich bei einer niedrigen Ziehgeschwindigkeit von v_z=25 mm/s eine leicht wellige Struktur der Oberfläche (vgl. Abbildung 5-15).

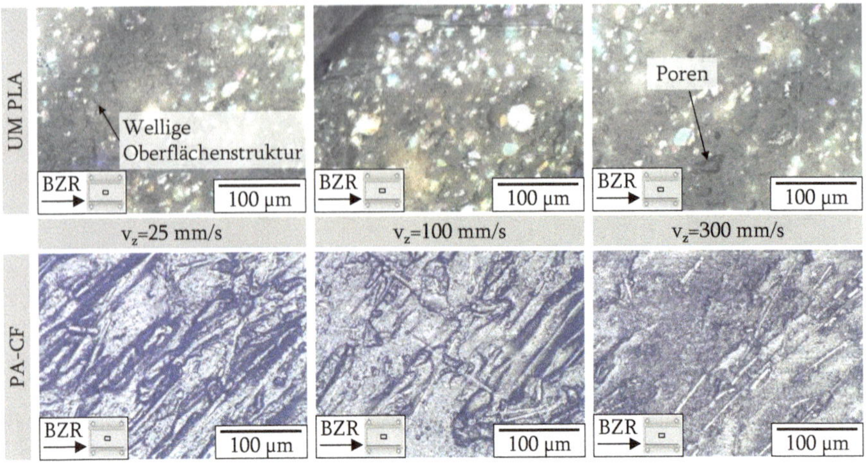

Abbildung 5-15: UM PLA und PA-CF unter Variation der Ziehgeschwindigkeit in 1.000-facher Vergrößerung

Bei einer hohen Ziehgeschwindigkeit von v_z=300 mm/s zeigen sich unregelmäßig verteilte Poren. Hingegen zeigt PA-CF eine zunehmende Glättung der vorhandenen Rauheitshügel bei steigender Ziehgeschwindigkeit (vgl. Abbildung 5-15). Diese Glättung wird ebenfalls in Abbildung 5-6 beobachtet. Bei einer hohen Ziehgeschwindigkeit von v_z=300 mm/s liegen die Kohlenstofffasern auf der Oberfläche frei, was zu erhöhtem abrasiven Werkzeugverschleiß führen kann.

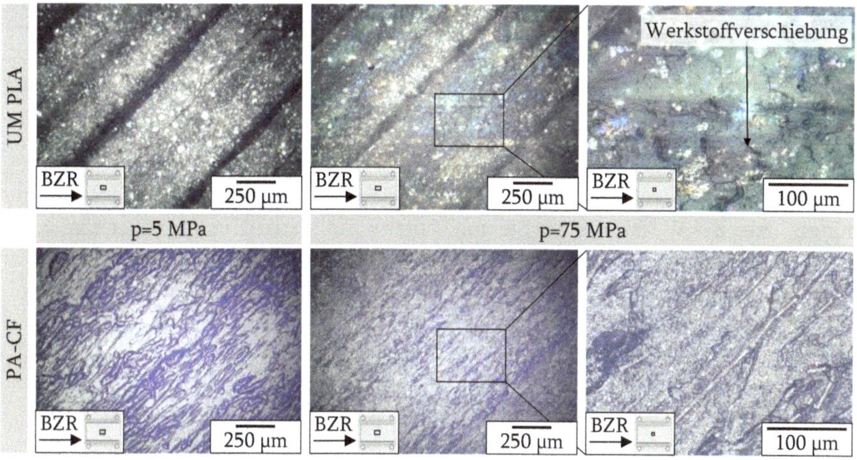

Abbildung 5-16: UM PLA und PA-CF unter Variation der Flächenpressung in 200- und 1.000-facher Vergrößerung

Bei Variation der Flächenpressung entsprechend Tabelle 5-3 zeigen sowohl UM PLA als auch PA-CF ab einer Flächenpressung von p=50 MPa eine geringe Höhenreduktion der Kontaktfläche bereits bei drei Hüben (vgl. Anhang 9-18). Die Höhenreduktion ist im Randbereich und insbesondere im Auslaufbereich am höchsten. Der Versagensfall tritt bei beiden Werkstoffen bei einer Flächenpressung von p=90 MPa ein. UM PLA zeigt eine Höhenreduktion von rund 1 mm, PA-CF weist 0,6 mm auf. Bei näherer Betrachtung der mit p=75 MPa belasteten Probekörper aus UM PLA in Abbildung 5-16 zeigt sich ein reduzierter Abstand zwischen den Materialsträngen aufgrund der Scherbeanspruchung in BZR. Weiterhin sind ab einer Flächenpressung von p=75 MPa Werkstoffverschiebungen in BZR erkenntlich (vgl. Abbildung 5-16). Bei PA-CF nimmt der Flächenanteil der Rauheitshügel mit Zunahme der Flächenpressung ab. Dies führt zu niedrigen Reibwerten (vgl. Abbildung 5-7). Bei hohen Flächenpressungen ab p=75 MPa ist der Verschleiß insbesondere durch elastisch-plastische Deformation geprägt. Darunter dominiert der elastische Anteil. In Kombination mit Werkstoffverschiebungen deutet dies auf das Erreichen der Belastungsgrenze hin. Da die plastische Deformation von PA-CF bei p=75 MPa größer ist als bei UM PLA, im Versagensfall bei p=90 MPa jedoch deutlich geringer, lässt sich schließen, dass der Vorteil der Kohlenstofffaserverstärkung sich erst bei hohen Flächenpressungen p>75 MPa zeigt.

Folglich sollten niedrige Flächenpressungen p<15 MPa aufgrund auftretender Stick & Slip-Effekte vermieden werden. Diese verursachen einen unregelmäßigen Werkstofffluss sowie –ausdünnung. Große Flächenpressungen p>75 MPa sollten aufgrund plastischer Deformationsanteile vermieden werden. Die Qualität der Blechoberfläche sämtlicher überprüfter Blechwerkstoffe ist unabhängig von der Flächenpressung einwandfrei. Diese Erkenntnisse sind nur bedingt auf die hohen Spannungen im Ziehkantenbereich zu übertragen, da der Streifenziehversuch insbesondere den Flansch- bzw. Niederhalterbereich fokussiert.

Im Folgenden werden Betriebsversuche beschrieben, welche den Verschleiß an Spannungsspitzen des Werkzeugs wie Stempelkanten- und Matrizenradius näher charakterisieren. Als Werkzeugwerkstoff werden zunächst UM PLA und PA-CF bei der Umformung von 1 mm DC04 in 25 Hüben untersucht (vgl. Abbildung 5-17).

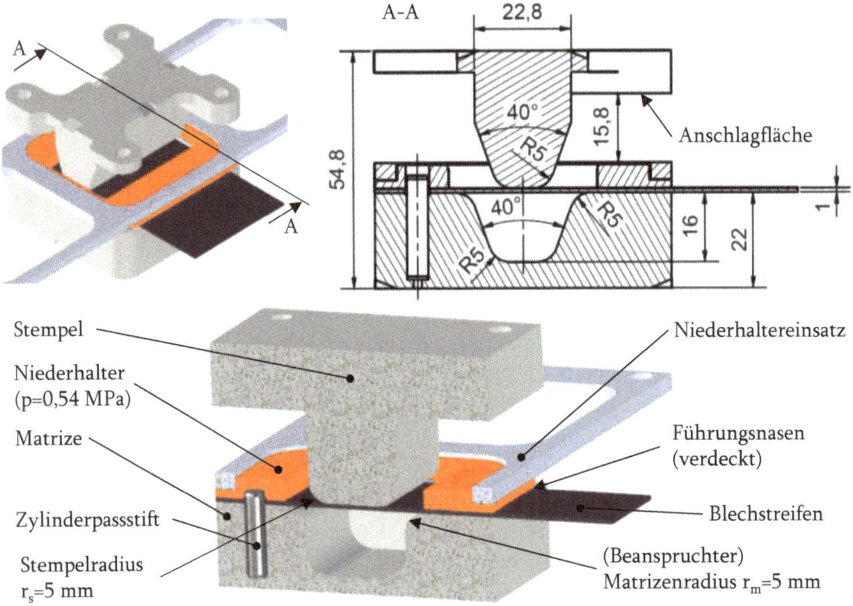

Abbildung 5-17: Schnittdarstellung der Werkzeugeinsätze für den Verschleiß-Betriebsversuch

Zur Charakterisierung des Verschleißes werden die Werkzeuge nach jedem fünften Hub entsprechend des Aufbaus in Kapitel 5.2.1 optisch vermessen. Die Überprüfung der Anforderungen an die Oberflächenqualität erfolgt mittels einer Sichtprüfung und messtechnischer Auswertung. Durchgeführt werden die folgenden Versuche mithilfe der in Kapitel 4.4 beschrieben Anlagentechnik und Werkzeugkonfiguration. Die in Abbildung 5-17 dargestellten Werkzeugeinsätze aus UM PLA und PA-CF werden nebeneinander auf das Lochbild der Grundplatten montiert und simultan eingesetzt. Die zugrundeliegende Geometrie wird an eine offene Sicke in Trapezform zur Stabilitätserhöhung angelehnt [KLUG20, S. 103], [KLEI19, S. 309–312]. Weitere Anforderungen an die Geometrie sind insbesondere die Integration praxisüblicher Stempel- und Matrizenradien von 5 mm, eine hohe Ziehtiefe von 16 mm, ein einseitig kontrollierter Zug sowie eine eindeutige Positionierung des Blechzuschnitts auf der Matrize [KOLB12, 136–141].

Die Ziehtiefe ist durch das Niederhaltergestell auf 16 mm limitiert. Um einen einseitig kontrollierten Zug des Blechstreifens zu ermöglichen, wird ein in die Matrize eingesetzter Zylinderpassstift genutzt. Dieser sorgt für eine formschlüssige Verbindung des Blechstreifens mit der Matrize, sodass ein Freiheitsgrad eliminiert wird. Durch dieses Vorgehen wird der rechte Matrizenradius bei jedem Hub mit identischer Ziehlänge des Blechs beansprucht. Die Führungsnasen der Matrize positionieren das Blech während des Umformprozesses. Das Werkzeug wird so ausgelegt, dass vorhandene 50 mm breite Blechstreifen genutzt werden können. Der Ziehspalt zwischen Matrize und Stempel beträgt 1,2 mm. Das AM der formgebenden Werkzeugelemente findet mit der Anlagentechnik und Slicing Parameter Konfiguration entsprechend Kapitel 4 statt. Verwendet wird analog zu den vorangegangenen tribologischen Untersuchungen der Schmierstoff Fuchs Wisura FMO 5020. Die Bestimmung der exakten Menge ist nicht notwendig, da eine gleichmäßige Beölung von mehr als 2 g/m² vorliegt und gemäß DEILER ab einer bestimmten Grenzschmierstoffmenge eine weitere Erhöhung keinen Einfluss auf die im System wirkende Reibung hat [DEIL05, S. 56]. Durch Einstellung der Federelemente des Niederhalters wird eine Niederhalterflächenpressung von 0,54 MPa erreicht. Dieser Wert ist deutlich geringer als der experimentell ermittelte Grenzwert von 15 MPa. Die Stempelkraft wird auf 4,5 kN eingestellt. Weiterhin wird die untere Endlage des Stempels begrenzt, sodass eine Ziehtiefe von 16 mm erreicht wird. Die Messungen der Deformation nach 25 Hüben ergeben geringe Verformungen, sodass auf die Darstellungen der optischen Vermessungen während fortlaufender Umformoperationen verzichtet wird (vgl Abbildung 5-18).

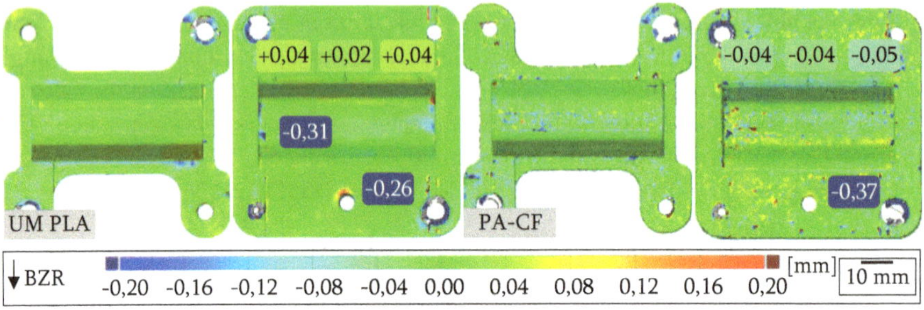

Abbildung 5-18: Deformation der UM PLA- und PA-CF-Werkzeugeinsätze nach 25 Hüben

Bei dem UM PLA-Werkzeug wird am beanspruchten Matrizenradius im Zeitverlauf eine geringe Höhenzunahme festgestellt, die in den Randbereichen höher ist als der Mitte. Weiterhin existiert im linken Bereich des Matrizenbodens ein kleiner Bereich mit einer Höhenreduktion. An der Passstiftbohrung liegt eine Höhenzunahme entgegen der BZR vor, die sich mit fortschreitender Hubanzahl vergrößert. An den Stempelflankenflächen wird nach dem 15. Hub eine kleine Höhenzunahme ermittelt. Weiterhin weisen die Anschlagflächen des Stempels in den Bereichen, die während des Versuchs den Niederhaltereinsatz berühren, eine Deformation auf. Die höhere Oberflächenrauheit von PA-CF wird durch den Vgl. der optischen Vermessungen bestätigt. Die Matrize von PA-CF weist eine zunehmende Höhenreduktion des beanspruchten Matrizenradius im Zeitverlauf auf. Weiterhin sind punktuelle Höhenreduktionen als auch -zunahmen an den belasteten Flächen der Matrize erkennbar. An der Passstiftbohrung wird keine Deformation festgestellt. An der Stempelstirnfläche sowie an der belasteten Anschlagfläche liegen Höhenreduktionen vor. Durch die Pressung des Werkzeugs erreichen UM PLA und PA-CF vergleichbare Umformergebnisse. Der Blechboden weist bei beiden Blechen eine Rundung auf, welche leicht größer ist als der Stempelradius. Weiterhin sind auf den mittels PA-CF umgeformten Blechstreifen Riefen in BZR auf der Blechseite, die durch den Niederhalter beansprucht wird, erkennbar. Zur Quantifizierung der Oberflächenqualität der Blechstreifen werden Rauheitskennwerte für die Pressungen 1, 13 und 25 erhoben. Die Messung erfolgt gemäß Kapitel 5.2.1 taktil sowie orthogonal zur BZR und ist in Abbildung 5-19 dargestellt.

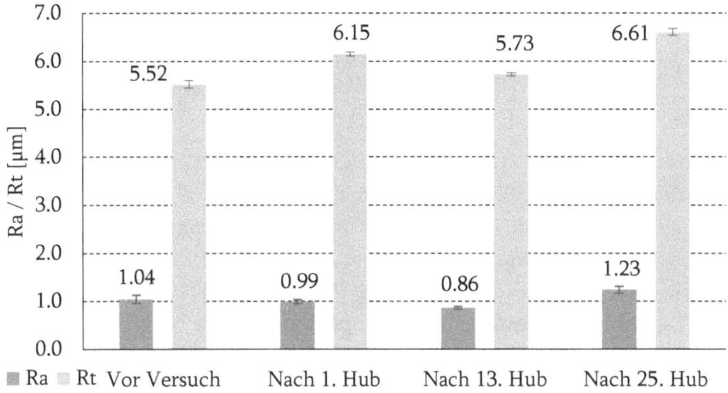

Abbildung 5-19: Oberflächenrauheit ausgewählter DC04-Blechstreifen

Durch das Pressen der Blechstreifen wird eine Erhöhung der Oberflächenrauheit gekennzeichnet durch Rt und Rz festgestellt. Diese erreichen nach dem 25. Hub ihr Maximum.

Durch diesen Versuch wird gezeigt, dass eine Kleinserienproduktion von simplen Geometrien mittels UM PLA und PA-CF als Werkzeugwerkstoff möglich ist und eine Ziehtiefe von 16 mm erreicht werden kann. Dies resultiert in einer geringen Deformation der Anschlagflächen. Bei PA-CF zeigt sich ein höherer Verschleiß, welcher auf die höhere Rauheit der Werkzeugoberfläche zurückzuführen ist. Etwaige Rauheitshügel werden durch Abrasion geglättet und entsprechend der leichten Höhenzunahmen in Anhang 9-10 verschoben [DETE02, S. 13]. Geeignete Maßnahmen zur Verschleißreduktion sind die geometrische Optimierung hinsichtlich des Blechmaterialflusses sowie die Oberflächenverbesserung der Werkzeugeinsätze. Des Weiteren zeigt sich eine starke Belastung der Funktionsflächen, beispielsweise an den Bohrungen. Die durch Pressung mittels des PA-CF Werkzeugeinsatzes entstehenden Riefen der Blechstreifen würden teilweise zu Ausschuss führen. Der Kennwert R_z der 25. Pressung ist höher als der im Karosseriebau geltende Grenzwert von 5 µm. Für empfindliche Blechoberflächen, wie beispielsweise von Aluminiumlegierungen, sollte daher UM PLA als Werkzeugwerkstoff vorgezogen werden. Der Ziehspalt von 1,2 mm führt zu einem abgerundeten Sickenboden. Einem solchen kann konstruktiv durch einen verringerten Ziehspalt oder ein geeignetes Aufmaß entgegengewirkt werden. Dies führt jedoch in den ersten Pressungen zu einer plastischen Deformation. Für den in diesem Versuch eingesetzten Beanspruchungsfall sind sowohl UM PLA als auch PA-CF geeignete Werkzeugwerkstoffe. Die gewünschte Formgebung erfolgt bei geringem Verschleiß und gleichzeitiger Einhaltung der Qualitätskriterien des Karosseriebaus im niedrigen Stückzahlbereich. Die

Verschleißraten sowie die Anteile der Verschleißmechanismen sind zudem von den mechanischen Kenngrößen des Werkzeugmaterials abhängig [DETE02, S. 13].

5.2.3 Selbstschmierung

Die Schmierstoffwahl sowie -verwendung sind gemäß KUWER hervorzuhebende Faktoren beim Tiefziehen [KUWE07, S. 19]. Beim Tiefziehen mit Stahl- oder Graugusswerkzeugen werden in der Regel ölbasierte Schmiermittel verwendet, wodurch Abrasion und Adhäsion reduziert werden. [KLOC09, S. 721–726] Vorteilhaft sind diese Schmierstoffe ausschließlich für den Umformprozess sowie zur Reduktion von Korrosionsschäden bei der Lagerung. Für nachgelagerte Prozessschritte wie beispielsweise Fügen oder Oberflächenbehandlungen werden ölfreie Bauteile benötigt. Dies bedingt eine aufwändige Reinigung sowie Trocknung. [TENN19, S. 2]

Diese Prozessschritte entfallen bei Trocken- oder Selbstschmierung der Umformwerkzeuge [STUM17, S. 1–4]. Zudem enthalten konventionelle Schmierstoffe und Reinigungsmittel meist umwelt- sowie gesundheitsschädliche Substanzen. Außerdem sind die Reduktion des Wasser- und Energieverbrauchs sowie die Möglichkeit der Verkürzung der Prozesskette wesentliche Stellhebel zur Aufwandsreduktion. Jedoch führt ein direkter Kontakt von Werkzeug und Bauteil zu erhöhter Reibung sowie Verschleiß und folglich einer reduzierten Prozessstabilität. Dies resultiert in einer Verkleinerung des Prozessfensters zur Fertigung von Gutteilen. Eine höhere Reibung führt somit nicht nur zu Oberflächenverschleiß, sondern zu einer Verlagerung der Scherebene (vgl. Abbildung 2-11). Diese Verlagerung resultiert bei kunststoffbasierten additiv gefertigten Werkzeugeinsätzen in elastisch-plastischen Verformungen [HORT00, S. 99]. Eine belastungsoptimierte Anpassung der Scherebene durch beispielsweise Optimierung der Werkzeuggeometrie oder -konfiguration reduziert Reibung sowie Verschleiß, wodurch das Prozessfenster zur Fertigung von Gutteilen vergrößert wird [TENN19, S. 2]. Bei der Verwendung kunststoffbasierter additiv gefertigter Werkzeugeinsätze ist der Schmierstoffeinfluss durch positive Reibeigenschaften von Polymeren geringer als bei metallischen Werkzeugen [SOUZ10, S. 242–247].

Um das Potential kunststoffbasierter additiv gefertigter Werkzeugeinsätze für den industriellen Einsatz einzuschätzen, werden im Folgenden Streifenziehversuche ohne Schmierstoff mit Probekörpern aus UM PLA sowie PA-CF durchgeführt. Tribologische Prüfverfahren sowie Besonderheiten des Versuchsaufbaus sind in Kapitel 2.3.3 und 5.2.1 detailliert. Eine Flächenpressung von 30 MPa stellt dabei die Versagensgrenze von UM PLA dar (vgl. Tabelle 5-5).

Tabelle 5-5: Versuchsparameter Selbstschmierung

Versuchsparameter	Ausprägung
Werkstoff Probekörper	UM PLA; PA-CF
Werkstoff Gegenkörper	DC04
Flächenpressung p [MPa]	5; 15; 30
Ziehgeschwindigkeit v_z [mm/s]	50
Schmierstoffmenge m_s [g/m²]	0
Hubanzahl n	3

Da keine Erkenntnisse zum Reibverhalten und zur Belastbarkeit der Probekörper unter Selbstschmierung vorliegen, wird die Flächenpressung schrittweise erhöht. Dabei erfolgen je Kombination drei Hübe mit demselben Blechstreifen, welcher nach jedem Hub gereinigt wird. Neben Reibwertmessung (vgl. Abbildung 5-20) wird der Verschleiß durch lichtmikroskopische Aufnahmen (vgl. Abbildung 5-21) bewertet. Zusätzlich werden belastete Blechstreifen einer Sichtprüfung unterzogen.

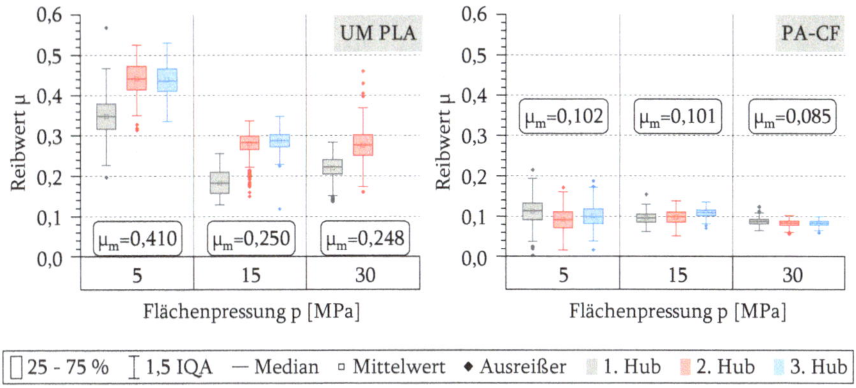

Abbildung 5-20: Ergebnisse der Reibwertermittlung unter Selbstschmierung

Das Reibniveau des ersten Hubs der Probekörper aus UM PLA ist deutlich geringer als das der beiden darauffolgenden. Somit ist der Reibwert von UM PLA sowohl von der Hubanzahl als auch von der Flächenpressung abhängig. Zudem nimmt der mittlere Reibwert bei Erhöhung der Flächenpressung ab. Der Reibwert schwankt stark um seinen Mittelwert (vgl. Verteilung der Reibwerte in Abbildung 5-20). Auch in den Folgehüben ist die Streuung des Reibwerts unabhängig von der Flächenpressung hoch. Auffällig sind laute Ziehgeräusche bei einer Flächenpressung von 15 MPa im 3. Hub sowie 30 MPa im 2. Hub. Somit wird kein 3. Hub mit 30 MPa durchgeführt.

Dahingegen zeigt PA-CF keine eindeutige Abhängigkeit des Reibwerts von der Hubanzahl. Der mittlere Reibwert verringert sich durch die Erhöhung der Flächenpressung von 15 auf 30 MPa. Es ist ebenfalls keine ausgeprägte Einlaufphase zu erkennen, der Reibwert schwankt jedoch stark um seinen Mittelwert. Die Streuung verringert sich dabei mit steigender Flächenpressung. Unabhängig von der Flächenpressung treten keine Ziehgeräusche auf. Insgesamt ist der mittlere Reibwert von PA-CF weniger von der Flächenpressung abhängig und geringer als der von UM PLA. Im Folgenden wird der Verschleiß der Probekörper qualitativ anhand lichtmikroskopischer Aufnahmen sowie von Eindrücken während der Versuchsdurchführung bewertet (vgl. Abbildung 5-21).

Bereits bei niedrigen Flächenpressungen zeigen sich bei UM PLA deutliche Verschleißerscheinungen wie Aufschmelzungen, Riefen sowie plastische Deformation im hinteren Randbereich des Probekörpers. Mit Erhöhung der Flächenpressung verstärken sich diese und der Flächenanteil erhöht sich. Der Blechstreifen zeigt Polymer-Abrieb. Der Verschleiß bei PA-CF ist lediglich bei 1.000-facher Vergrößerung und einer Flächenpressung von 15 oder 30 MPa erkennbar. Die Polyamid-Matrix wird abgetragen und legt die Kohlenstofffasern teilweise frei. Diese verursachen jedoch keine Beschädigungen auf den DC04-Blechstreifen. Durch den fehlenden Schmierstoff tritt primär Festkörperreibung zwischen Probekörper und Blechstreifen auf. Bei UM PLA lassen Ziehgeräusche und eine hohe Streuung der Reibwerte insbesondere bei hohen Flächenpressungen auf den sogenannten Stick & Slip-Effekt schließen [UETZ85, S. 119]. Der Einfluss der Abwärme ist mit dem Anstieg des Reibwerts nach dem 1. Hub sowie Aufschmelzungen der Kontaktzone zu begründen. Infolgedessen führt eine höhere Temperatur zu einem weiteren Anstieg des Reibwerts. Des Weiteren führt Abrasion zu erhöhtem Verschleiß von UM PLA. Diese Effekte sind bei PA-CF schwächer ausgeprägt. Dies ist durch eine höhere Wärmeformbeständigkeit und Schmelztemperatur von Polyamid begründet.

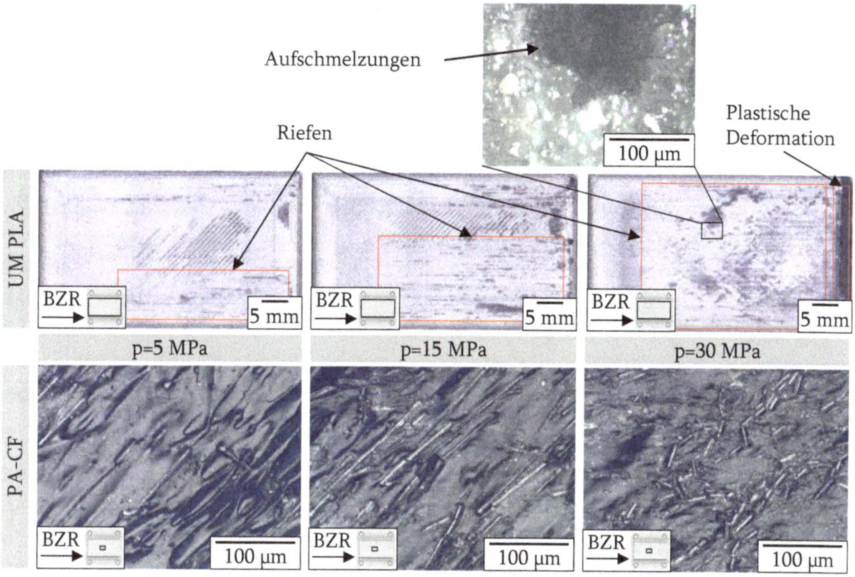

Abbildung 5-21: UM PLA und PA-CF unter Selbstschmierung in 20- und 1.000-facher Vergrößerung

Werden Reibwerte unter Schmierstoffeinsatz mit denen unter Selbstschmierung verglichen, erhöht sich die Reibung bei UM PLA im Mittel um 72 % und bei PA-CF um 44 % (vgl. Kapitel 5.2.1). Die geringe Temperaturbeständigkeit von UM PLA bei Selbstschmierung limitiert die Prozessgrenzen, wodurch die Probekörper nur für eine geringe Anzahl an Hüben unter reduzierter Belastung genutzt werden können. Die Blechstreifen weisen bei beiden Probekörper-Werkstoffen keine Beschädigungen auf. Es ist jedoch unklar, ob eingesparte Prozess- und Betriebsmittelkosten durch Selbstschmierung höhere Materialkosten aufgrund des erhöhten Verschleißes kompensieren. Eine Reduktion der Ziehgeschwindigkeit kann die Abwärme und somit auftretenden Verschleiß beschränken. Folglich existierten für die Selbstschmierung bei der Umformung mittels kunststoffbasierten additiv gefertigten Werkzeugeinsätzen Prozessgrenzen mit spezifischen Flächenpressungen und Ziehgeschwindigkeiten.

5.3 Oberflächeneigenschaften

Insbesondere bei Außenhautteilen ist eine einwandfreie Optik von Blechteilen von großer Bedeutung [BIRK13, S. 88]. BIRKERT ET AL. fassen diesbzgl. drei Anforderungen an Bauteile im Sichtbereich zusammen: Keine Oberflächenbeschädigungen, keine ebenen oder zu schwach gekrümmten Flächen sowie keine optisch wahrnehmbaren Unstetigkeiten an Übergängen von Flächen. Ebene oder schwach gekrümmte Flächenbereiche zeichnen sich beispielsweise durch eine andere Lichtreflexion als gekrümmte Oberflächen aus und erscheinen somit als fehlerhaft. Flachstellen können z.B. entstehen, wenn sich schwach umgeformte Bereiche zurückbiegen. Optisch wahrnehmbare Unstetigkeiten werden meist durch ein fehlerhaftes Design des Bauteils ausgelöst. Oberflächenbeschädigungen werden insbesondere durch den Fertigungsprozess oder die Werkzeuggestaltung verursacht und werden im Folgenden fokussiert. [BIRK13, S. 60–86] U.a. findet die Sichtprüfung von Außenhautteilen bei OEMs unter speziellen Beleuchtungsbedingungen durch Leuchtkörper und Lichtsegel in einem Lichtraum statt. Zusätzlich werden stichprobenartig Bauteile mit Abziehsteinen (feine Schleifsteine) überprüft. Dabei werden sämtliche oben genannte Oberflächenfehler durch Unterbrechungen oder Anomalien der Schleifspuren identifiziert. [BIRK13, 102–107]

Eine Ursache für Oberflächenfehler sind beispielsweise harte Partikel, welche durch verschlissene Werkzeuge in das System gelangen und dort Riefen verursachen [KLUG20, S. 246]. Gemäß KLUGE wird ein allgemeiner Grenzwert der Kenngrößen der Oberflächenrauheit von 5 µm angenommen [KLUG20, S. 242]. Dabei haben weichere Blechwerkstoffe höhere Anforderungen an die Werkzeuggestaltung, sodass eine einwandfreie Oberfläche entsprechend diesem Grenzwert nach dem Umformprozess entsteht.

Im Folgenden wird zur Beurteilung der Oberflächenqualität von mittels kunststoffbasierten additiv gefertigten Werkzeugeinsätzen belasteten Blechwerkstoffen erneut der Streifenziehversuch in der Flachbahn gemäß VDA 230-213 genutzt [AHA20, S. 566–569], [VDA18, S. 1f.]. Dazu wird die Oberfläche in verschiedenen Konfigurationen aus Blechwerkstoff, Werkzeugwerkstoff, Ziehgeschwindigkeit und Flächenpressung anhand lichtmikroskopischer Aufnahmen, Rauheitsmessungen sowie Sichtprüfungen bewertet. Da die Bauteiloberfläche maßgeblich von der Werkzeugoberfläche abhängt, werden im Folgenden sowohl Blechwerkstoff als auch Werkzeugwerkstoff betrachtet. Die Oberflächentopologie der Probekörper sowie Blechstreifen wird mittels der genormten Kenngrößen Ra (arithmetischer Mittenrauwert), Rz (gemittelte Rautiefe) und Rt (maximale Rautiefe) sowie deren Streuung bzw. Standardabweichung bestimmt [DIN10, S. 1–27]. Aufgenommen werden diese Kenngrößen bei den Probekörpern mit einem Messsystem InfiniteFocusSL der Fa. Bruker Alicona, welches kontaktlos durch Variation des Fokus eine dreidimensionale Höhenverteilung ermittelt. In einem 2 x 2 mm großen Messbereich werden diese Profilkenngrößen auf einer 4,8 mm langen z-förmigen Messstrecke aufgenommen [DIN10, S. 1–27]. Aufgrund geringeren Aufwands wird bei den Blechstreifen ein taktiles Messverfahren genutzt, bei welchem eine Messnadel über die Oberfläche gezogen wird. Orthogonal zur Ziehrichtung wird eine 4,8 mm lange Messstrecke mit einem Messsystem Hommel-Etamic nanoscan 855 der Fa. Jenoptik aufgenommen.

Neben mechanischen Kenngrößen von Blech- und Werkzeugwerkstoff haben Oberflächenstruktur und -topographie einen Einfluss auf Verschleiß- und Deformationsverhalten. Zunächst wird der Zustand der Versuchsbleche vor Durchführung der Streifenziehversuche betrachtet. In Abbildung 5-22 sind lichtmikroskopische Aufnahmen sowie die ermittelten Oberflächenkenngrößen dargestellt. Die untersuchten Stahlwerkstoffe DC04, DC01 sowie CR240BH weisen unregelmäßige plateauförmige Bereiche auf (vgl. Tabelle 5-4). Der Blechstreifen aus Al 1050A zeigt mikroskopisch kleine Riefen auf, welche auf den vorgelagerten Walzprozess zurückzuführen sind. Das Aluminiumblech weist eine deutlich geringere Oberflächenrauheit auf, wohingegen die ausgeprägten Plateaus des festen CR240BH zur höchsten Rauheit führen. Dabei ist hervorzuheben, dass der Einfluss des Feuerverzinkens von CR240BH auf die Ergebnisse nicht weiter untersucht wird (vgl. Tabelle 5-4).

DC04	DC01	CR240BH	Al 1050A
Ra=1,04 µm	Ra=0,79 µm	Ra=1,23 µm	Ra=0,17 µm
Rz=4,58 µm	Rz=4,14 µm	Rz=5,44 µm	Rz=1,26 µm
Rt=5,52 µm	Rt=5,27 µm	Rt=6,54 µm	Rt=1,85 µm

Abbildung 5-22: Unbelastete Versuchsbleche in 1.000-facher Vergrößerung

Zur Bewertung der Werkzeugoberfläche hinsichtlich Qualität der resultierenden Bauteiloberfläche wird im nächsten Schritt der Mittenrauwert Ra der Probekörper vor und nach der Belastung eines DC04 Blechstreifens dargestellt. Dazu wird der Blechstreifen entsprechend Tabelle 5-1 belastet. Die Oberflächenrauheit sämtlicher Probekörper wird durch die tribologische Beanspruchung des Versuchsaufbaus reduziert. Besonders groß ist die prozentuale Reduktion bei PA-CF, ABS, PEI sowie PC (vgl. Abbildung 5-23).

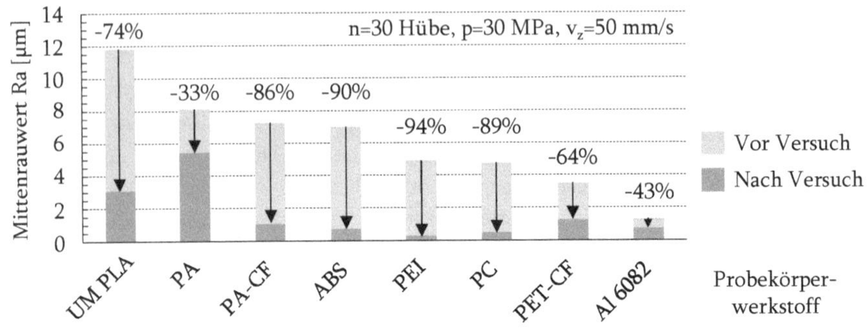

Abbildung 5-23: Mittenrauwert Ra verschiedener Werkzeugwerkstoffe vor und nach Streifenziehversuch

Des Weiteren fällt die hohe Rauheit des UM PLA-Probekörpers vor dem Versuch sowie die des PA-Probekörpers nach dem Versuch auf. Beim Umformen entstehen Spannungsspitzen insbesondere an Oberflächenunebenheiten wie Rauheitsspitzen. Daraus ergibt sich die Anforderung, die Rauheit an Oberflächen von Umformwerkzeugen möglichst gering einzustellen [KLOC17, S. 147f.]. Zum quantitativen Vgl. der Blechoberflächenqualität wird die Mittenrauheit Ra als Mittelwert von jeweils fünf Rauheitsmessungen sowie deren Standardabweichung nach 30 Hüben (vgl. Tabelle 5-1) in Abbildung 5-24 dargestellt. Die DC04-Blechstreifen werden jeweils mit einem anderen Werkzeugwerkstoff belastet, als Referenz dient ein unbelasteter Blechstreifen. DC04 wird entsprechend Kapitel 2.3.2 aufgrund der weiten Verbreitung sowie guten Umformeigenschaften ausgewählt. Die Durchführung von 30 Hüben verstärkt die Folgen einer einfachen Umformoperation, um die Auswirkungen von beanspruchten Werkzeugeinsätzen auf die Blechqualität hervorzuheben. Ziel ist die Untersuchung des Verhaltens von Werkzeugwerkstoff in Abhängigkeit des verwendeten Blechwerkstoffs.

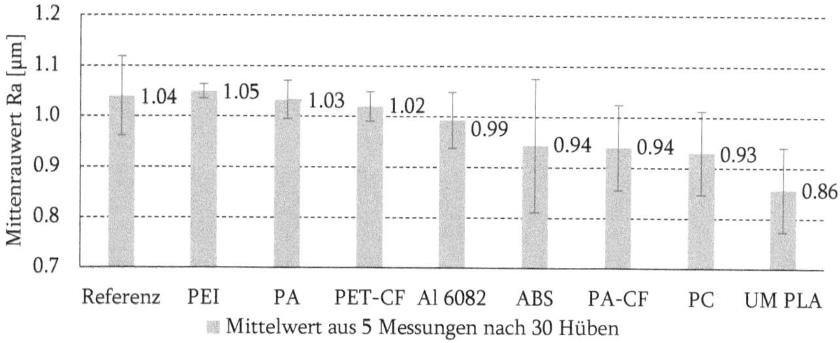

Abbildung 5-24: Oberflächenrauheit der Blechstreifen unter Variation des Werkzeugwerkstoffs

Die tribologische Beanspruchung führt bei den durch UM PLA, ABS, PC sowie PA-CF belasteten Blechstreifen zu einer Verringerung aller Rauheitskennwerte. Im Vgl. dazu ist die maximale Oberflächenrauheit Rt bei den durch PA, PEI, PET-CF und Al 6082 belasteten Blechstreifen höher als vor dem Versuch. Insgesamt liegt der Kennwert Rz bei allen untersuchen Blechstreifen unter dem Grenzwert von 5 µm. Um einen qualitativen Eindruck der Bleche zu erhalten, sind ausgewählte Werkstoffkombinationen in Abbildung 5-25 dargestellt. Die Aufnahmen zeigen beispielsweise, dass mehrfache tribologische Beanspruchungen durch UM PLA-Probekörper zu keiner Verschlechterung der Blechoberfläche führt.

Im Vgl. sind bei durch PA-CF und PET-CF beanspruchten Blechstreifen nach dem 30. Hub feine Riefen in BZR sichtbar. Auf dem durch den Aluminium-Probekörper belasteten Blechstreifen ist bereits nach dem ersten Hub eine glänzende Spur in BZR zu erkennen, welche jedoch keine Vergrößerung der Oberflächenrauheit verursacht. Nach dem 30. Hub sind auf dem Blech stark ausgeprägte Riefen in BZR sichtbar. Aus dem Versuch wird ersichtlich, dass die Oberflächen der Blechstreifen nach 30 Hüben eine ausreichend gute Qualität aufweisen. Der Kennwert Rz ist bei allen Blechsteifen niedriger als der Grenzwert von 5 µm.

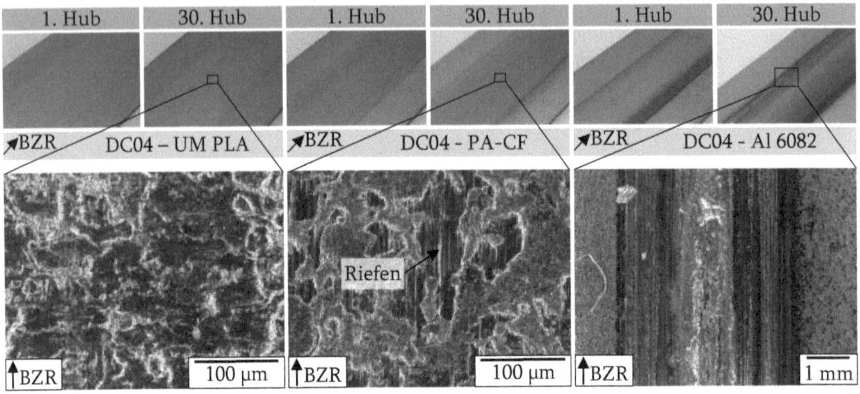

Abbildung 5-25: Ausgewählte DC04-Blechstreifen nach dem 1. und 30. Hub als fotografische Aufnahme und in 50- und 1.000-facher Vergrößerung

Die Kohlenstofffasern der PA-CF- und PET-CF-Probekörper führen zu abrasivem Verschleiß des Blechs. Da dies jedoch nicht zu einem signifikanten Anstieg der Oberflächenrauheit führt, wird die erforderliche Oberflächenqualität weiterhin gewährleistet. Aufgrund der ausbleibenden Beölung nach dem 2. Hub führt die zyklische Belastung durch den Aluminium-Probekörper zu deutlichen Oberflächendefekten. Folglich bedingen Aluminiumwerkzeuge den Einsatz von geeigneten Schmierstoffen. Es eignen sich insbesondere die Werkstoffe UM PLA, PA-CF sowie PET-CF für den Einsatz in Umformwerkzeugen. UM PLA verbindet dabei eine sehr gute Verarbeitbarkeit und geringe Kosten mit guten Kenngrößen der Oberflächenrauheit unter zyklischer Belastung. Im Folgenden wird neben UM PLA ebenfalls PA-CF als fokussierter Werkzeugwerkstoff der Rauheitsuntersuchungen gewählt, um den Einfluss der festigkeitssteigernden Kohlenstofffasern bewerten zu können.

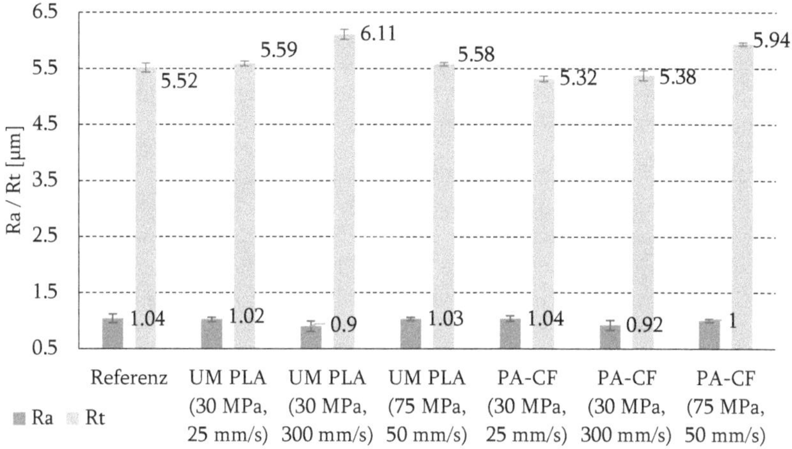

Abbildung 5-26: Vergleich der Oberflächenrauheit von DC04 in mehreren Lastfällen

Der Einfluss der Ziehgeschwindigkeit bei Belastung der Probekörper gemäß Tabelle 5-2 aus diesen beiden Werkzeugwerkstoffen wird anhand der Werte v_z=25 und 300 mm/s evaluiert (vgl. Abbildung 5-26). Die tribologische Belastung führt zu einer geringen oder näherungsweise gleichbleibenden Oberflächenrauheit der Versuchsbleche.

Eine Ausnahme ist der Kennwert Rt der Kombination UM PLA/v_z=300 mm/s, welcher auf eine Verunreinigung im System zurückzuführen sein kann. Die Standardabweichung dieser Messreihe ist im Vgl. mit anderen Messreihen hoch. Die Blechoberflächenqualität wird durch den Einsatz von Kohlenstofffasern nicht negativ beeinflusst, da die Rauheit selbst bei hohen Ziehgeschwindigkeiten geringer ist als vor dem Versuch. Weiterhin wird die Blechoberflächenqualität durch die UM PLA-Probekörper ebenfalls nicht negativ beeinflusst. Um Reibverluste im Prozess zu verringern, werden analog zu Kapitel 5.2.1 Ziehgeschwindigkeiten im Bereich von 75-100 mm/s empfohlen. Durch eine weitere Reduktion reduzieren sich Stick & Slip-Effekte und der Materialfluss wird zusätzlich stabilisiert [UETZ85, S. 119].

Wird die Flächenpressung von p=30 MPa auf die höchste untersuchte Flächenpressung p=75 MPa erhöht, reduziert sich sowohl bei UM PLA als auch PA-CF der Mittenrauwert Ra der Bleche im Vgl. zur Referenzmessung (vgl. Abbildung 5-26).

Des Weiteren ist die maximale Rautiefe Rt des DC04 Blechstreifens infolge der Belastung gemäß Tabelle 5-3 durch PA-CF auffällig. Die Standardabweichung ist ebenfalls hoch. Wird die Oberflächentopographie der verschiedenen Blechwerkstoffe nach drei Hüben gemäß Tabelle 5-4 untersucht, weisen DC04 und DC01 geringe Änderungen der

Rauheitswerte auf (vgl. Anhang 9-15 links). Dahingegen zeigen die Kombinationen UM PLA mit CR240BH und Al 1050A hohe Änderungen der Rauheitswerte in Relation zur Ausgangsmessung (vgl. Anhang 9-15 rechts). Zur Charakterisierung der Topographie des Aluminiums werden in Anhang 9-16 fotografische sowie lichtmikroskopische Aufnahmen vor und nach dem Versuch dargestellt.

Die tribologische Belastung des weichen Aluminiums führt zu einer deutlichen Änderung der Oberflächenstruktur. Die anfangs vertikal ausgerichteten Riefen des unbelasteten Blechs, die auf den Walzprozess zurückzuführen sind, sind nach der Belastung schwach bzw. nicht mehr erkennbar. Die tribologische Belastung führt zu Riefen in BZR. Bei dem durch UM PLA belasteten Blech sind wenige einzelne Riefen sichtbar, während das Erscheinungsbild des durch PA-CF belasteten Blechs durch viele kleine Riefen geprägt ist. Die glänzende Oberflächenstruktur des durch PA-CF belasteten Aluminiumblechs ist bereits nach dem ersten Hub sichtbar und nimmt bei ansteigender Hubanzahl zu. Im Vgl. dazu führt der erste Hub mit dem UM PLA-Probekörper zu keinen sichtbaren Oberflächendefekten bzw. -beschädigungen. Des Weiteren werden bei den durchgeführten Streifenziehversuchen mit UM PLA und PA-CF nur geringe Topographiefehler festgestellt. Durch die deutlich geringere Härte und Steifigkeit der untersuchten Polymerwerkstoffe im Vgl. zu konventionellen Werkzeugwerkstoffen werden weniger sogenannte Unruhen in der Bauteiloberfläche verursacht. Das Auftreten von Abrieb und Riefen wird ebenfalls reduziert [BIRK13, S. 242–253]. Bei Unruhen handelt es sich um kleine, schwer messbare fehlerhafte Bereiche der Blechoberfläche, welche nur in bestimmten Blickwinkeln und Lichtverhältnissen bzw. mit lichtmikroskopischen Aufnahmen feststellbar sind [BIRK13, S. 87]. Solche Unruhen sowie Druckstellen werden mittels Polymeren aufgrund mechanischer Kenngrößen nur selten auf Karosserie-Feinblechen hervorgerufen. Auf sogenannten Class-A-Oberflächen werden sämtliche Oberflächenfehler und Unruhen nicht toleriert [BIRK13, S. 87]. Folglich ist der Einsatz kunststoffbasierter additiv gefertigter Werkzeugeinsätze in Umformwerkzeugen für Karosseriebauteile im Sichtbereich zu empfehlen. Lediglich die Oberflächenqualität von mittels PA-CF belasteten Aluminiumblechen ist unzureichend.

5.4 Mechanische Eigenschaften

Die Wirtschaftlichkeit und Standzeit des Werkzeugsystems ist maßgeblich durch die Wahl des Werkzeugwerkstoffs sowie Paarung mit dem entsprechenden Bauteilwerkstoff geprägt [BURG21, S. 281]. FFF ist im konventionellen Fall auf thermoplastische Polymere mit geringer Festigkeit beschränkt. Um die Eignung dieser Werkstoffe für den Anwendungsfall des Tiefziehens zu bestätigen, ist eine Untersuchung der Festigkeitseigenschaften nötig [FROH22, S. 2]. Hierfür werden verschiedene für FFF nutzbare Werkstoffe in unterschiedlichen Konfigurationen untersucht.

Zur Optimierung der Werkzeugauslegung von für FFF geeigneten Thermoplasten hinsichtlich Druckfestigkeit wird im Folgenden der Zylinderstauchversuch gemäß DIN EN ISO 604 basierend auf Voruntersuchungen des Autors der vorliegenden wissenschaftlichen Arbeit durchgeführt [SCHU20, S. 4], [CEN03, S. 1–22]. Der Fokus liegt auf der Vorhersage des Werkzeugversagens der inneren Struktur von kunststoffbasierten additiv gefertigten Werkzeugeinsätzen. Bei diesem Versuch wird ein meist zylindrischer Polymer-Probekörper zwischen zwei Drucktellern entlang seiner Hauptachse mit konstanter Geschwindigkeit gestaucht, bis der Probekörper bricht oder die Last bzw. die Längenabnahme einen bestimmten Wert erreicht (vgl. Abbildung 5-27) [CEN03, S. 1–4], [ASTM15, S. 3–5]. Die vom Probekörper getragene Last wird während des Vorgangs gemessen. In einer ersten Versuchsstufe werden acht konventionelle Füllmuster in drei Abstufungen der Füllmusterdichte überprüft, um die Slicing Parameter aus Kapitel 4.2 für eine höhere Druckfestigkeit der Werkzeugeinsätze zu verbessern. Sämtliche Probekörper wurden dabei aus UM PLA auf einem UM S5 unter gleichartigen Bedingungen gefertigt. Die zweite Versuchsstufe vergleicht sieben Polymere, welche mittels der in Kapitel 4.2 vorgestellten Konfiguration der Slicing Parameter auf einem UM S5 gefertigt wurden. Getestet wurden sämtliche Probekörper auf der Material-Prüfmaschine AllroundLine Z250SN der Fa. ZwickRoell GmbH & Co. KG.

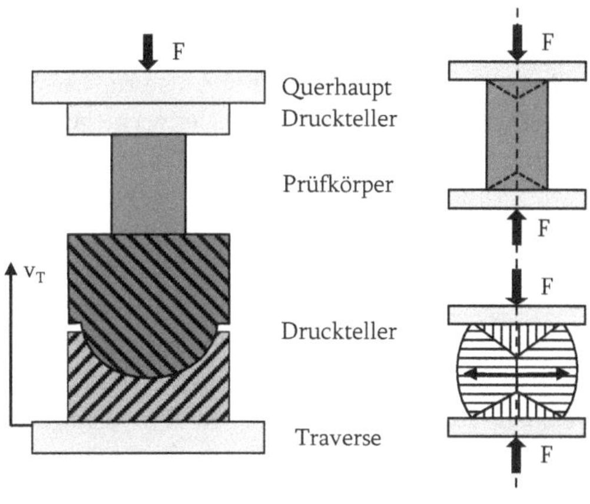

Abbildung 5-27: Aufbau des Zylinderstauchversuchs gemäß DIN EN ISO 604 [CEN03, S. 1–4]

AM ist eine verhältnismäßig neue Produktionstechnologie und lässt sich nicht in Gänze mittels konventionellen Normen untersuchen [CEN03, S. 1–4]. Damit ein signifikanter Teil der Probekörper ein ausgeprägtes Füllmuster enthält, wird ein Durchmesser von 20 mm gewählt (vgl. Abbildung 5-28). Da längere Probekörper eine Tendenz zum Abknicken bzw. Abgleiten der einzelnen Schichten zeigen, wird die Länge auf 40 mm beschränkt. Diese Gestaltung der Probekörper deckt sich mit in der Literatur genannten Werten von vergleichbaren Druckversuchen nach ASTM D695, bei welchen die Probenlänge in der Regel das Doppelte der -breite beträgt [PAST19, S. 2–4], [ASTM15, S. 3–5]. Diese Norm beschreibt das Standardprüfverfahren für Druckeigenschaften von formstabilen Kunststoffen, ohne den Einfluss von AM zu berücksichtigen.

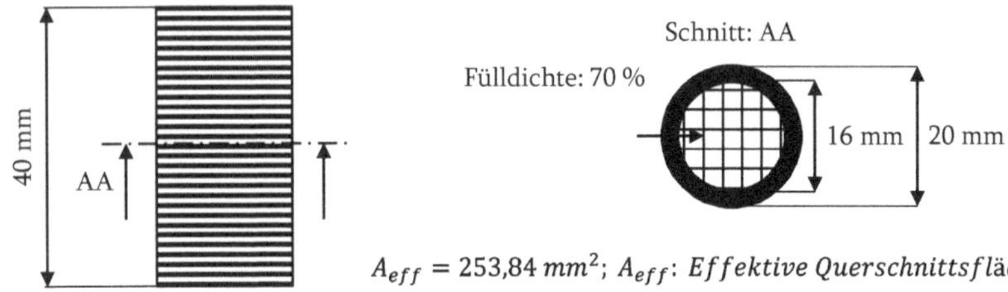

$A_{eff} = 253{,}84\ mm^2$; A_{eff}: *Effektive Querschnittsfläche*

FM_G: Füllmuster Gitter FM_W: Würfel FM_L: Linie

FM_O: Octet FM_VW: Viertelwürfel FM_D: Dreieck

FM_TH: Tri-Hexagon FM_GY: Gyroid

Abbildung 5-28: Probengeometrie für den Druckversuch

Infolge der Untersuchung der Scherbeanspruchung als primäre Werkzeugwerkstoffbeanspruchung des Tiefziehens in Form von Streifenziehversuchen (vgl. Kapitel 5.2), wird die Druckbeanspruchung anhand zylindrischer Probekörper bewertet. I.A.a. FROHN-SÖRENSEN ET AL. werden Druckversuche von FFF Probekörpern durchgeführt, welche ein Füllmuster aufweisen [FROH20, S. 8], [CEN03, S. 1–4]. Um Bauteile mit reduzierter Bereitstellungszeit zu realisieren und die Materialeffizienz zu erhöhen, ist die Anpassung der Fülldichte ein wichtiger Stellhebel. Die Festigkeitseigenschaften eines FFF Bauteils sind durch Auswahl eines Füllmusters und der Fülldichte in einem definierten Bereich einstellbar [FROH22, S. 8f.]. FROHN-SÖRENSEN ET AL. führen dazu umfangreiche Biege- und Druckversuche sowie Umformversuche von verschiedenen AM Parameter Konfigurationen in diversen AM Werkstoffen unter Beteiligung des Autors der vorliegenden wissenschaftlichen Arbeit durch [FROH22, S. 7–16]. Die maximale Druckfestigkeit ist anhand der Druckfließspannung von Probekörpern aus UM PLA unter Variation der Fülldichte und des Füllmusters des Weiteren in Anhang 9-13 dargestellt. Bei der Vorauswahl der Füllmuster (vgl. Kapitel 4.2; Abbildung 4-2) werden jene acht fokussiert, welche seitens des Herstellers mit einer Eignung gegenüber unidirektionalen Belastungen ausgewiesen wurden. Zur Reduktion des Versuchsumfangs werden lediglich drei Abstufungen der Fülldichte betrachtet, welche auf der Abszisse in Anhang 9-13 aufgetragen sind.

Die drei Füllmuster mit einem für Druckbeanspruchung steifen Schichtaufbau FM_G, FM_D und FM_TH (vgl. Legende in Abbildung 5-28) weisen gemäß Anhang 9-13 über die drei Fülldichten hinweg die höchste Druckfestigkeit auf. Der höchste Wert ist bei 80 % Fülldichte sowohl bei FM_D als auch FM_TH mit 65,4 MPa feststellbar. Ein Referenz-Probekörper aus Vollmaterial hat eine Druckfestigkeit von 85,6 MPa. Daher würden beim Überschreiten einer Füllmusterdichte von 80 % die Festigkeitswerte aller Füllmuster zu diesem Wert konvergieren. Der Performancenachlass eines verringerten Materialeinsatzes von 20 % bringt einen Festigkeitsverlust von 23,6 % mit sich. Somit sind die Festigkeitseigenschaften additiv gefertigter Probekörper definiert einstellbar. Eine Anpassung der Füllmusterdichte hin zu niedrigeren Werten ist damit je nach Anwendungsfall möglich. Die Eigenschaft einer angepassten Bauteilfüllung sollte daher mit dem Ziel einer geringen Bereitstellungszeit und hohen Materialeffizienz ausgenutzt werden. Im Folgenden wird FM_D betrachtet, welches bei vergleichbaren Untersuchungen in der Literatur u.a. aufgrund eines guten Schichtverbundes bessere Werte hinsichtlich Druckfestigkeit als FM_TH aufweist [ALOY20, S. 5–8].

Untersuchungen mechanischer Kenngrößen von Kunststoffen können in Spannungs-Dehnungs- bzw. Spannungs-Stauchungs-Diagrammen dargestellt werden. Diese dienen der Charakterisierung des Werkstoffs hinsichtlich Festigkeit, Elastizität und Plastizität. Auf der Ordinate wird die technische Spannung abgebildet, die sich auf den Ausgangsquerschnitt A_0 des Probekörpers bezieht. Anteile der reversiblen Verformung werden im elastischen Bereich abgebildet, welcher ab einer bestimmten Stauchung ε_e bzw. Druckspannung σ_e in den plastischen Bereich übergeht (vgl. Anhang 9-14) [CEN03, S. 4]. Im elastischen Bereich kann der Elastizitätsmodul $E_c=\Delta\sigma/\Delta\varepsilon$ bestimmt werden. Dieser beschreibt, welche Druckänderung eine definierte Volumenänderung hervorruft. Im plastischen Bereich findet der belastete Probekörper aufgrund teilweise irreversibler und elastischer Verformung nicht in seine Ausgangsform zurück. Weisen die untersuchten Werkstoffe ein Maximum der Druckfließspannung σ_y bei einer bestimmten Fließstauchung ε_y auf, ist die Höhe dieses Wertes ein wesentliches Kriterium zur Bewertung der Druckfestigkeit. Ist jedoch keine Druckfließspannung erkennbar, wird ein Ersatzkennwert ermittelt, welcher der Druckspannung σ_s bei einer 5%igen Stauchung entspricht [FROH20, S. 8]. Der Bruch eines Probekörpers, welcher im Folgenden nicht weiter betrachtet wird, wird durch die Kenngrößen Stauchung bzw. Druckspannung bei Bruch ε_b bzw. σ_b bestimmt. [CEN03, S. 1–4]

Im Folgenden werden Probekörper aus sieben konventionellen und technischen Polymeren anhand des Druckversuchs, der Darstellung der Spannungs-Stauchungs-Kurve sowie des Elastizitätsmoduls und der Druckfließspannung charakterisiert. Die Probekörper werden dabei mittels der in Tabelle 4-1 ermittelten Slicing Parameter gefertigt. Eine flache, nahezu linear ansteigende Kurve ist charakteristisch für einen duktilen Kunststoff (z.B. Polyethylene), während ein steiler, anschließend degressiver Verlauf

auf ein sprödes Werkstoffverhalten hinweist (beispielsweise Epoxidharz). Neben unterschiedlichen PLA-Werkstoffen werden PC sowie PA als konventionelle Filamente mit guten Festigkeits- und Reibungseigenschaften untersucht. Zwei kohlenstofffaserverstärkte Filamente auf PA- und PET-Basis werden aufgrund der festigkeitssteigernden Eigenschaften getestet. Bei diesen wird eine verschleißfeste Extrusionsdüse genutzt, was zu einer erhöhten Schichtdicke von 0,3 mm führt. Des Weiteren werden die Drucktemperatur sowie die Temperatur der Druckplatte gemäß Herstellerangaben angepasst, um eine optimale Schichtbindung sicherzustellen.

Dabei zeigt PA-CF die höchste Druckfestigkeit ohne ausgeprägtes Druckfließspannungsmaximum (vgl. Abbildung 5-29). Bei der Fertigung zeigt es hingegen eine geringe Prozessstabilität und ist mit einem Vierfachen des Preises von UM PLA kostenintensiv in der Anschaffung. Zudem erfordert das Material durch eine hydrophile Neigung sowie den Kohlenstofffaseranteil eine aufwendige Lagerung, um einer Beeinträchtigung der Festigkeitseigenschaften entgegenzuwirken.

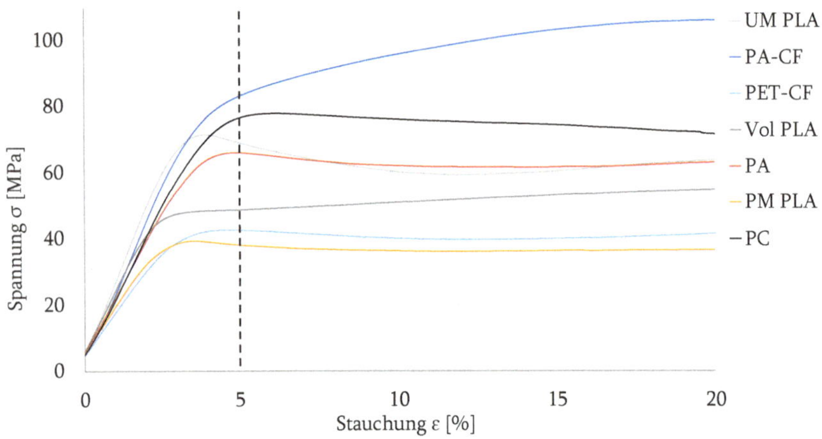

UM PLA: Ultimaker PLA PA-CF: Fiberthree PA-CF Pro PET-CF: Fillamentum CPE CF112

Vol PLA: Formfutura Volcano PLA PA: Ultimaker Nylon PM PLA: Polymaker PolyMax™ PLA

PC: Ultimaker Polycarbonat

Abbildung 5-29: Spannungs-Stauchungs-Diagramm verschiedener Werkzeugwerkstoffe

Eine ebenfalls hohe Druckfestigkeit zeigt PC mit einem gleichzeitig geringen Elastizitätsmodul im Vgl. zu UM PLA (vgl. Legende in Abbildung 5-29). UM PLA zeigt ein eindeutiges Maximum der Druckfließspannung. PA erreicht hingegen weder die Druckfestigkeit noch Steifigkeit von UM PLA. Probekörper aus den Werkstoffen Vol

PLA, PM PLA sowie PET-CF zeigen deutlich schlechtere mechanische Kenngrößen als die zuvor genannten Werkstoffe (vgl. Abbildung 5-30). Folglich sind diese nicht für den Einsatz als Werkzeugwerkstoff zu empfehlen. Hervorzuheben sind dabei die Werte der drei PLA-Werkstoffe, welche deutlich voneinander abweichen.

Werkzeug-Werkstoff	PA-CF	PET-CF	PA	UM PLA	Vol PLA	PM PLA	PC	ABS	PEI	Al 6082
Hauptgruppe	faserverstärkt		teilkristallin				amorph			Erdmetall
E_c [MPa]	2.125,8	1.232,3	1.719,7	2.224,6	1.815,1	1.399,5	1.785,2	-	-	70.000,0
σ_y [MPa]	-	42,6	66,0	71,4	-	39,3	78,0	-	-	-
σ_s [MPa]	83,2	-	-	-	48,7	-	-	-	-	-
μ_m	0,055	0,062	0,091	0,086	-	-	0,132	0,112	0,117	0,065
Verschleiß	gering	gering	medium	gering	-	-	hoch	hoch	hoch	gering
Massen-änderung [g]	+0,02	-0,01	+0,07	-0,03	-	-	-0,13	0,10	-0,07	-0,02
Ra (DC04) belastet [µm]	0,94	1,02	1,03	0,86	-	-	0,93	0,94	1,05	0,99
Ra (Werkzeug) unbelastet [µm]	7,24	3,49	8,12	11,82	-	-	4,71	6,98	4,89	1,30
Ra (Werkzeug) belastet [µm]	1,04	1,25	5,44	3,09	-	-	0,50	0,72	0,28	0,74

Abbildung 5-30: Verwendete und ausgewählte Werkzeugwerkstoffe

UM PLA besitzt den höchsten Elastizitätsmodul sowie eine hohe Druckfließspannung, was einer hohen Druckfestigkeit entspricht. PC weist eine höhere Druckfestigkeit auf, jedoch einen deutlich geringeren Elastizitätsmodul (vgl. Abbildung 5-30). Aufgrund der daraus resultierenden geringeren Steifigkeit wird UM PLA bevorzugt. PA-CF ist dahingegen in Bezug auf die Druckfestigkeit performanter als UM PLA. Aufgrund höherer Kosten, Problemen bei der Verarbeitbarkeit durch die Anlagentechnik sowie eine instabile Fertigung von PA-CF wird UM PLA bevorzugt. Des Weiteren haben Messungen bei Tiefziehversuchen von kleinen Bauteilen (vgl. Kapitel 7) und simplen RG (vgl. Kapitel 6.3) Werkzeugbelastungen ergeben, welche geringer sind als die ermittelten Druckfestigkeiten. UM PLA erfüllt dieses Kriterium mit einer Druckfestigkeit von σ_y=71,4 MPa und weist den höchsten Elastizitätsmodul von E_c=2.224,6 MPa auf. Diese Kenngrößen sowie der Verlauf der Spannungs-Stauchungs-Diagramme werden des Weiteren für eine anwendungsspezifische Konfiguration simulativer Ansätze (vgl. Kapitel 6.4). benötigt.

Folglich eignet sich UM PLA für den Einsatz als Werkstoff für Umformwerkzeuge für Feinbleche, da hierfür ein für Polymere ausreichend niedriger Prozessdruck eingesetzt wird. Geringe Bereitstellungskosten und eine reduzierte Bereitstellungszeit aufgrund niedriger Schmelztemperatur relativieren die im Vgl. zu beispielsweise Aluminium um rund 2/3 geringere Steifigkeit. [HÖLK17] Eine Serienproduktion von beispielsweise 200 Bauteilen ist dabei aufgrund des erhöhten Verschleißes sowie eingeschränkter Maßhaltigkeit nur bedingt möglich. Eine gleichmäßige Verteilung der Druckbeanspruchung ist dagegen ein Vorteil der geringen Steifigkeit und Festigkeit. Dadurch werden Spannungsspitzen wie beispielsweise an der Ziehkante oder am Stempelradius verhindert. Gemäß RAAB sind dadurch um etwa 10 % höhere Ziehverhältnisse möglich. [RAAB03, S. 9] Werden Filamente oder AM Bauteile allerdings unter atmosphärischen Bedingungen gelagert, existiert ein materialabhängiger Einfluss der mechanischen Kenngrößen. Aufgrund hygroskopischer Eigenschaften von Thermoplasten zeigen sich leicht erhöhte dehnungsbezogene mechanische Kenngrößen und eine reduzierte elastische Steifigkeit [FROH20, S. 8]. Mithilfe eines Shore-Härte Durometers der Fa. SAUTER wird des Weiteren eine Härte der Probekörper aus UM PLA sowie PA-CF von 89 Shore D gemessen.

Die Bauteilqualität und -maßhaltigkeit von Blechteilen und -baugruppen ist neben Reibungs-, Verschleiß- sowie mechanischen Kenngrößen ein wichtiges Kriterium für das Werkzeugsystem [BURG21, S. 281]. BIRKERT ET AL. unterscheiden diesbzgl. zwischen Maß- und Formqualität, Oberflächenqualität sowie Festigkeits- und Steifigkeitseigenschaften der Blechteile [BIRK13, S. 53]. Festigkeits- und Steifigkeitseigenschaften metallischer Werkstoffe sind nicht Bestandteil dieser wissenschaftlichen Untersuchung. Wesentliche Kennzahlen der verwendeten Blechwerkstoffe sind in Abbildung 5-31 dargestellt. Die Bauteilqualität wird im Folgenden zum einen anhand der Bauteilmaßhaltigkeit und zum anderen der Bauteiloberfläche in Kapitel 6.3 bewertet.

Die Anforderungen hinsichtlich Maß- und Formqualität unterscheiden sich bei Struktur- und Außenhautteilen. Während bei Strukturteilen die Maßhaltigkeit von definierten Fügeflächen im Vordergrund steht, wird bei Außenhautteilen die Optik priorisiert [BIRK13, S. 54]. Diese Anforderungen sind wesentlich für die Auslegung von Werkzeugsystemen. Crashrelevante Strukturteile weisen des Weiteren besonders hohe Anforderungen an Maß- und Formqualität auf [WALT07, S. 3]. Im Presswerk bzw. im Karosseriebau sind Einzelbauteil-Toleranzen von +/-0,5 mm üblich [KÄST16, S. 142], [BOHN98, S. 1]. KLUGE bestätigt diesen Richtwert für die Kriterien Spaltmaß und Parallelität [KLUG20, S. 243]. In der industriellen Praxis spielt hingegen das visuelle Gesamterscheinungsbild der Karosseriebauteile eine bedeutendere Rolle als die bloße Einhaltung von Toleranzen. Bei sichtbaren Tiefziehbauteilen gilt der Grundsatz „Optik vor Toleranzeinhaltung“ [BIRK13, S. 88]. Für Flächen von Strukturteilen ohne weitere Funktion oder Freiformflächen und Sichtteile der Außenhaut geben BIRKERT ET AL. ebenfalls Maß- und Formtoleranzen von +/-0,5 bis 1 mm an [BIRK13, S. 61]. Im Folgenden gilt deswegen als Grenze für maßhaltige Bauteile +/-1 mm, da die Ansätze aus Kapitel 3 geringere Anforderungen zulassen als solche in Serienproduktionen.

Im Rahmen von Vorversuchen des Autors der vorliegenden wissenschaftlichen Arbeit zeigt ein modifizierter ERICHSEN Tiefungsversuch, dass additiv gefertigte Probekörper aus UM PLA eine ausreichende Stabilität aufweisen, um konventionelle Feinbleche maßhaltig umzuformen [SCHU20, S. 3]. Ursprünglich wird dieser zerstörende Versuchsaufbau zur Eignungsprüfung von Fein- und Feinstblechen zum Tiefziehen eingesetzt [JASI19, S. 1233], [DIN14, S. 1–12]. Die Umformbarkeit von Blechwerkstoffen wird anhand des Vergleichs der Dehnungsfähigkeit des Blechwerkstoffs mit dem Ausbeulvorgang bewertet. Die Versuche mit verschiedenen Blechwerkstoffen zeigen, dass mittels Probekörpern aus UM PLA vergleichbare Ziehtiefen erreichbar sind wie mit normierten Stahlkugeln. Mit DC01 vergleichbare Blechwerkstoffe erreichen Höhen der ausgebeulten Geometrie zwischen 9,23 und 11,1 mm [JASI19, S. 1237], [KOCA16, S. 215], [BART17, S. 1387].

Zur genaueren Bewertung der Bauteilmaßhaltigkeit von mittels kunststoffbasierten additiv gefertigten Werkzeugeinsätzen umgeformten Feinblechen werden in Kapitel 6.3 Analogieversuche durchgeführt, welche ausgehend von der simplen Kugelform komplexere Sickengeometrien untersuchen. Dies findet insbesondere anhand der detaillierten Untersuchung der maßhaltigen Anformung ausgewählter fahrzeugtypischer Feinblechgeometrien statt. Darauffolgend wird die Maß- und Formqualität anhand von diversen Demonstratoren in Kapitel 7 validiert. Dort werden umfangreiche optische Messreihen von Bauteil und Werkzeug als Hauptkriterium genutzt, um zu beurteilen, ob die Toleranzanforderungen von +/-0,5-1 mm mittels Werkzeugeinsätzen aus UM PLA eingehalten werden können.

Blech-Werkstoff	DC01	DC04	CR240BH	Al 5754	Al 1050A	V2A (1.4301)
Dicke [mm]	1	0,7 / 1	1	1	1	0,5
Beschichtung	unbeschichtet	unbeschichtet	feuerverzinkt	unbeschichtet	unbeschichtet	unbeschichtet
Streckgrenze R_e [MPa]	≤280	≤210	≤320	≤130	≤85	≤190
Zugfestigkeit R_m [MPa]	270-410	270-350	340-440	190-270	65-145	500-700
Bruchdehnung A [%]	≥28	≥38	≥28	≥12	≥6	≥45
Ra unbelastet [µm]	0,79	1,04	1,23	-	0,17	-
Ra durch PLA belastet [µm]	0,75	0,85	1,26	-	0,21	-

Abbildung 5-31: Verwendete Blechwerkstoffe

6 Ordnungsrahmen für additiv gefertigte Werkzeugeinsätze

Die Detaillierung des Ordnungsrahmens beinhaltet neben einer experimentellen Quantifizierung der Prozessgrenzen von kunststoffbasierten additiv gefertigten Werkzeugeinsätzen hinsichtlich diverser fahrzeugtypischer Feinblechgeometrien die Beschreibung eines simulativen Ansatzes. Die Ergebnisse der Analogieversuche der Umformung dieser fahrzeugtypischen Feinblechgeometrien werden durch eine Zahlentafel sowie deren Interpretation in Kapitel 6.5 zusammengefasst. Mithilfe dessen können in Kapitel 6.6 Gestaltungsempfehlungen für fahrzeugtypische Feinblechgeometrien abgeleitet werden.

6.1 Definition und Vorgehensweise des Ordnungsrahmens

Durch einen Ordnungsrahmen werden Systemkomponenten in einer Reihenfolge oder allgemeinen Ordnung dargestellt. Häufiger anzutreffen als der Ordnungsrahmen ist der entsprechende englische Begriff „Framework" (deutsch: Rahmenwerk). Durch u.a. Schnittstellen und Grenzen wird gemäß MEISE eine Struktur vorgegeben, welche vier wesentliche Eigenschaften erfüllt. Ein Ordnungsrahmen beinhaltet relevante Elemente sowie deren Korrelationen und bietet sowohl eine Ordnung als auch einen Überblick über diese. Des Weiteren haben Ordnungsrahmen eine definierte Strukturweise und zeichnen sich durch eine hohe Abstraktionsebene aus. [MEIS01, S. 61f.], [MÜLL10, S. 111–145] Oft sind Ordnungsrahmen im organisatorischen Kontext zu finden, um administrative, organisatorische oder strategische Methoden sowie Prozesse zu strukturieren. Ein Beispiel hierfür ist der Ordnungsrahmen Technologiemanagement gemäß SCHUH [SCHU11, S. 13], [SCHU17, S. 308], [SCHU18, S. 1–22]. Aufgrund hoher Komplexität des impliziten organisationalen Wissenstransfers werden Ordnungsrahmen zur Organisation dieses angewandt [HOFF09, S. 120–174]. Dahingegen werden im Kontext der Produktionstechnik Rahmenwerke sowohl für die interdisziplinare Schnittstelle zwischen Produktion bzw. Entwicklung und Management als auch für die fokussierte Darstellung komplexer Versuchsprogramme genutzt [ROSC18, S. 91–103], [KÖNI76, S. 641–646]. So stellt OPITZ die Ergebnisse zu Versuchen über die Zerspanbarkeit verschiedener Automatenstähle in einem Ordnungsrahmen dar [KLEK49, S. 32–37].

Im Kontext dieser wissenschaftlichen Arbeit werden analog dazu Einflussfaktoren variiert und in Form einer Zahlentafel dargestellt. Die Durchführung des Versuchsprogramms gemäß Abbildung 5-1 findet dabei unter praxisüblichen Rahmenbedingungen statt. Gemäß der Definition von MEISE werden Werkstoffe unter Variation dieser Einflussfaktoren hinsichtlich ihrer Eignung als Werkzeugwerkstoff für Umformwerkzeuge untersucht [MEIS01, S. 61f.]. Anhand der ermittelten Werte können konkrete Prozessgrenzen bestimmt werden. Der Ordnungsrahmen dient somit insbesondere der Strukturierung dieser Prozessgrenzen basierend auf Messwerten aus durchgeführten Experimenten und der wissenschaftlichen Literatur [BURG20, S. 142438]. [WALL30, S. 251–260]

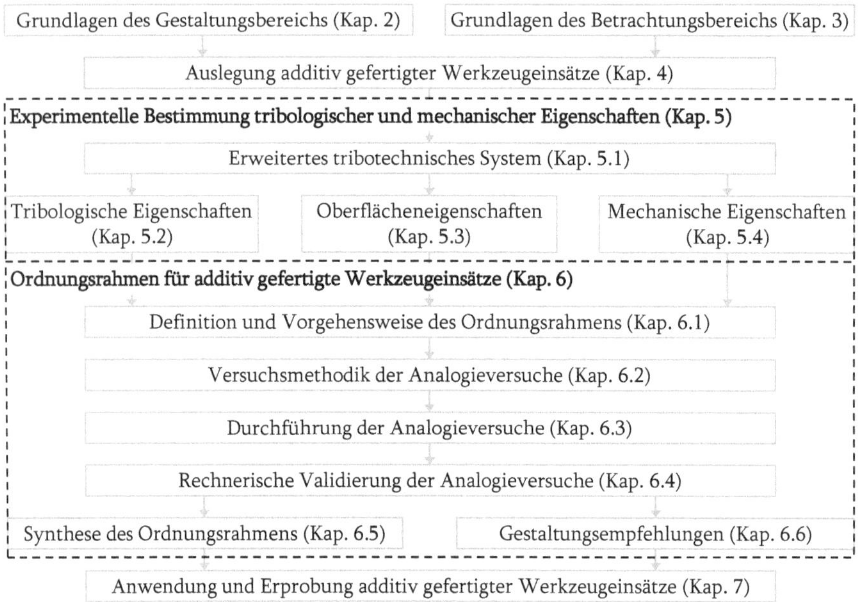

Abbildung 6-1: Zusammenhangsdarstellung durchgeführter Analysen und Versuche

Experimentelle Untersuchungen zur Bestimmung tribologischer und mechanischer Eigenschaften in Kapitel 5 dienen der Einschränkung von Prozessgrenzen, welche für die Begrenzung der Analogieversuche in Kapitel 6.3 sowie der Synthese des Ordnungsrahmens in Kapitel 6.5 benötigt werden (vgl. Abbildung 6-1). Als rechnerische Validierung der Analogieversuche findet eine Einführung in die Simulation (vgl. Kapitel 6.4) kunststoffbasierter additiv gefertigter Werkzeugeinsätze mit elastisch-plastischem Deformationsverhalten statt.

6.2 Versuchsmethodik der Analogieversuche

Für die folgenden experimentellen und simulativen Untersuchungen werden die bedeutendsten konventionellen Sickengestaltungen als Referenzgeometrien (RG) ausgewählt. Die Halbrundsicke weist eine simple und gleichmäßige Werkstoffverteilung auf (vgl. Kapitel 2.2). Trapezsicken werden oft zur Funktionsintegration als beispielsweise Fügeflansch genutzt. Eine Variation der wesentlichen geometrischen Größen ermöglicht dabei eine genaue Bestimmung der geometrieabhängigen Prozessgrenzen [GRÖB19, S. 46f.]. Um die Einflüsse der Größen unabhängig voneinander betrachten zu können, werden diese abstrahiert und systematisch variiert. So kann eine getrennte Untersuchung der einzelnen Bestandteile der Größen auf das Ergebnis des Umformprozesses stattfinden [GRÖB19, S. 46]. Die funktionalen Aspekte der beiden grundsätzlichen RG orientieren sich an industriell relevanten Bauteilen (beispielsweise konventionelle Ziehtiefen von Sicken) und prospektiven Praxisanwendungen [GRÖB19, S. 45]. Die Abstraktion findet dabei gemäß der in Kapitel 2.2.1 definierten geometrischen Größen statt (vgl. Abbildung 2-4). Die Auswahl der Größen Sickenhöhe/Ziehtiefe h, Sickenbreite b, Fuß-/Kopfradius r_c, Flankenwinkel α sowie Sickenradius r basiert auf den geometrischen Basisformen Halbkreis und Trapez sowie deren Funktionselementen [GRÖB19, S. 46]. Eine systematische Variation ist notwendig, um ohne eine zusätzliche Sensitivitätsanalyse Korrelationen zwischen den variierten Größen abzuleiten. Diese Variation führt zu einer Versuchsmethodik i.A.a. eine teilfaktorielle Versuchsplanung gemäß SIEBERTZ ET AL. [SIEB17, S. 28–31]. Um eine zu hohe Anzahl an potentiellen Faktoren und somit einen großen Versuchsumfang zu vermeiden, werden Charakteristika des Anwendungsfalls wie beispielsweise konventionelle Sickenbreiten miteinbezogen [SIEB17, S. 28]. Dabei werden geschlossene Sicken untersucht, welche auf einer Fläche von 70 x 70 mm den Bereich des Sickenauslaufs sowie den Niederhalterbereich abbilden können. Gemäß Tabelle 6-1 und Tabelle 6-2 wird zunächst die Sickenbreite b in den Abstufungen 10, 15 und 20 mm variiert. Die zweite Größe, welche maßgeblich das anzuformende Volumen der RG bestimmt, ist die Sickenhöhe h. Die in Abbildung 6-2 eingeordneten RG ergeben sich aus vorangestellten Simulationen mittels AutoForm Forming sowie Ansys Mechanical. AutoForm Forming ist eine in der industriellen Praxis weit verbreitete Softwarelösung zur Verbesserung von Blechumformungsprozessen. Mittels Ansys Mechanical Structural FEA (Finite-Elemente-Analyse) können komplexe implizite und explizite Strukturanalysen durch die FEM durchgeführt werden. Um eine maximal mögliche Ziehtiefe abhängig von der Sickenbreite ermitteln zu können, werden exemplarische Sicken in 1 mm DC04 Blech durch UM PLA als Vollmaterial angeformt, bis diese eine Formabweichung >1 mm aufweisen. Somit werden die resultierenden Ziehtiefen genutzt, um die spezifischen Ziehtiefen in Tabelle 6-1 und Tabelle 6-2 festzulegen (vgl. Abbildung 6-2). Der Sickenradius r ergibt sich entsprechend Abbildung 2-4 aus der Sickenbreite und -höhe. In Abbildung 6-2 sind die RG hinsichtlich

Form des Querschnitts, Höhe und Breite eingeordnet. Es ist davon auszugehen, dass RG mit einer großen Höhe und kleinen Breite größere Beanspruchungen durch das umzuformende Blech auf den Werkzeugwerkstoff hervorrufen. Dabei steht ein funktionsorientiertes Design der Werkzeugeinsätze bei Variation der geometrischen Größen im Vordergrund [BOOS21, S. 32f.].

	[mm]	b=10	b=15	b=20
Halbrundsicke 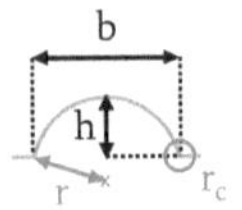	3≤h<5	RG 1, 4*	RG 2	-
	5≤h<7	RG 7, 10*	RG 5*	RG 3
	7≤h≤10	-	RG 8, 11*	RG 6*, 9, 12*
Trapezsicke 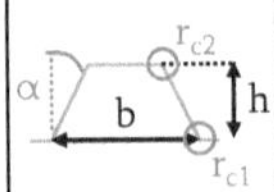	3≤h<4	RG 13*	-	-
	4≤h<5	-	RG 14*	RG 15*
	5≤h≤7	RG 16	RG 17, 19*, 20*, 21*	RG 18

RG mit r_{ci}=2 mm sind mit * gekennzeichnet; sonst r_{ci}=1 mm

Abbildung 6-2: Einordnung ausgewählter RG hinsichtlich Höhe und Breite

Die Länge der angeformten Sicken beträgt 46 mm, wobei der Sickenauslauf enthalten ist. Die angegebenen Radien sowie der Flankenwinkel beeinflussen den Blechmaterialfluss und somit die Belastung der Werkzeuggeometrie.

Tabelle 6-1: Parametrisierung Referenzgeometrien Halbrundsicken

RG	b [mm]	h [mm]	r [mm]	r_c [mm]
1	10	3,5	5,32	1
2	15	4,5	8,5	1
3	20	5,1	12,355	1
4	10	4,3	5,055	2
5	15	6,5	7,575	2
6	20	8,1	10,225	2
7	10	5	5	1
8	15	7,11	7,51	1
9	20	8,7	10,095	1
10	10	5	5	2
11	15	7,5	7,5	2
12	20	10	10	2

Tabelle 6-2: Parametrisierung Referenzgeometrien Trapezsicken

RG	b [mm]	h [mm]	r_{c1} [mm]	r_{c2} [mm]	α [°]
13	10	3,4	2	2	30
14	15	4	2	2	30
15	20	4,5	2	2	30
16	10	5	1	1	30
17	15	6	1	1	30
18	20	7	1	1	30
19	15	5	2	2	20
20	15	5	2	2	30
21	15	5	2	2	45

Somit ist die Anforderung erfüllt, dass die Grundgeometrie durch eine reduzierte Zahl klar getrennter Größen beschrieben werden kann [GRÖB19, S. 46]. Die Auswahl der Größenausprägungen beruht dabei gemäß auftretenden Belastungen sowie der Erfahrung aus Vorversuchen. Beispielsweise sorgen schräge Flanken für einen beherrschbaren und stabilen Produktionsprozess und resultieren in einer geringen Werkzeugbelastung [REIT13, S. 43].

Werden die RG vollständig angeformt, d.h. beide Werkzeughälften passen formgenau ineinander, haben sich in Vorversuchen bei der Umformung von 1 mm DC04 Blech maximale Spannungen auf der Stempeloberfläche von 47,89 MPa ergeben (vgl. Abbildung 6-3). Dazu wurde die durch die Kraftmessdose ermittelte maximale Presskraft von 77,415 kN bei der Umformung von RG 15 und 18 mittels der belasteten Fläche von 1.616,51 mm² in die resultierende Oberflächenspannung übersetzt.

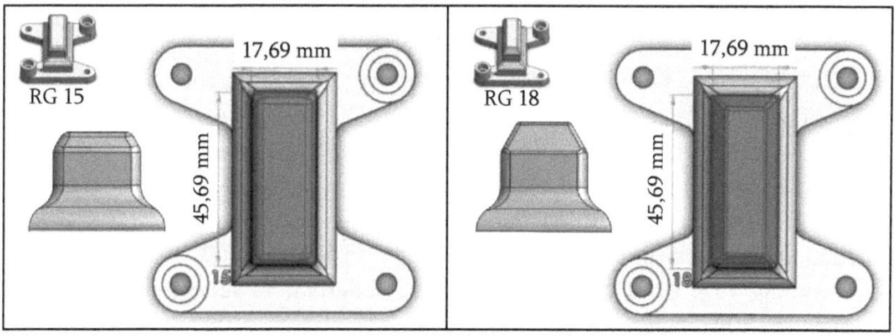

Abbildung 6-3: Beanspruchte Bereiche der trapezförmigen RG 15 und 18

Darüber hinaus sind beispielsweise sehr hohe Wandsteigungen von der Parametrisierung ausgeschlossen, da diese aufgrund hoher lokaler Spannungsverhältnisse zu einer hohen Ausdünnung sowie Rissen im Blech führen (vgl. RG 19-21 in Tabelle 6-2) [TALE12]. Die vorgenommene Parametrisierung stellt die Grundlage für die Synthese des Ordnungsrahmens zur Bestimmung erster Prozessgrenzen dar. Mithilfe der 21 RG werden die Analogieversuche in zwei verschiedenen Blechwerkstoffen strukturiert. Des Weiteren wird der Versuchsaufbau für die Kapitel 6.3 sowie 6.5 auf eine endliche beherrschbare Menge an Umformversuchen beschränkt.

6.3 Durchführung der Analogieversuche

Die Bestätigung der prinzipiellen Eignung von Werkzeugwerkstoffen findet im Folgenden durch detaillierte Analogieversuche statt, welche eine separate Analyse der Einflüsse insbesondere geometrischer Art ermöglichen (vgl. Abbildung 6-2) [DUKW20, S. 51f.]. Grundlegend dafür ist die Vorgehensweise von Analogieversuchen gemäß GRÖBEL sowie die Definition der Versuchsmethodik anhand von RG in Kapitel 6.2 [GRÖB19, S. 45]. Dazu folgt eine Beschreibung und Analyse der ermittelten Messdaten der Einführung in den Versuchsaufbau und -durchführung. Die Prozessgrenzen werden mittels der in Kapitel 6.2 vorgestellten Versuchsmethodik mit RG in den Blechwerkstoffen DC04 (unlegierter unbeschichteter Qualitätsstahl) und Al 5754 (Aluminiumlegierung der Serie 5.000) bestimmt (vgl. Kapitel 2.2 und 2.3.2) [DIN07, S. 1–16], [DIN06, S. 1–14]. Lagerungsabhängige Werkstoffveränderungen können vernachlässigt werden. Beide Blechwerkstoffe stammen aus einer Charge, welche wenige Wochen gelagert wurden. Die Analogieversuche werden innerhalb weniger Wochen durchgeführt.

Dabei werden Zusammenhänge der Umformung dieser Blechwerkstoffe mit Werkzeugeinsätzen aus FFF PLA sowie den RG ermittelt und Daten zum besseren Verständnis des Umformvorgangs erzeugt. Zudem wird der Nachweis über die Eignung des Einsatzes dieser Werkzeugkonfiguration mit standardisierten Schnittstellen und Säulengestellen für die Herstellung von Feinblechbauteilen erbracht. Zur Untersuchung der Übertragbarkeit auf weitere Werkstoffe wird der gesamte Versuchsumfang der 21 RG neben DC04 mit Al 5754 durchgeführt [DIN19, S. 1–38]. Die Analogieversuche werden auf der Lindenberg Hydraulikpresse und entsprechender Werkzeugkonfiguration (vgl. Kapitel 4.4) durchgeführt. Im Vgl. zu dem modularen Säulengestell (vgl. Kapitel 4.4) werden Anpassungen zur Optimierung der Handhabung und Versuchsdurchführung umgesetzt (vgl. Abbildung 4-6). Um Durchbiegungen des Niederhalters vorzubeugen, wird dieser mit zusätzlichen Streben verstärkt. Weitergehend wird die Führung optimiert, sodass die Federelemente lediglich entspannt und zur Bauteilentnahme nicht vollständig von der Grundplatte abgeschraubt werden müssen. Die optische Vermessung wird analog zu Kapitel 5 durchgeführt. Die Erkenntnisse der theoretischen und experimentellen Voruntersuchungen werden in Kapitel 4 und 5 sowohl durch die Parametrisierung der RG als auch bei Konzeption und Durchführung der Analogieversuche berücksichtigt. Die Werkzeugeinsätze bestehen aus drei Elementen (vgl. Abbildung 6-4).

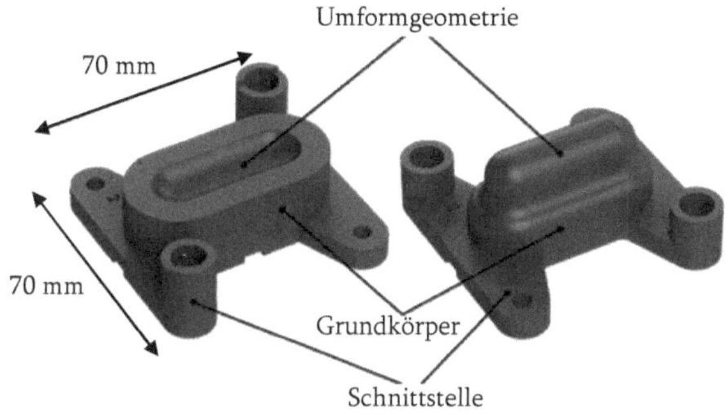

Abbildung 6-4: Aufbau der Werkzeugeinsätze

Die Schnittstelle dient der Befestigung am Säulengestell und positioniert die Blechzuschnitte (vgl. Kapitel 4.4). Der Grundkörper verbindet die Schnittstellen zum Säulengestell mit der Umformgeometrie. Die Werkzeugeinsätze haben Abmaße von 70 x 70 mm und die Umformgeometrie ist, je nach RG, für unterschiedliche Ziehtiefen ausgelegt (vgl. Kapitel 6.1).

Die Blechzuschnitte haben Abmaße von 99 x 60 mm und werden mittels einer 2D Laserschneidanlage TruLaser 5030 der Fa. Trumpf hergestellt. Sie werden durch zwei Nasen, welche an den Schnittstellen der Werkzeugeinsätze anliegen, an einer Verschiebung oder Verdrehung auf der Matrize des Werkzeugeinsatzes gehindert (vgl. Abbildung 6-5).

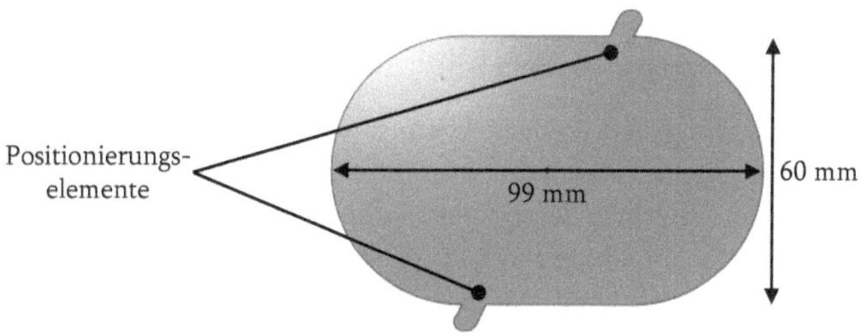

Abbildung 6-5: Draufsicht Blechzuschnitt

Die Geometrie des Blechzuschnitts wird nach vorangegangenen Untersuchungen aufgrund geringer Neigung zum Faltenwurf sowie hoher Positioniergenauigkeit ausgewählt. Für die Ausformung einer zentral angeordneten länglichen Sicke ergeben sich somit ein ausreichend großer Niederhalterbereich sowie Saum außerhalb des Niederhalters. So stellt der Blechzuschnitt ausreichend Material für den Niederhalterbereich bereit und ein Nachfließen des Blechs in den Umformbereich wird nicht behindert. Die Werkzeugeinsätze werden mittels der bekannten Slicing Parameter aus UM PLA gefertigt (vgl. Kapitel 4.2; Anhang 9-2 bis Anhang 9-4). Innerhalb einer Umformoperation werden bis zu vier Werkzeugeinsätze ohne Schmiermittel getestet.

Infolge einer Nachbearbeitung der AM Werkzeugeinsätze (beispielsweise Aufbohren von Löchern oder Entfernen benötigter Hilfskonstruktionen zur Erhöhung der Haftung) werden diese mittels ISO 5762 M5 Zylinderkopfschrauben vorpositioniert (vgl. Abbildung 4-6). Die anschließende Befestigung findet im zusammengefahrenen Zustand mit einem 1 mm Ziehspalt statt. Die Niederhaltereinsätze entsprechend Abbildung 4-6 sind an die Breite der Sicke der jeweiligen RG angepasst und werden mit dem Niederhalter verschraubt. Die Blechzuschnitte werden je RG mit einer fortlaufenden Nummerierung versehen. Die Vorspannung für den Niederhalter beträgt 14,5 mm zu einer gestauchten Federlänge von 18,5 mm. Diese wird händisch eingestellt und mittels einer Lehre vor jedem Hub überprüft. Acht Federeinheiten können dabei eine Niederhalterkraft von bis zu 1,55 kN aufbringen. Die Hydraulikpresse wird weggesteuert bedient, sodass die Umformung bis zur Endposition stattfindet und eine Werkzeugüberlastung infolge der kraftgeregelten Steuerung ausgeschlossen ist.

Bei Bauteilentnahme findet eine Sichtprüfung der Bleche auf Tiefziehfehler sowie der Werkzeugeinsätze auf Beschädigungen statt. Die Werkzeugeinsätze und umgeformten Blechzuschnitte werden nach der dritten Umformung zusätzlich entnommen und optisch vermessen. Zur Reduktion der Oberflächenreflexion wird vor jeder optischen Vermessung selbstverflüchtigendes Scanningspray aufgetragen. Die Werkzeugmessungen werden mit der initialen Messung nach der additiven Fertigung verglichen, die Bauteilmessungen dahingegen mit dem Soll-CAD-Zustand.

Im Folgenden wird die grundsätzliche Umformbarkeit, die Werkzeugstandzeit sowie der Einfluss der geometrischen Gestaltung auf das Umformergebnis beschrieben und bewertet. Dies findet aufgrund des symmetrischen Aufbaus der RG anhand von acht Messpunkten statt (vgl. Abbildung 6-6 und Anhang 9-17). Die Auswahl der Messpunkte orientiert sich an den kritischen und hochbelasteten Stellen im Zentrum und den Randbereichen der RG.

Zur Analyse der geometrischen Bemessung und Tolerierung wird die Software GOM Inspect Pro genutzt, bei welcher optisch gemessene Modellnetze verglichen werden. Die Modellnetze werden mit der Local Best-Fit Methode relativ zueinander positioniert und die geometrische Abweichung der Punkte zueinander in Form einer Heatmap bzw. eines Falschfarbenplots dargestellt. Bereits durch die initiale Sichtüberprüfung werden Unterschiede der RG ersichtlich (vgl. Abbildung 6-8; Anhang 9-18 bis Anhang 9-21). So sind beispielsweise die plastischen Verformungen der Werkzeugeinsätze für Halbrundsicken im Vgl. zu Trapezsicken deutlich geringer. Die durch Al 5754 belasteten Werkzeugeinsätze zeigen geringere Deformationen als durch DC04 belastete. Jedoch ist Al 5754 anfälliger für Tiefziehfehler wie u.a. Risse (vgl. Abbildung 6-8). Folgend sind die optischen Vermessungen von Werkzeugdeformation sowie Bauteilmaßhaltigkeit dargestellt. Dabei liegt der Fokus auf den 15 mm breiten RG 2, 8, 11, 17 und 20. Diese stellen die Eckpunkte des Versuchsraums dar und erlauben die Einschätzung des Einflusses der Sickenparameter auf das Umformergebnis.

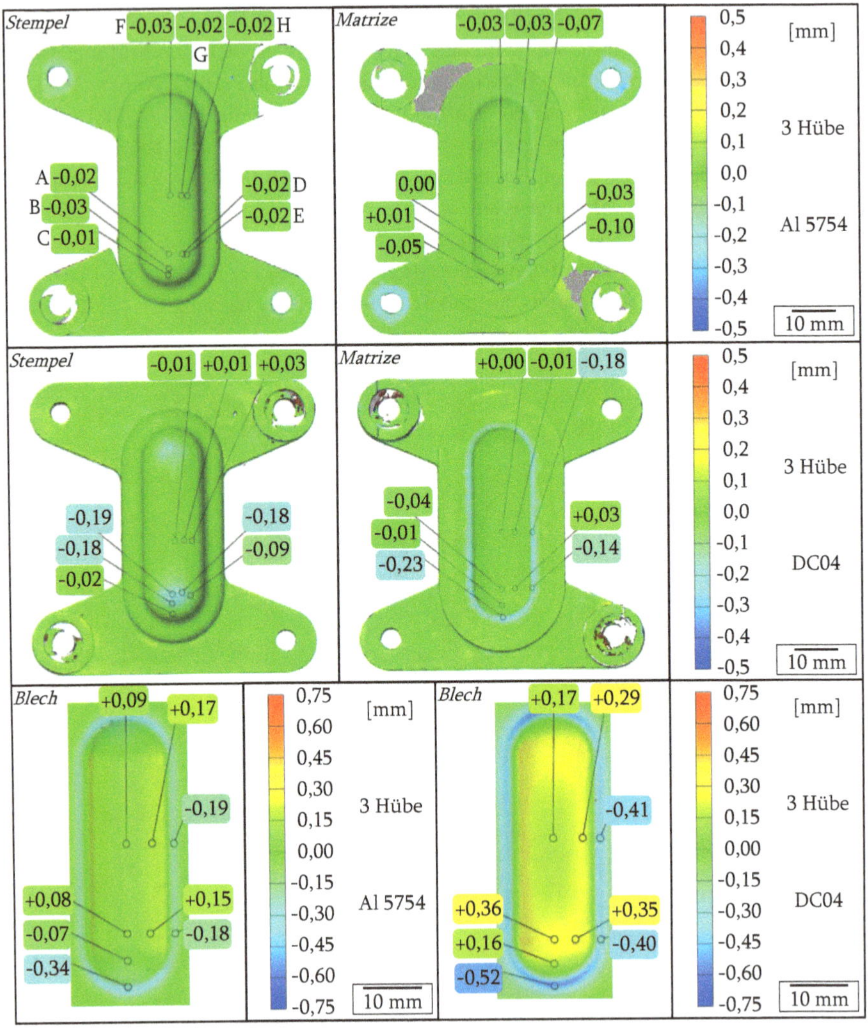

Abbildung 6-6: Plastische Deformation von RG 2 aus PLA

Bei der Umformung mit Al 5754 zeigen Stempel und Matrize von RG 2 keine plastischen Verformungen oder Verschleißerscheinungen, welche mit der Messgenauigkeit des Messsystems von 0,05 mm erfasst werden können (vgl. Abbildung 6-6). Das umgeformte Blech zeigt an der Ziehkante Abweichungen von bis zu 0,34 mm, während der Sickengrund mit Abweichungen von unter 0,1 mm maßhaltig ist. Bei DC04 zeigt der

Stempel nach drei Umformungen im Bereich des Sickenendes eine plastische Verformung von bis zu 0,19 mm, während die anderen Messpunkte im Bereich der Messungenauigkeit liegen. Ähnlich werden bei der Matrize Abweichungen von 0,23 mm im Ziehkantenradius erreicht. Diese größeren Abweichungen der Werkzeugeinsätze zeigen sich ebenfalls in den umgeformten Bauteilen mit bis zu 0,52 mm im Ziehkantenradius. Somit ist die grundsätzliche Umformbarkeit von RG 2 sowohl mit Al 5754 als auch DC04 gegeben. Unterschiede bzgl. Werkzeugverhalten und -deformation lassen sich durch höhere Festigkeits- (insbesondere Zugfestigkeit und Streckgrenze) und Reibwerte (vgl. Abbildung 5-8) von DC04 im Vgl. zu Al 5754 erklären. Obwohl die gewählten Druckparameter die Anisotropie der Werkzeugeinsätze beeinflussen, wird insbesondere bei DC04 eine symmetrische Werkzeugbelastung beobachtet. Bei beiden Werkzeugpaaren ist weiterhin der FFF-typische Schichtaufbau zu erkennen, im umgeformten Blech sind diese ebenfalls sichtbar jedoch nicht messbar. Die Sicken von RG 2 sind in DC04 vollkommen ausgeprägt und maßhaltig, lediglich die Randbereiche sind aufgrund der reduzierten Steifigkeit des Werkzeugwerkstoffs geglättet und weisen größere Radien im Vgl. zum Soll-Zustand auf.

Sickenbreite und -radius bleiben beim Vgl. von RG 8 zu RG 2 konstant, die Ziehtiefe wird von 4,5 auf 7,11 mm erhöht. Dadurch ist eine Vergleichbarkeit der geometrieabhängigen Deformation möglich (vgl. Abbildung 6-7). Die durch Al 5754 beanspruchten Werkzeuge zeigen keine plastischen Verformungen. Die umgeformten Bleche weichen im Bereich der Ziehkante vom Soll-Zustand ab. Bei DC04 zeigt sich der Einfluss einer höheren Ziehtiefe auf die Werkzeugdeformation deutlicher (Stempel Sickenende: maximal 0,31 mm plastische Verformung; Matrize Ziehkantenradius: maximal 0,28 mm plastische Verformung).

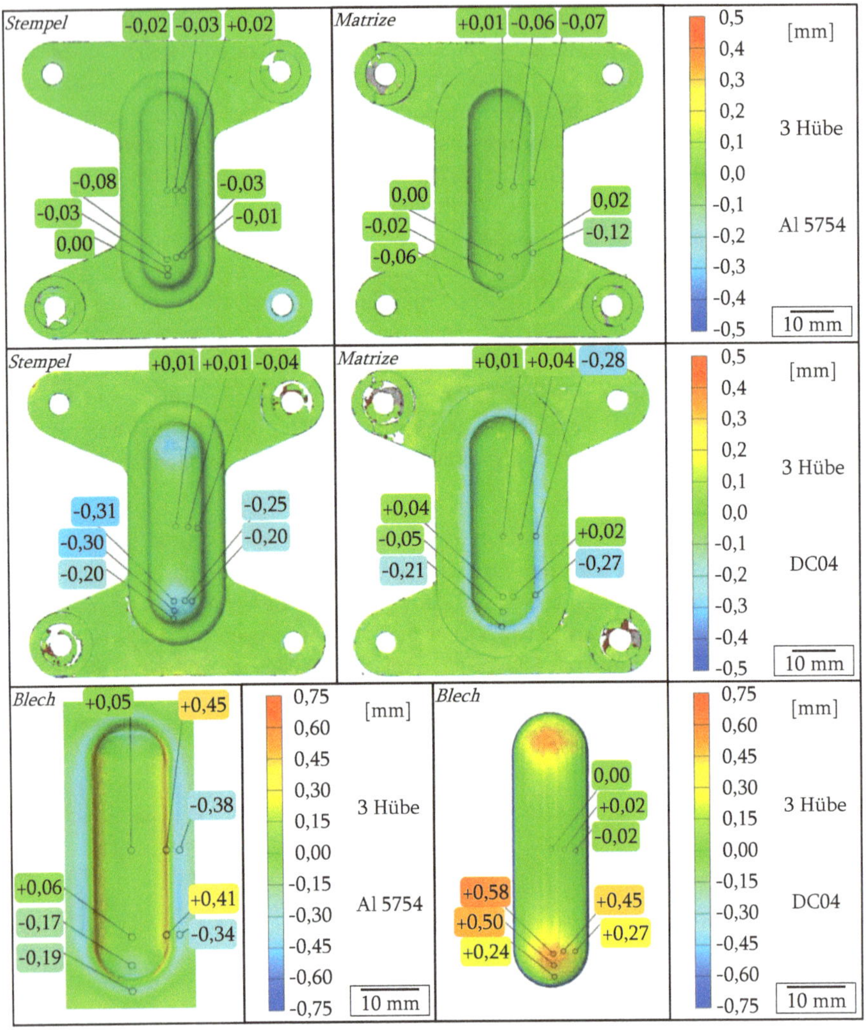

Abbildung 6-7: Plastische Deformation von RG 8 aus PLA

Das umgeformte DC04-Blech zeigt bei vollständig ausgeformtem Sickengrund Abweichungen von bis zu 0,58 mm. Somit ist auch diese RG grundsätzlich mittels Werkzeugeinsätzen aus UM PLA umformbar.

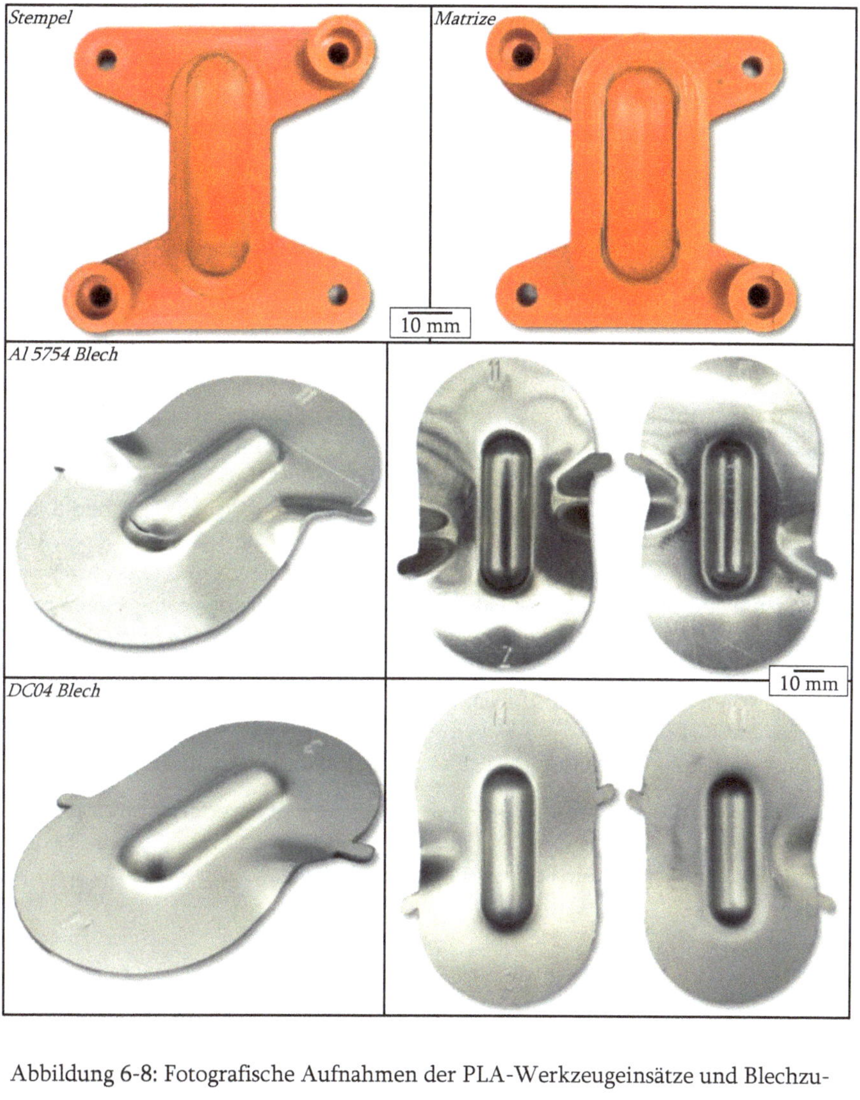

Abbildung 6-8: Fotografische Aufnahmen der PLA-Werkzeugeinsätze und Blechzuschnitte von RG 11

Mithilfe fotografischer Aufnahmen von RG 11 und weiteren RG im Anhang wird die Sichtprüfung der beanspruchten Werkzeugeinsätze sowie umgeformten Bleche dokumentiert (vgl. Abbildung 6-8; Anhang 9-18 bis Anhang 9-21). Anhand des Stempels sind die beanspruchten kritischen Stellen an den Sickenenden durch spiegelnde Flächen des geglätteten UM PLA-Werkstoffs zu erkennen. Die oberen Wandschichten werden entlang des Blechflusses plastisch verformt und der Treppenstufeneffekt wird geglättet. Des Weiteren sind im umformenden Bereich des Stempels Rückstände aus verbliebenen Verunreinigungen des Blechzuschnitts zu erkennen. Diese sind ebenfalls an der Ziehkante der Matrize zu erkennen. Das Blech aus Al 5754 weist deutliche Risse an beiden Sickenenden auf. Es zeigt starken Faltenwurf außerhalb des Niederhalterbereichs in Höhe der Ziehtiefe der Sicke oder der Positionierungselemente an der langen Seite der Sicke. DC04 zeigt dahingegen sanftere Geometrieverläufe. Insbesondere die Radien am Sickengrund sowie der Ziehkantenradius sind größer als die der Sollgeometrie. Das Blech weist keine Tiefziehfehler sowie einen leichten einseitigen Faltenwurf auf.

Im Folgenden werden zwei RG hinsichtlich der Standzeit untersucht. Dazu werden Werkzeug und Bauteil von RG 11 (12 Umformungen mit Al 5754 und 9 Umformungen mit DC04; vgl. Abbildung 6-9 und Abbildung 6-10), 17 (12 Umformungen mit Al 5754) und 20 (9 Umformungen mit DC04) erneut nach 9 bzw. 12 Hüben vermessen. Aufgrund geringerer Werkzeugbelastung bei Al 5754 im Vgl. zu DC04 werden 12 anstelle von 9 Hüben durchgeführt. Bei Al 5754 zeigen sich bei RG 11 im Vgl. zu RG 2 und 8 keine neuen Erkenntnisse. Der Ziehkantenradius wird bei RG 11 im Vgl. zu RG 8 von 1 mm auf 2 mm erhöht, wodurch eine geringe Beanspruchung der Ziehkante erwartet wird. Sickenbreite und Ziehtiefe bleiben nahezu unverändert. Auffällig ist des Weiteren, dass nach 3 und 12 Hüben keine plastischen Verformungen an den Werkzeugeinsätzen festgestellt werden. Die umgeformten Bauteile nach 12 Hüben unterscheiden sich nur geringfügig von Bauteilen nach 3 Hüben. Im Bereich der Ziehkante werden Abweichungen von maximal 0,27 mm bei 3 Hüben und 0,36 mm bei 12 Hüben erreicht. Für die Kleinserienproduktion resultiert folglich eine gute Wiederholgenauigkeit.

Die Matrize von RG 11 wird im Bereich der Ziehkante lokal verformt und nähert sich dem jeweils optimalen Ziehkantenradius an. Infolgedessen können filigrane Geometrien und scharfe Kanten nur bedingt umgeformt werden. Radien < 2 mm sollten vermieden werden.

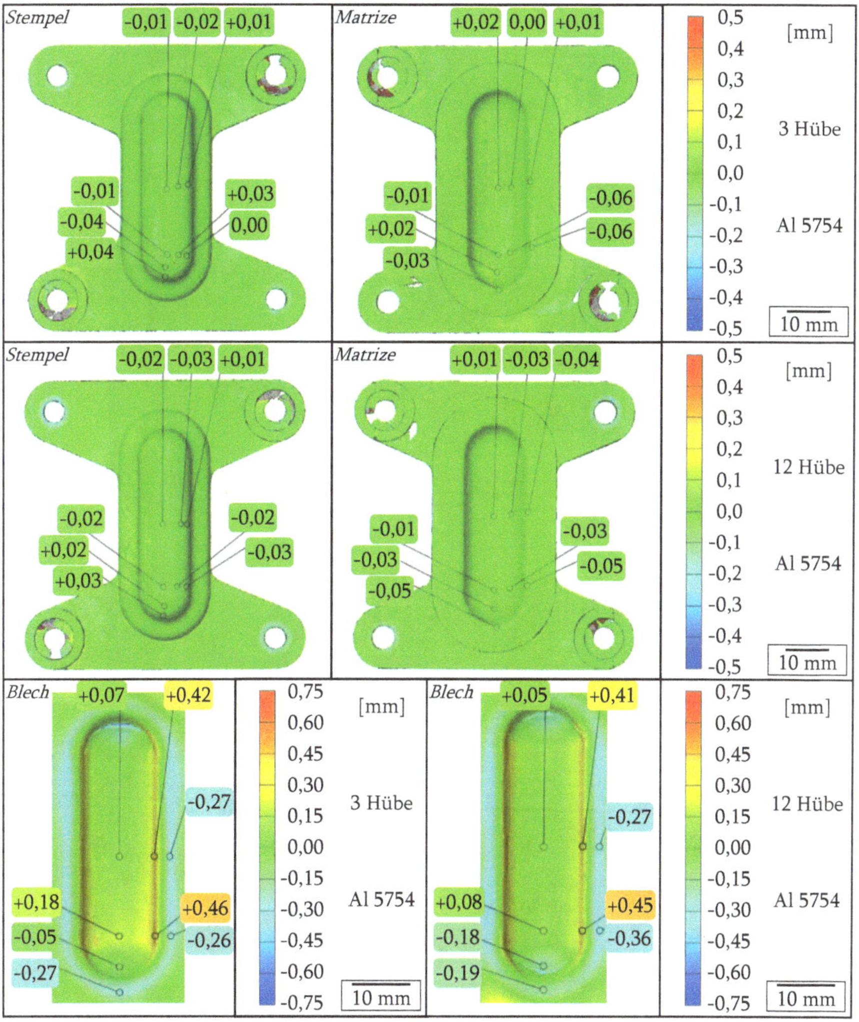

Abbildung 6-9: Plastische Deformation von RG 2 aus PLA mit Al 5754

Bei DC04 zeigen sich bereits nach 3 Hüben Verformungen von bis zu 0,40 mm an den kritischen Stellen des Stempels und 0,24 mm an der Ziehkante der Matrize bei RG 11 (vgl. Abbildung 6-10).

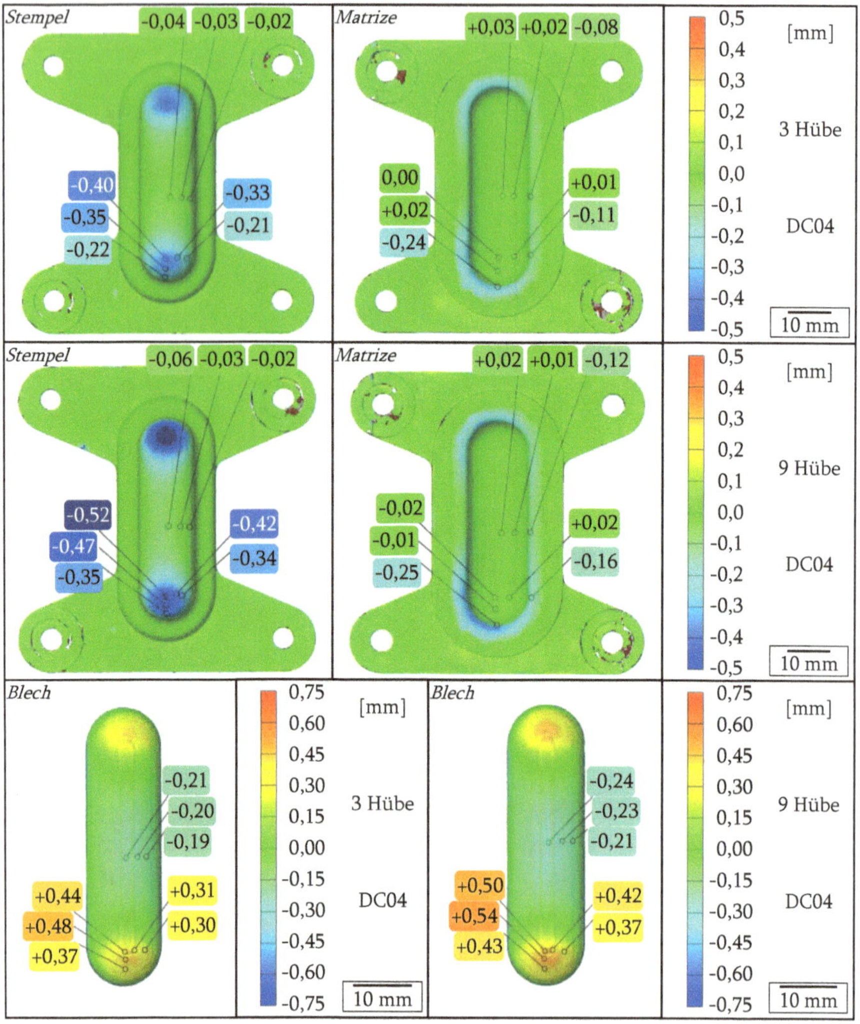

Abbildung 6-10: Plastische Deformation von RG 11 aus PLA mit DC04

Nach 9 Hüben steigt diese Deformation auf 0,52 mm am Stempel an während an der Matrize keine Veränderung festgestellt wird. Die umgeformten Bauteile weichen nach 3 Hüben maximal 0,48 mm vom Soll-Zustand ab, nach 9 Hüben vergrößert sich die Abweichung geringfügig auf maximal 0,54 mm.

Bei RG 11 wird analog zu den Ergebnissen von Al 5754 keine Verschlechterung der Maßhaltigkeit umgeformter Bauteile mit zunehmender Zahl an Umformoperationen festgestellt, obwohl der Stempel sich zunehmend verformt. Das legt die Vermutung nahe, dass im unteren Stückzahlbereich die zunächst elastische Deformation des Stempels im oberen Stückzahlbereich in eine plastische Deformation übergeht. Anhand des blauen Bereichs der Matrize wird ein leichter Positionierungsfehler der beiden Werkzeughälften zueinander festgestellt. Ebenfalls lässt sich erkennen, dass der Einschwingprozess degressiv verläuft. Nach einer initialen plastischen Deformation in den ersten Hüben verformt sich das Werkzeug in den darauffolgenden Hüben deutlich geringer. Zusätzlich wird vermutet, dass sich die Lufteinschlüsse zwischen den Materialsträngen des UM PLA zunehmend gefüllt werden und stark beanspruchte Bereiche verdichtet werden.

Grundsätzlich wird bei Trapezsicken (hier RG 17) eine größere Verformung festgestellt als bei Halbrundsicken. Nach 3 Hüben mit Al 5754 weichen die Kanten um bis zu 0,22 mm vom unbenutzten Werkzeug ab, nach 12 Hüben werden Abweichungen an den Eckpunkten des Stempels von bis zu 0,46 mm erreicht (vgl. Abbildung 6-11). Die Deformation der Matrize bleibt gering, nach 12 Hüben werden am Ziehkantenradius Verformungen von maximal 0,16 mm gemessen. Der gesamte Untergurt der Stempelgeometrie ist um ca. 0,14 mm gestaucht. Im gesamten Stückzahlbereich wird eine ausreichende Ziehtiefe erreicht. Ein bereits gestauchter Werkzeugeinsatz kann somit denselben Umformgrad erreichen wie ein noch nicht beanspruchter. Im Zuge einer Umformoperation formen zunächst die Eckbereiche einer Trapezsicke das Blech um, anschließend wird der Untergurt mithilfe der gesamten Stempelfläche ausgeformt. Die Trapezsicke wird bei Glättung der Ecken bei zunehmenden Umformoperationen mit weniger Kraftaufwand umgeformt (vgl. Abbildung 6-19). Das Abrunden führt in DC04 dazu, dass die typischen eckigen Trapezgeometrien am Obergurt kaum zu erkennen sind. Ausgeprägter Faltenwurf behindert dabei das kontrollierte Nachfließen des Blechs in die Matrize, sodass komplexe dreidimensionale Spannungszustände entstehen. Diese führen zu einer Versteifung des Blechs und erhöhen die Wahrscheinlichkeit der Rissbildung. Des Weiteren ist der typische degressive Verlauf der Deformation zu beobachten. Die Zunahme der Deformation von Hub 3 bis 6 ist größer als die Zunahme von 6 bis 12.

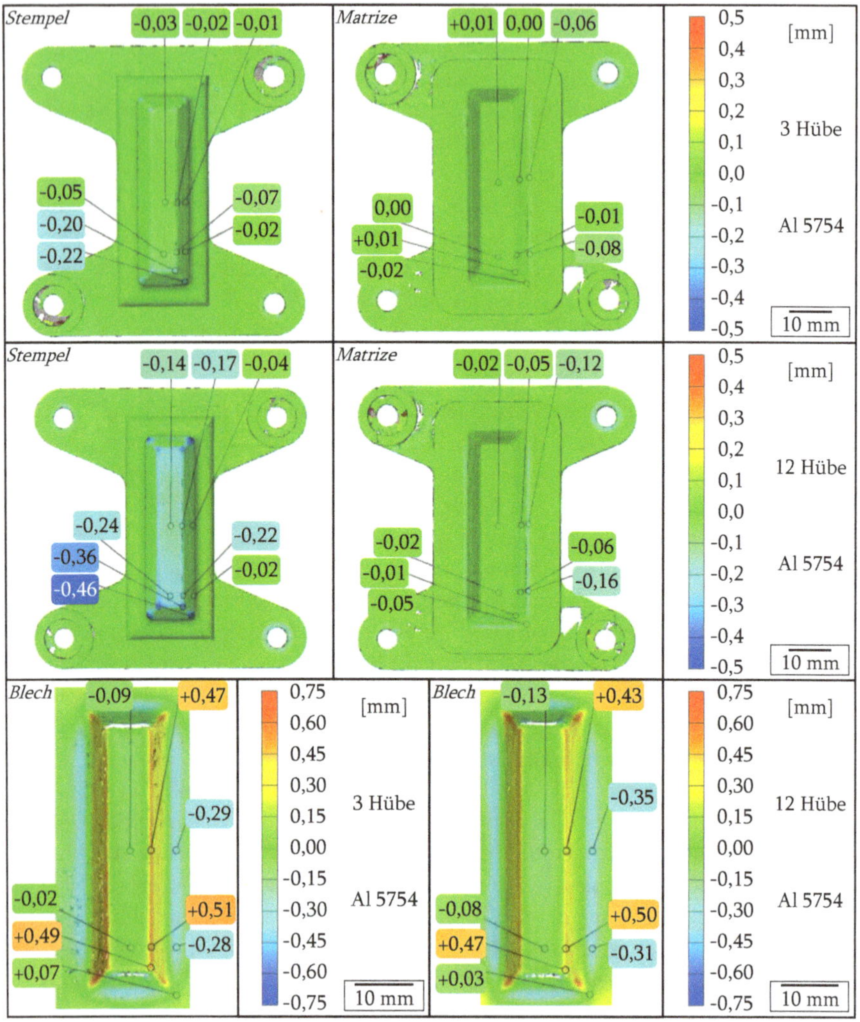

Abbildung 6-11: Plastische Deformation von RG 17 aus PLA mit Al 5754

Bei RG 17 ist nach 3 Hüben mit DC04 bereits eine Verformung von 0,97 mm messbar (vgl. Abbildung 6-12). Weitere Hübe werden nicht durchgeführt, da hier die geometriespezifische Prozessgrenze erreicht wird. Die Matrize verformt sich mit 0,2 mm deutlich weniger als der Stempel. Die Stempeldeformation resultiert in Abweichungen >1 mm des umgeformten Blechs. Es ergeben sich kritische Stellen analog zur Umformung von Al 5754, deren Abweichungen aufgrund höherer Festigkeit von DC04 größer sind.

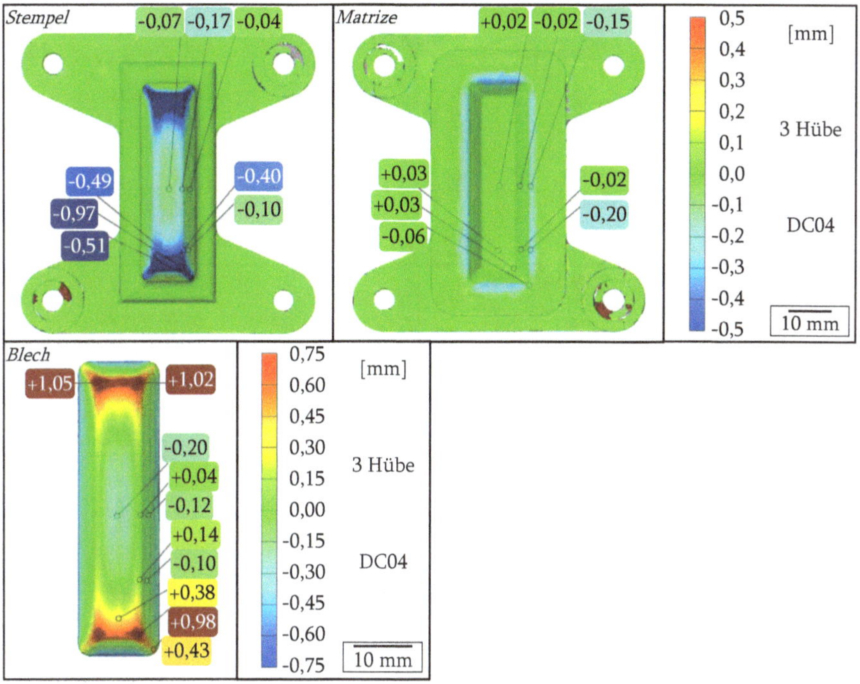

Abbildung 6-12: Plastische Deformation von RG 17 aus PLA mit DC04

Die Werkzeugeinsätze von RG 20 zeigen bei der Umformung von Al 5754 keine Deformation (vgl. Abbildung 6-13). Da ein Verhalten analog zu RG 17 in Abbildung 6-11 erwartet wird, werden keine weiteren Hübe durchgeführt. Die umgeformten Bauteile weisen analog zu RG 17 an den kritischen Stellen Abweichungen vom Soll-Zustand i.H.v. >0,5 mm auf, was insbesondere mit der elastischen Verformung des Stempels zu begründen ist.

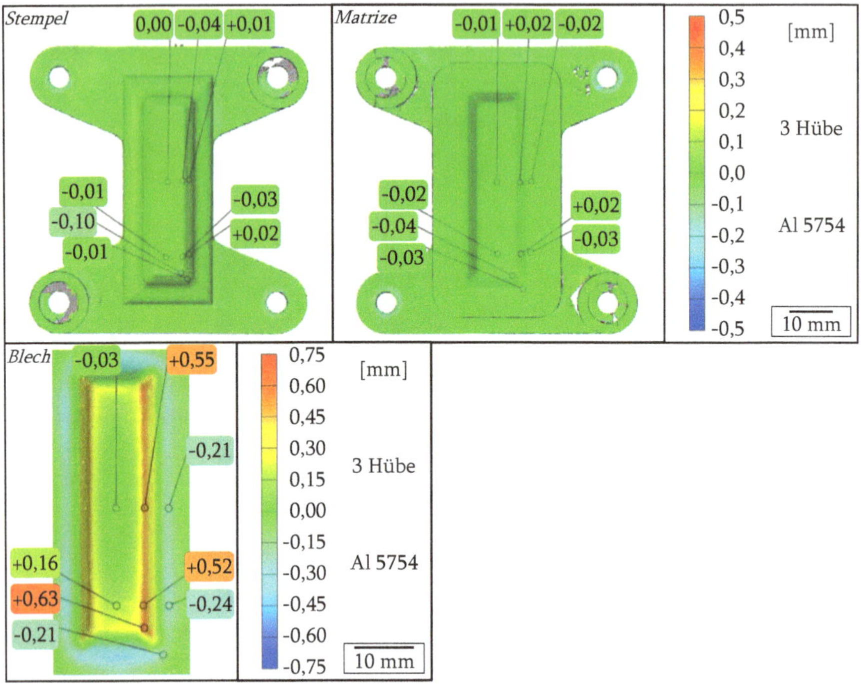

Abbildung 6-13: Plastische Deformation von RG 20 aus PLA mit Al 5754

Da aufgrund hoher Stempeldeformation ein Standzeitversuch von RG 17 nicht möglich ist, wird dieser in DC04 mit RG 20 durchgeführt (vgl. Abbildung 6-14). Auffällig ist, dass der eingeschwungene Zustand bereits nach wenigen Hüben erreicht ist, da die Zunahme der Deformation zwischen Hub 3 und 9 gering ist. Des Weiteren sind an den umgeformten Blechen deutlich die typischen kritischen Stellen zu erkennen, dessen Verformung jedoch beim 9. Hub geringer ist als die beim 3. Hub.

Im Allgemeinen ist die Deformation der Matrizen geringer als die der Stempel. Die Stempeldeformation unterscheidet sich je nach RG signifikant. Eine große Streuung der Messwerte an den Stempeln deutet auf eine ungleichmäßige Kraftverteilung hin. So sind die äußeren Bereiche der Stempel stärker verformt als der innere Bereich. Das Verhältnis der beiden Werte ist dabei abhängig von der Ziehtiefe, der Sickenbreite sowie dem Flankenwinkel. Die Abweichungen an Messpunkt D in der Hauptumformzone sind bei sämtlichen RG größer als an Messpunkt G im inneren Bereich, obwohl beide Messpunkte auf der Ebene des Obergurts liegen. Dasselbe ist bei den Messpunkten A und F sowie E und H zu beobachten. Die Werkzeugdeformation wird neben der

Druckbeanspruchung mittels tribologischen Beanspruchungen begründet (vgl. Kapitel 5.2). Ein Teil der Deformation ist neben Festkörperreibung und Abrasion auf Dissipation in Form von insbesondere Wärme zurückzuführen, welche zur Gefügeveränderung des Werkzeugwerkstoffs aufgrund einer niedrigen Glasübergangstemperatur führt.

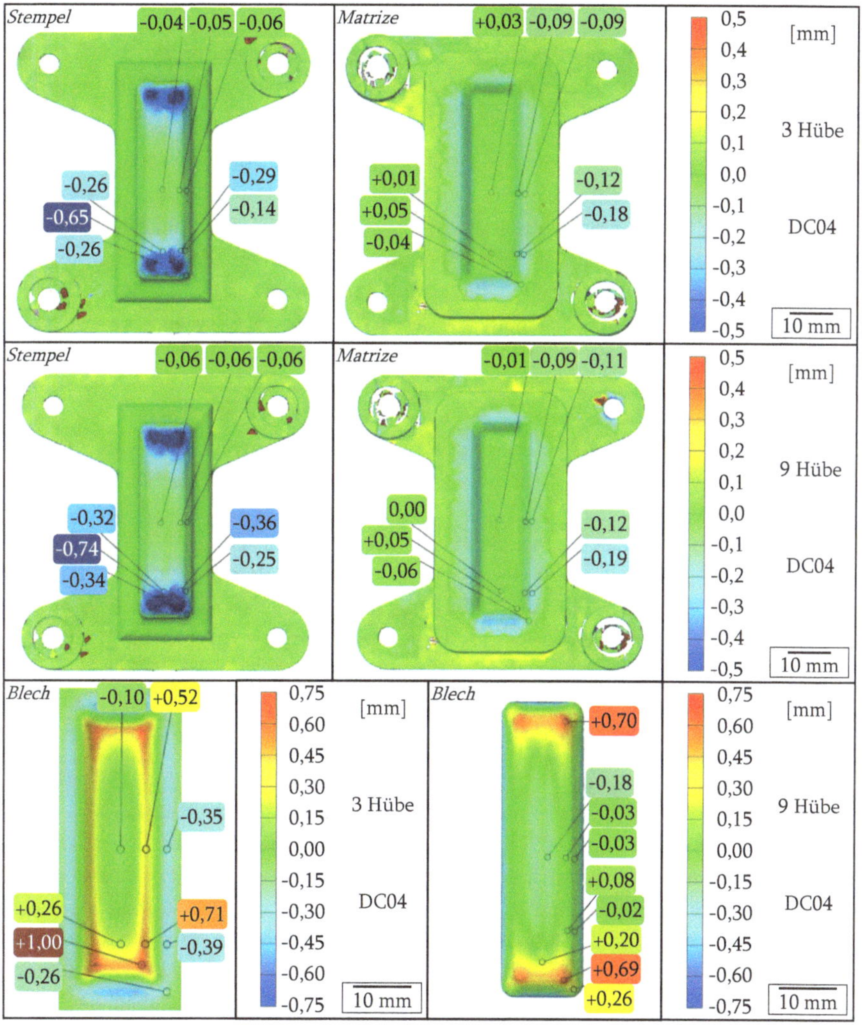

Abbildung 6-14: Plastische Deformation von RG 20 aus PLA mit DC04

6.4 Rechnerische Validierung der Analogieversuche

Aufgrund der deutlichen geometrieabhängigen plastischen Deformation von Werkzeugeinsätzen aus UM PLA bei bereits einer geringen Anzahl an Umformoperationen wird im Folgenden die Notwendigkeit zusätzlicher Ermüdungsanalysen beschrieben. Dabei werden erste Ergebnisse der Simulation der definierten RG genutzt und mit den experimentellen Ergebnissen verglichen. Somit wird die Anwendbarkeit von Simulationen für Umformoperationen mittels Werkzeugeinsätzen aus FFF PLA basierend auf Kapitel 2.3.4 gezeigt.

Werkzeugeinsätze aus FFF PLA versagen im Vgl. zu konventionellen Werkzeugen bereits im unteren Stückzahlbereich. Dadurch ergeben sich grundsätzliche Unterschiede zu konventionellen Simulationsansätzen. Berücksichtigt wird die mehrzyklische Belastungsart im realen Einsatz solcher Werkzeugsysteme bei der Blechumformung [LIEW08]. Beispielsweise betrachtet BINDER in einem mehrzyklischen Simulationsprozess den kontinuierlichen Verschleiß bei der Zerspanung. Infolge der FE-Analyse des Prozesses wird das Lastkollektiv im quasi-stationären Zustand berechnet. Anschließend werden die nodalen Verschleißraten berechnet und infolgedessen Anpassungen an der Werkzeuggeometrie vorgenommen [BIND17, S. 21]. Für jedes Verschleiß- bzw. Deformationsinkrement wird die Werkzeuggeometrie an das veränderte Netz angepasst [BIND17, S. 97–103]. In Bezug auf die variablen Reibungs- und Verschleißmodelle der Folgeumformungen untersuchen YUAN ET AL. analog den Einfluss von Hartstoffpartikeln, die während mehrzyklischer Belastung aus der Randzone des Werkzeuges gelöst werden und an Quantität sowie Größe gewinnen. Die Implementierung des interaktiven Reibmodells in eine FE-Simulation ermöglicht eine Vorhersage der Werkzeugstandzeit für einen Umformprozess [HU15, S. 2]. Erweitert wird dies durch HU ET AL., welcher sich mit veränderlichen Reibbedingungen bei mehrzyklischen Belastungen im Hinblick auf die Verschleißform „Fressen" befasst [HU19, S. 194–198]. Zusätzlich treten weitere Verschleißerscheinungen auf, welche in Abhängigkeit des Lastzyklus' variieren (vgl. Kapitel 5.2).

Im Folgenden werden Tiefziehsimulationen der ersten Umformoperation von RG 11 und 17 in 1 mm DC04 und Al 5754 im Detail untersucht (vgl. Abbildung 6-15 und Abbildung 6-16) und zur simulativen Validierung der experimentellen Ergebnisse aus Kapitel 6.3 genutzt. Die relevanten zu untersuchenden Bereiche sind u.a. isotrope Verfestigungsmodelle sowie isotrop kinematische Verfestigungsmodelle, Modelle für anisotrope Fließkriterien und variable Reibungs-/Verschleißmodelle. Diese werden genutzt, um die Ermüdungsanalyse infolge weiterer Umformoperationen zu beschreiben.

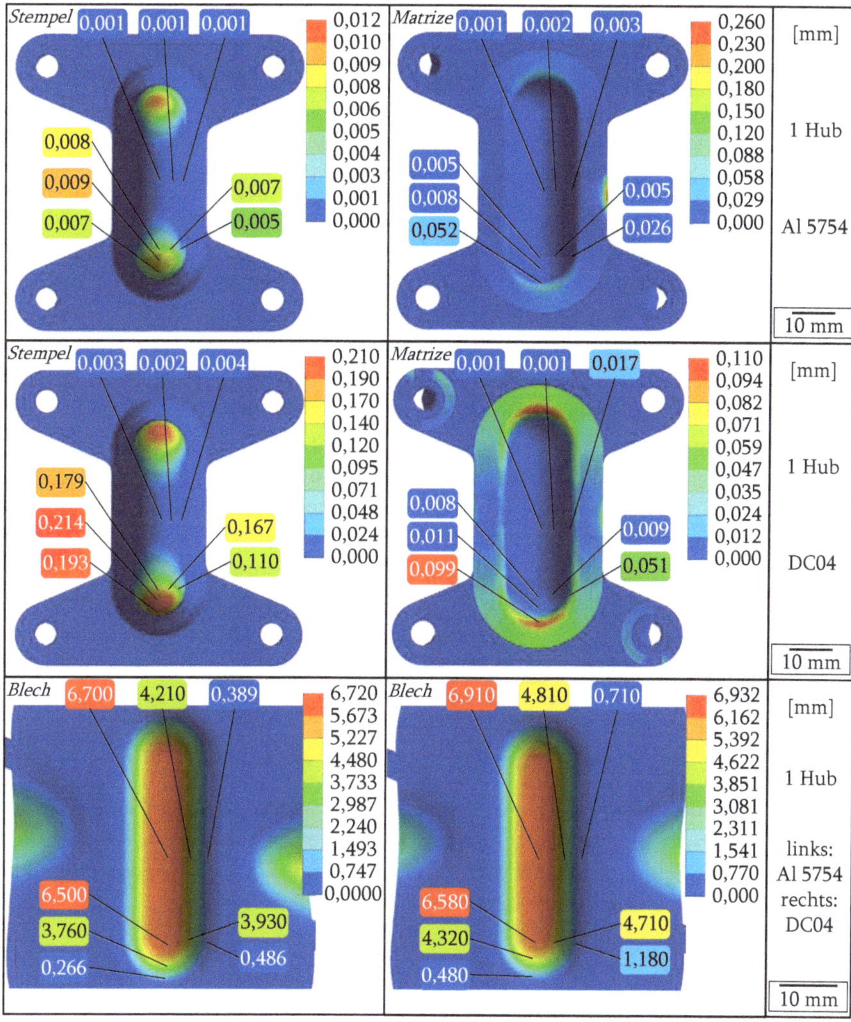

Abbildung 6-15: Plastische Deformation von RG 11 aus PLA nach einzyklischer Umformsimulation

Anisotropie und geringere mechanische Werkstoffkennwerte (vgl. Kapitel 5.4) des neuen Werkzeugsystems führen unter Belastung zu frühen Ermüdungserscheinungen im Werkzeug, welche eine direkte Wirkung auf die Standzeit haben. Die Standzeit von Werkzeugeinsätzen aus FFF PLA ist abhängig von weiteren Faktoren, die mittels FEM-

Simulationen abgebildet werden können, wie beispielsweise die Degradation des Ausgangswerkstoffs. Hierbei hat die Lagerung von PLA bei Umgebungsbedingung beispielsweise einen negativen Einfluss auf die Festigkeitseigenschaften [FROH20, S. 8]. Beispielsweise kann die Standzeit gemäß AFROSE ET AL. durch eine veränderte Bauteilausrichtung im AM Prozess verdoppelt werden [AFRO15, S. 21–28]. Die Erstellung eines mehrzyklischen Modells ist außerhalb des Rahmens der vorliegenden wissenschaftlichen Arbeit.

Die Stempel der Halbrundsicken weisen die größte plastische Deformation und infolgedessen die größte Belastung an den Sickenenden auf (vgl. Abbildung 6-15). Dies ist mit der Überlagerung der Belastungen des Blechwerkstoffs sowie Faltenwurfs zu begründen. Bei den Matrizen sind die größten Deformationen an der langen Tiefziehkante zu erkennen. Dort ist die vorherrschende Beanspruchung die Biegebelastung infolge eines abknickenden Bleches in die Sickengeometrie. Dabei werden Parallelen zum Dreipunktbiegeversuch entsprechend der Norm DIN EN ISO 178 beobachtet. Dabei bilden die gegenüberliegenden Tiefziehkanten die Auflager und der sich bewegende Stempel die Druckfinne. Der Stempel in Abbildung 6-16 verdeutlicht die zunehmende Deformation der oberen Schichten bei Trapezsicken. Die verjüngende Fläche zu den oberen Schichten hin erfährt durch die Pressung eine höhere Belastung als die unteren Schichten (vgl. Bereiche des Sickenauslaufs in Abbildung 6-15 und Abbildung 6-16). Hierdurch erfolgt eine ebenmäßige Deformation auf der gesamten Fläche. Die Matrizen der Trapezsicken verhalten sich dagegen ähnlich zu denen der Halbrundsicken. Die Simulationsergebnisse zeigen eine Deformation von bis zu 0,349 mm. Generell zeigt die einzyklische Simulation Deformationen im Bereich eines Drittels bis zur Hälfte der Deformation, welche in Kapitel 6.3 nach drei Zyklen gemessen wurde.

Die Geometrie der Tiefziehkante und des Stempels verändern sich signifikant innerhalb einer Toleranz von +/-1 mm. Die Folge sind grundlegend veränderte Belastungszustände in den Folgeumformungen. Dies macht die Notwendigkeit der Werkzeuganpassung des Simulationsmodells bei einer mehrzyklischen Betrachtung deutlich.

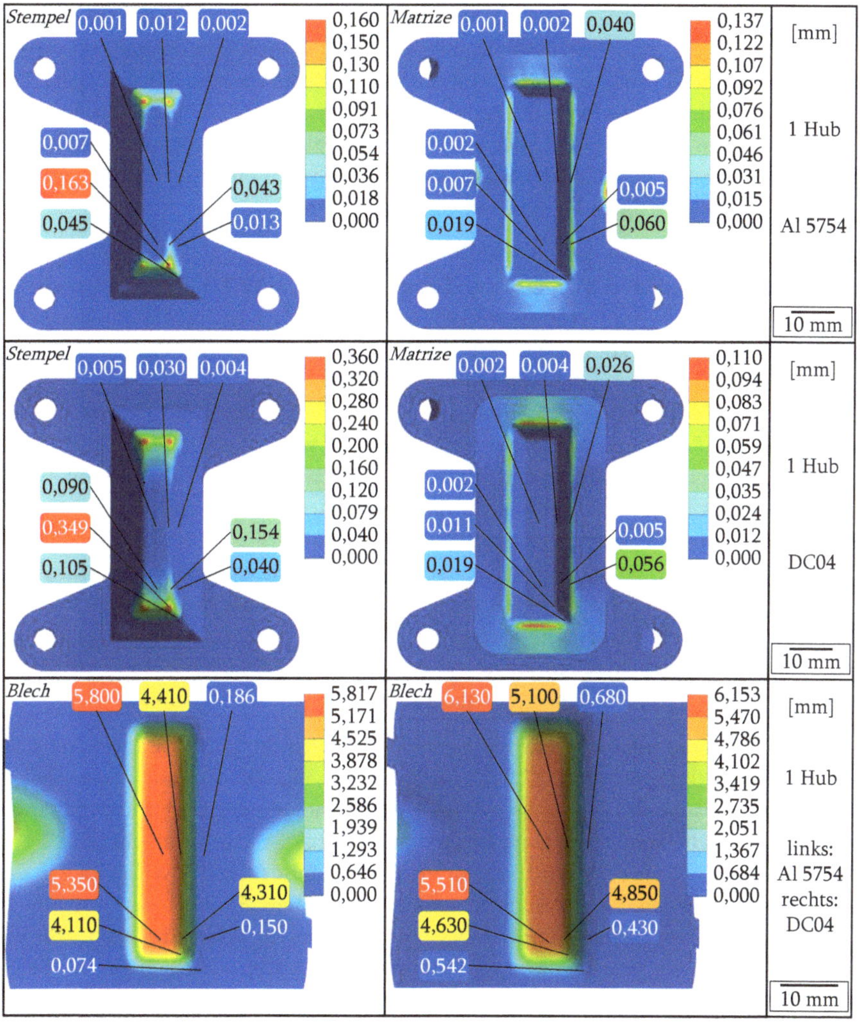

Abbildung 6-16: Plastische Deformation von RG 17 aus PLA nach einzyklischer Umformsimulation

Aus der Deformation resultierende rückfederungsbedingte Formabweichungen beim Tiefziehen unter Berücksichtigung der Werkzeugnachgiebigkeit und Reibzustandsbeschreibungen gewinnen in Hinblick auf die zeitliche Veränderung der Werkzeuge an Relevanz. Unterschiede im Rückfederungsverhalten können nach mehreren Umformvorgängen veränderlich bleiben [SCHM02, S. 10–21]. Als zusätzlicher Faktor des FFF-Verfahrens ist die innere Struktur in Bezug auf Werkstoffeigenschaften, Rückfederungsverhalten und damit auch für das Ermüdungsverhalten relevant (vgl. Kapitel 5.4). Es zeigen sich deutliche Unterschiede im Materialverhalten durch Variation der inneren Struktur. Insbesondere die Untersuchung der lastfallgerechten Auswahl einer inneren Struktur als Entscheidungsgrundlage ist hervorzuheben und relevant zur Optimierung der additiv gefertigten Umformwerkzeuge [LIPP18].

Ansys ermöglicht darüber hinaus mithilfe des „Rezonings“ eine Volumenreduktion des Werkzeugs zu simulieren. Weiterführend kann der reduzierte Bereich adaptierbar vernetzt werden. Dabei wird eine zu starke Verzerrung durch Knotenverschiebung vermieden. Infolgedessen können größere Verschleiß- bzw. Deformationsvolumen simuliert werden, was in Bezug auf eine Ermüdungsanalyse relevant ist [DAUB14, S. 7]. An kritischen Stellen des Werkzeugs treten die größten Verschleiß- und Deformationserscheinungen auf und eine Werkstoffermüdung ist am wahrscheinlichsten [HORT00, S. 95]. Sowohl physische Experimente als auch Simulationen haben dies bestätigt. LIEWALD UND SOUZA betrachten den Verschleiß am Matrizenradius von Kunststoffwerkzeugen durch einen linearen Verschleißbetrag. Daraus werden zusätzlich Erkenntnisse für die betrachteten Faktoren bei veränderten Blechwerkstoffen gewonnen. [LIEW08, S. 66–70] In Kapitel 5.2.1 wird eine Abhängigkeit des veränderlichen Reibwerts von der Anzahl der Streifenziehversuche nachgewiesen. Zudem wird ein Einfluss der Hubanzahl auf die Oberflächenrauheit aufgezeigt (vgl. Kapitel 5.2.2). Ebenfalls ist eine Veränderung über eine steigende Hubanzahl zu erkennen.

Abschließend wird deutlich, dass die herstellbare Stückzahl bei der Verwendung von polymeren Werkstoffen stark abhängig von der Bauteilgeometrie und Beschaffenheit der Blechoberfläche ist. Durch die zyklische Wiederholung der Umformoperation genügt eine einfache Simulation nicht aus, um aussagekräftige Ergebnisse über die Werkzeugstandzeit zu liefern. Dies wird durch die hohe Deformation der Werkzeuge in den Simulationen deutlich. Veränderungen an der Tiefziehkante führen zu einem sich stetig verändernden Belastungszustand. Darüber hinaus sorgen variable Reibzustände für unterschiedliche Kontaktbedingungen. Damit einhergehend entstehen ungleiche Belastungszustände, je nachdem welcher Zyklus betrachtet wird. Die Anpassung der Geometrie infolge einer Umformoperation ist daher beim Einsatz von Werkzeugeinsätzen aus FFF PLA durch die Ergebnisse der Experimente, Simulation und Literatur ein relevanter Pfad, um eine bessere Vorhersage bzgl. der Standzeit treffen zu können. Neben den dadurch verursachten erhöhten Rechenaufwänden ist ebenfalls die ausgebliebene Berücksichtigung der veränderten Werkstoffeigenschaften des verfestigten FFF PLA ein kritischer Faktor. Diesbzgl. wird ein erweitertes Materialmodell benötigt.

6.5 Synthese des Ordnungsrahmens

Infolge experimenteller und theoretischer Untersuchungen der vorliegenden wissenschaftlichen Arbeit werden die Kernergebnisse in Form eines Ordnungsrahmens gemäß Kapitel 6.1 synthetisiert. Neben der qualitativen Bewertung der Themengebiete Tribologie, Oberfläche und mechanische Eigenschaften basierend auf Kapitel 5.2, 5.3 sowie 5.4 beinhaltet dies die Darstellung und Auswertung in Form von Zahlentafeln zu den Analogieversuchen aus Kapitel 6.3.

Eine Reibungs- und Verschleißoptimierung des Systems bedingt die gezielte Prozessparameteranpassung an das werkstoffspezifische Verhalten der Systemkomponenten [KUWE07, S. 19]. Als Referenz zur Bewertung der Eignung von Werkzeugeinsätzen aus FFF PLA für die Feinblechumformung dienen die folgenden Zahlentafeln (vgl. Tabelle 6-3, Tabelle 6-4 und Tabelle 6-5) zur Versuchsreihe, in welchen die Beanspruchungen infolge des Anformens von Sicken enthalten sind. Entsprechend Kapitel 5.2.1 ergeben sich folgende für die Analogieversuche relevante Reibwerte: μ_m=0,09 bei UM PLA auf DC04 mit Schmierstoff, μ_m=0,25 bei UM PLA auf DC04 ohne Schmierstoff sowie μ_m=0,069 bei UM PLA auf Al 1050A mit Schmierstoff. Infolgedessen erhöht sich durch eine Selbstschmierung ohne zusätzlichen Schmierstoff der Reibwert um mehr als das Doppelte. Dies ist insbesondere an den kritischen hochbelasteten Stellen am Stempel und an der Ziehkante der Matrize zu erkennen (vgl. Abbildung 6-7). Durch eine Überlastung des Werkzeugwerkstoffs findet eine plastische Deformation an diesen Stellen statt. Bei Verwendung anderer Filamente oder Werkstoffe wird die plastische Deformation infolge einer Verschiebung der Belastungsgrenzen entsprechend größer oder kleiner. Folglich ist die Versagensgrenze von kunststoffbasierten additiv gefertigten Werkzeugeinsätzen insbesondere materialabhängig. Im Arbeitsbereich mit geringeren Belastungen ist der Einfluss des Reibwerts niedriger und weist eine geringere Streuung auf. Aufgrund Werkzeugdeformation innerhalb einer Toleranz von +/-1 mm wird infolgedessen von einer für die in Kapitel 3 beschriebenen Anwendungsfälle ausreichenden Prozessstabilität ausgegangen. Reibwerte streben bei zunehmender Flächenpressung gegen einen Grenzwert (vgl. Kapitel 5.2.1). Folglich ist eine Selbstschmierung bei Werkzeugeinsätzen aus FFF PLA bei bestimmten Geometrien möglich, die Reibwerte sowie deren Streuung werden größer und Werkzeuge sowie Bauteile weisen mehr Beschädigungen bzw. Verschleißerscheinungen auf. Diese sind insbesondere mit einem leichten Aufschmelzen des Werkzeugwerkstoffs infolge der geringen Glasübergangstemperatur von PLA zu begründen. Ein weiterer Faktor ist der Materialübertrag entsprechend der Belastung sowie des Blechmaterialflusses. Belastete Werkzeugeinsätze weisen Verschleiß und entsprechende umgeformte Bauteile vereinzelt Riefen auf, welche bei Erhöhung der Belastung infolge eines höheren Umformgrads zunehmen.

Zunächst werden zur Synthese des Ordnungsrahmens die im Rahmen der wissenschaftlichen Arbeit durchgeführten Untersuchungen zusammengefasst, ausgewertet sowie darauf aufbauend Prozessgrenzen aufgezeigt. Nach 3 Umformoperationen mit 1 mm DC04 zeigen lediglich sieben der 21 Werkzeugeinsätze plastische Deformationen außerhalb des Toleranzbereichs von +/-1 mm (vgl. Tabelle 6-3). In der Versuchsreihe mit 1 mm Al 5754 sind sämtliche Werkzeugeinsätze innerhalb dieses Toleranzbereichs (vgl. Tabelle 6-4). Ein Werkzeugversagen wird bei den gewählten RG nicht beobachtet. Ergänzend zu den Erkenntnissen aus Kapitel 5.3 ergibt sich, dass FFF PLA für das Umformen von fahrzeugtypischen Feinblechgeometrien ausreichende Festigkeitseigenschaften aufweist. Die Festigkeitseigenschaften von UM PLA (Druckfestigkeit σ_y=71,4 MPa; Elastizitätsmodul E_c=2.224,6 MPa) sind um 2/3 geringer im Verhältnis zu denen von beispielsweise Aluminium als typischer Werkzeugwerkstoff. Diese sind für die im Rahmen der vorliegenden wissenschaftlichen Arbeit definierten Prozessgrenzen in Form der gebildeten RG ausreichend. Lediglich bei RG mit einer geringen Stirnfläche wird das Werkzeugsystem stark beansprucht. Während bei DC04 einzelne Maße außerhalb des Toleranzbereichs sind, zeigt Al 5754 vermehrt Tiefziehfehler. Der Anteil der elastischen Verformung nimmt dabei mit zunehmenden Umformoperationen ab während die plastische Verformung zunimmt. Dabei bleibt die Maßhaltigkeit der Bauteile nahezu konstant. Dies ist insbesondere an den Standzeitversuchen mit 9 bzw. 12 Hüben zu erkennen (vgl. Abbildung 6-11).

Es wird vermutet, dass eine mit konventionellen Werkzeugwerkstoffen vergleichbare geometrieabhängige Maßhaltigkeit zu erreichen ist, wenn der elastische Anteil des Werkzeugwerkstoffs beherrscht wird. Ein abgeänderter ERICHSEN Tiefungsversuch bestätigt eine vergleichbare Maßhaltigkeit innerhalb bestimmter Prozessgrenzen. Sowohl für die geometrischen Abweichungen der Werkzeugeinsätze als auch der umgeformten Bauteile wird eine Maßhaltigkeit innerhalb +/-1 mm toleriert. Die Prozessgrenzen sind maßgeblich von der geometrischen Gestaltung abhängig. Zur Untersuchung der Prozessgrenzen werden die Ergebnisse der Analogieversuche anhand der geometrischen Größen der RG, der Werkzeugdeformation, der geometrischen Abweichung umgeformter Bauteile sowie des Auftretens der Tiefziehfehler Einschnürung und Riss ausgewertet. Die sich daraus ergebenden Zahlentafel sowie deren Auswertung sind Kernergebnisse des Ordnungsrahmens.

Tabelle 6-3 Auswertung Analogieversuche der Werkzeugeinsätze aus FFF PLA (in 1 mm DC04)

			Max. plastische Deformation		
RG	Breite [mm]	Tiefe [mm]	Stempel [mm]	Matrize [mm]	Tiefziehfehler
1	10	3,5	-0,38	-0,12	Keine Fehler
2	15	4,5	-0,24	-0,25	Keine Fehler
3	20	5,1	-0,09	-0,24	Keine Fehler
4	10	4,3	-1,28	-0,28	Keine Fehler
5	15	6,5	-0,72	-0,16	Keine Fehler
6	20	8,1	-0,14	-0,42	Keine Fehler
7	10	5	-1,08	-0,34	Keine Fehler
8	15	7,11	-0,35	-0,33	Keine Fehler
9	20	8,7	-0,79	-0,49	Keine Fehler
10	10	5	-1,31	-0,24	Keine Fehler
11	15	7,5	-0,45	-0,31	Keine Fehler
12	20	10	-0,36	-0,39	Keine Fehler
13	10	3,4	-1,13	-0,21	Keine Fehler
14	15	4	-0,80	-0,27	Keine Fehler
15	20	4,5	-0,53	-0,23	Keine Fehler
16	10	5	-1,74	-0,29	Keine Fehler
17	15	6	-1,07	-0,36	Keine Fehler
18	20	7	-0,65	-0,26	Keine Fehler
19	10	5	-1,03	-0,27	Keine Fehler
20	15	5	-0,68	-0,28	Keine Fehler
21	20	5	-0,62	-0,17	Keine Fehler

Gemäß Tabelle 6-3 fällt auf, dass in DC04 keine Tiefziehfehler bei den 21 RG auftreten. Die RG 4, 7, 10, 13, 16, 17 und 19 weisen Abweichungen außerhalb des Toleranzbereichs v.a. am jeweiligen Stempel auf. Diese sind insbesondere RG mit einer Sickenbreite von 10 mm. In Tabelle 6-4 sowie in Abbildung 6-17 und Abbildung 6-18 bezeichnen beispielsweise „E1" eine Einschnürung des umgeformten Blechs im ersten und „R3" die Entstehung eines Risses im dritten Hub.

Tabelle 6-4 Auswertung Analogieversuche der Werkzeugeinsätze aus FFF PLA (in 1 mm Al 5754)

			Max. plastische Deformation		
RG	Breite [mm]	Tiefe [mm]	Stempel [mm]	Matrize [mm]	Tiefziehfehler
1	10	3,5	-0,13	-0,08	Keine Fehler
2	15	4,5	-0,03	-0,10	Keine Fehler
3	20	5,1	-0,07	-0,17	Keine Fehler
4	10	4,3	-0,06	+0,04	Keine Fehler
5	15	6,5	-0,07	-0,06	E2, R3
6	20	8,1	+0,05	-0,11	Keine Fehler
7	10	5	-0,36	-0,10	R3
8	15	7,11	-0,08	-0,12	R1, R2, R3
9	20	8,7	-0,10	-0,15	E1, R2, R3
10	10	5	-0,07	+0,07	E1, E2, E3
11	15	7,5	-0,04	-0,06	R1, R2, R3
12	20	10	-0,04	-0,06	R1, R2, R3
13	10	3,4	-0,56	-0,04	Keine Fehler
14	15	4	-0,04	-0,07	Keine Fehler
15	20	4,5	-0,22	-0,06	Keine Fehler
16	10	5	-0,31	-0,06	R1, R2, R3
17	15	6	-0,22	-0,08	R1, R2, R3
18	20	7	-0,37	-0,08	R1, R2, R3
19	10	5	-0,15	-0,04	E2, R3
20	15	5	-0,10	-0,04	E3
21	20	5	-0,33	-0,05	Keine Fehler

Dahingegen treten bei Al 5754 gemäß Tabelle 6-4 Tiefziehfehler abhängig von der geometrischen Gestaltung auf (vgl. Anhang 9-30). Es ist ein Trend zu erkennen, dass die Tiefziehfehler bei bereits genutzten Werkzeugen zunehmen, beispielsweise zeigt RG 5 im ersten Hub keinen Fehler, im zweiten eine Einschnürung und im dritten einen Riss. Jedoch sind sämtliche Bauteile innerhalb der Toleranzanforderung.

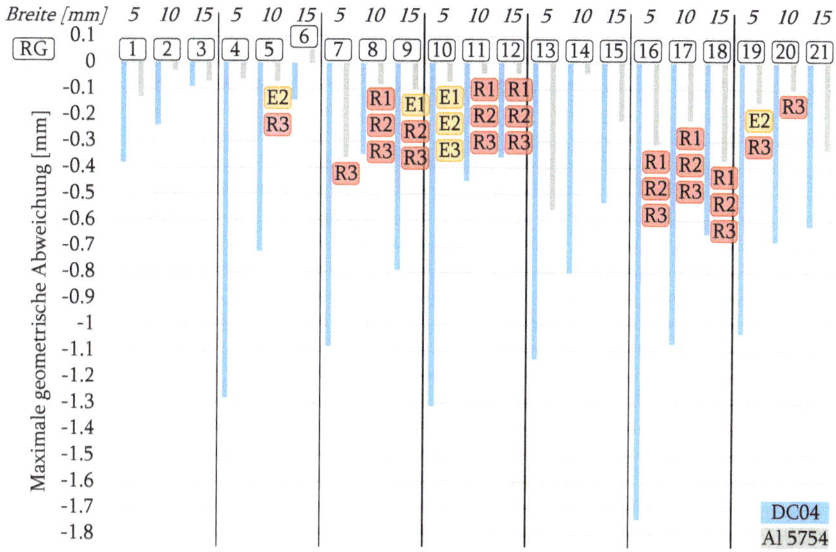

Abbildung 6-17: Auswertung der geometrischen Abweichungen der Stempel

Entsprechend der in Abbildung 6-17 dargestellten Tiefziehfehler der Aluminiumbleche treten diese insbesondere bei RG auf, welche links unten in Abbildung 6-2 verorten werden. Die geometrischen Abweichungen werden in Dreierpaaren dargestellt, was die sinkende Belastung infolge einer Erhöhung der Breite von 10 auf 20 mm hervorhebt. Sieben der Werkzeugeinsätze zeigen eine Deformation >1 mm und sind infolgedessen nicht mehr in der Lage, maßhaltige Geometrien zu erzeugen.

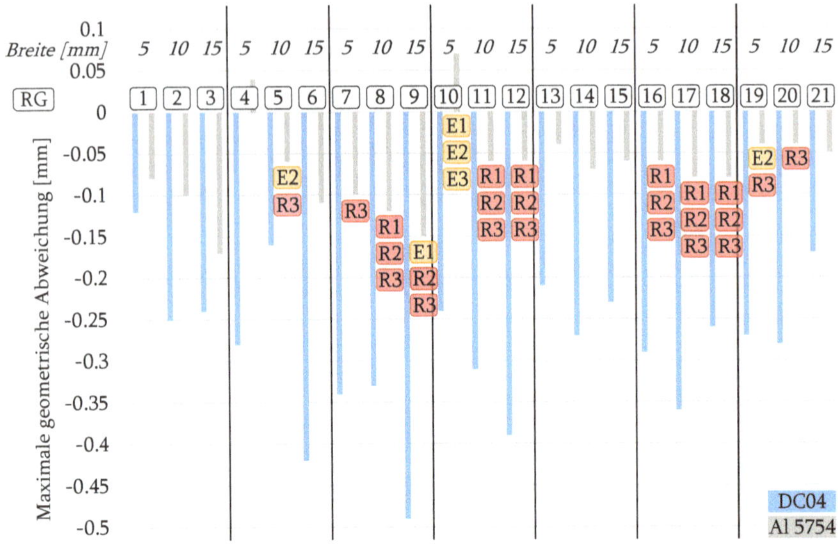

Abbildung 6-18: Auswertung der geometrischen Abweichungen der Matrizen

Die Deformationen infolge der Umformung von DC04 sind bei Matrizen geringer als an den entsprechenden Stempeln. Es ist beispielsweise ersichtlich, dass die geometrische Abweichung der Matrize nicht mit der Sickenbreite korreliert.

In Tabelle 6-5 werden Standzeitversuche der RG 2, 8, 11, 17 und 20 dargestellt. Es ist zu beobachten, dass bei geringen Umformgraden (RG 2) die maximale Abweichung am Blech ein negativer Wert ist, welcher an der Ziehkante gemessen wird und den erhöhten bzw. geglätteten Ziehkantenradius darstellt. Die Ergebnisse von Sicken mit einem höheren Umformgrad (RG 8, 11, 17 und 20) zeigen dahingegen das Nicht-Erreichen der Ziehtiefe an den kritischen Stellen (insbesondere an den Sickenenden der Stempel).

Tabelle 6-5 Auswertung Analogieversuche der umgeformten Bauteile

RG	Breite [mm]	Tiefe [mm]	Werkstoff [1 mm]	Hub	Max. Abweichung [mm]	Tiefziehfehler
2	15	4,5	Al 5754	3	-0,34	Keine Fehler
2	15	4,5	DC04	3	-0,52	Keine Fehler
8	15	7,11	Al 5754	3	+0,45	R1, R2, R3
8	15	7,11	DC04	3	+0,58	Keine Fehler
11	15	7,5	Al 5754	3	+0,46	R1, R2, R3
11	15	7,5	Al 5754	12	+0,45	R4 bis R12
11	15	7,5	DC04	3	+0,48	Keine Fehler
11	15	7,5	DC04	9	+0,54	Keine Fehler
17	15	6	Al 5754	3	+0,51	R1, R2, R3
17	15	6	Al 5754	12	+0,50	R4 bis R12
17	15	6	DC04	3	+1,05	Keine Fehler
20	15	5	Al 5754	3	+0,63	E3
20	15	5	DC04	3	+1,00	Keine Fehler
20	15	5	DC04	9	+0,70	Keine Fehler

Somit hängt die Maßhaltigkeit stark von der geometrischen Gestaltung ab. Es ergeben sich für jede Kombination aus Werkzeugwerkstoff und Herstellungsverfahren optimale geometriebezogene Arbeitsbereiche, welche im Folgenden für FFF PLA diskutiert werden. Bei der Versuchsplanung wird die Anzahl der Variablen auf wenige geometrische Größen reduziert, sodass die ausgewählten RG in FFF PLA auf ihre Tauglichkeit analysiert und bewertet werden können [KUWE07, S. 20]. Auf Basis der Analogieversuche können ungünstige Werkzeuggeometrien mit signifikanten Spannungsspitzen ausgeschlossen werden [KUWE07, S. 27]. Zusammenfassend wird bei sämtlichen RG Faltenwurf außerhalb des Niederhalterbereichs in unterschiedlichen Ausprägungen festgestellt, welcher jedoch die Bauteilqualität nicht mindert. Bei Halbrundsicken treten die Deformationen gleichmäßig im gesamten Stempel auf, da alle Bereiche kontinuierlich direkten Kontakt zum Blech aufweisen. Auffällig ist die hohe Deformation des Stempels von RG 7. RG 1, 4, 7 und 10 gehören zu den 10 mm breiten Halbrundsicken und weisen die größte Deformation auf. RG 1 und 7 erfahren mit einem Matrizenradius von 1 mm eine höhere Deformation als RG 4 und 10. 15 und 20 mm breite Halbrundsicken zeigen lediglich geringe Deformationen. Die Deformation ist über die Stempelfläche gleichmäßig verteilt, was an einer geringen Streuung der Messpunkte zu erkennen ist. Bei Al 5754 findet die Verformung der Werkzeugeinsätze hauptsächlich im elastischen Bereich statt. Durch eine Vergrößerung des Ziehkantenradius kann die Biegearbeit herabgesetzt werden, sodass RG mit einem 1 mm Radius höhere Werkzeugdeformationen zeigen als solche mit 2 mm. Der Beginn des Tiefziehprozesses lässt sich mit einer Dreipunktbiegung vergleichen, welche die gesamte Stempelkraft über die Ziehkanten in die Matrize leitet. Dadurch können höhere Deformationen an den Messpunkten C, E und H erklärt werden. Der erhöhte Kraftaufwand infolge eines geringen Matrizenradius wirkt sich ebenfalls auf die Stempeldeformation aus, was bei 10 mm breiten Sicken am auffälligsten ist. Zu hohe Druckspannungen führen zu einer Überschreitung der Stauchgrenze und somit zu plastischen Verformungen. Aufgrund der Verteilung der Umformkraft auf eine größere Stempelfläche sind 15 und 20 mm breite Stempel weniger verformt. Die Streuung der Messwerte ist bei Halbrundsicken geringer als bei Trapezsicken. Bei Al 5754 ist die Standzeit bei allen RG gegeben. Bei DC04 werden die ausgewählten Trapezsicken RG 17 und 20 nur mit erhöhten Werkzeugdeformationen sowie Abweichungen des Blechs vom Sollzustand nah an der Toleranzgrenze von +/-1 mm angeformt. Dabei sind Eckpunkte und Trapezkanten als kritische Stellen zu erkennen. Messpunkte auf der Ebene des Obergurts (A, B, D, F, G) weisen dabei höhere Deformationen auf als solche auf der Ebene des Untergurts (C, E, H). Auffällig sind die Ergebnisse von RG 19-21, bei welchen lediglich der Flankenwinkel variiert wird. Hier wird das Optimum in Form der geringsten Deformationen bei RG 20 und einem Flankenwinkel von 30 ° ermittelt. RG 21 ist aufgrund einer geringeren Stirnfläche des Stempels stärker verformt. Aufgrund der Wirkung des Niederhalters werden bei sämtlichen RG insbesondere die Stempel deformiert, sodass Matrizendeformationen zunächst im Bereich der Messungenauigkeit liegen. Bei Trapezsicken wird des Weiteren vermutet, dass die Fließfähigkeit des Blechs sowie elastische Werkzeugdeformation keine vollständige Formausfüllung einer kantigen Trapezgeometrie zulässt. Des Weiteren ist auffällig, dass die maximale Matrizendeformation mit steigender Sickenbreite zunimmt. Werkzeugeinsätze der RG 4-6 und 10-12 zeigen aufgrund des höheren Ziehkantenradius von 2 mm eine geringere Deformation als RG 1-3 und 7-9. Diese Tendenz ist bei Halbrund- eindeutiger als bei Trapezsicken. Eine eindeutige Korrelation zwischen Stempel- und Matrizendeformation ist nicht festzustellen. Sowohl bei Halbrund- als auch Trapezsicken weisen die Messpunkte A und F am Grund der Kavität der Matrizen wenig bis keine Deformation auf.

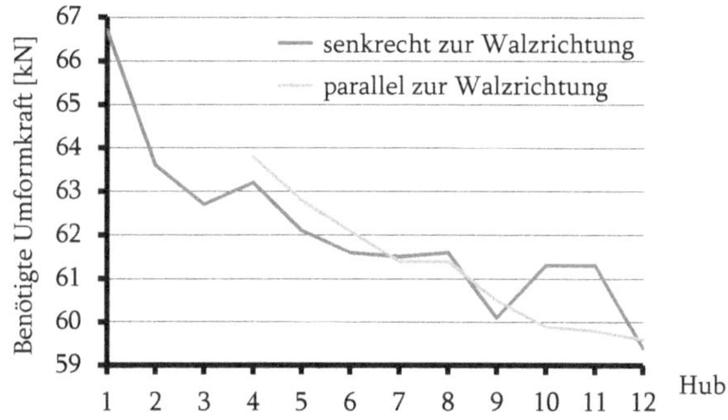

Abbildung 6-19: Kraftverlauf für die simultane Umformung von RG 11 und 17

Die Umformkraft der Standzeitversuche von RG 11 und 17 senkrecht und parallel zur Walzrichtung wird mittels einer Kraftmessdose aufgezeichnet. Werkzeugeinsätze beider RG werden dabei zur Reduktion der Hubanzahl in einer Umformoperation genutzt. In Abbildung 6-19 ist ein degressiver Verlauf der benötigten Umformkraft zu erkennen. Nach einem anfänglichen Maximum von 66,7 kN streben die Verläufe von sowohl parallel zur Walzrichtung als auch senkrecht zur Walzrichtung geprüften Sickengeometrien gegen einen Grenzwert von rund 59 kN an, die benötigt wird, um zwei der RG umzuformen. Dies ist damit zu begründen, dass eine Glättung des Treppenstufeneffekts sowie der kritischen Stellen der Werkzeughälften zu einer geringeren benötigten Umformkraft führen. Es wird weniger Umformkraft in Form einer elastischen Verformung des Werkzeugwerkstoffs verschwendet. Des Weiteren spielt der Stick & Slip-Effekt (vgl. Kapitel 5.2) eine Rolle. Mehr als die Hälfte der plastischen Deformation findet bis zur dritten Umformoperation in der sogenannten Einschwingphase statt. In dieser Phase werden die Rauheitsspitzen aufgrund äußerer Lasten eingeebnet und die Werkzeugaktivfläche verändert sich (vgl. Kapitel 2.4.4). Infolgedessen reduziert sich die Ziehtiefe mit zunehmenden Umformoperationen. Aufgrund der plastischen Verformung wird die anfänglich noch hohe Querkraft mit zunehmenden Umformoperationen reduziert. Sind Rauheitsspitzen geglättet und durch adhäsiven oder abrasiven Verschleiß beansprucht, reduziert sich infolgedessen die resultierende Reibkraft [KUWE07, S. 50f.].

Die Bauteiloberfläche der umgeformten Bauteile in 1 mm DC04 und Al 5754 ist bis auf die beschriebenen Tiefziehfehler einwandfrei (vgl. Abbildung 6-8 und Anhang 9-18 bis Anhang 9-21). Das Formatblech weist wenige zu vernachlässigende Kratzer und Riefen auf, welche die Versuchsergebnisse nicht beeinflussen. Dabei beträgt der allgemeine Grenzwert der Rauheitswerte R<5 µm. Dieser wird weder von den Blechen noch von den Werkzeugeinsätzen im beanspruchten Zustand überschritten. Grundsätzlich wird durch die Belastung von Werkzeugeinsätzen aus FFF PLA die Rauheit von Polymeren reduziert. Lediglich Fremdpartikel, welche ins System eindringen können, führen zu einem erhöhten abrasiven Verschleiß. Des Weiteren weisen PLA und vergleichbare Polymere nur geringe Festigkeiten und Härten auf, sodass die Blechoberfläche nur minimal verändert wird.

Zusammenfassend ergibt sich, dass die niedrige Festigkeit von Werkzeugeinsätzen aus FFF PLA neben einer elastischen Verformung zu einer zunehmend plastischen Deformation des Werkzeugs führt. Dabei haben insbesondere die Sickenbreite sowie Ziehtiefe einen hohen Einfluss auf die Werkzeugdeformation. Die Breite von Sickengeometrien sollte b>10 mm betragen, beispielsweise sind RG 4, 7, 10 aufgrund dessen bei der Umformung von 1 mm DC04 auszuschließen. Anhand eines Verhältnisses von Sickenbreite zu Ziehtiefe kann des Weiteren während der Konstruktion bewertet werden, ob die Sickengeometrie mittels Werkzeugeinsätzen aus FFF PLA in Feinblech umgeformt werden können. Dies gilt für den untersuchten Bereich der RG bei geringen Umformgraden hinsichtlich der fokussierten Werkstoff-Prozess-Kombination. Bei RG mit einer großen Sickenbreite im Verhältnis zur Sickentiefe (RG 5, 7-12, 16-20) treten bei spröden Feinblechen (1 mm Al 5754) Tiefziehfehler auf. Vorteilig sind die Einflüsse hinsichtlich Reibung, welche eine Untersuchung der Umformung ohne Schmiermittel erst ermöglichen (μ_m=0,25 bei DC04 ohne Schmiermittel). Die Bauteiloberfläche profitiert von der geringen Festigkeit und Härte des Werkzeugwerkstoffs. Die Bauteilmaßhaltigkeit von Feinblechen wird bei allen RG erreicht. Die untersuchten Werkzeugeinsätze zeigen einen degressiven Verlauf der Deformation mit zunehmenden Umformoperationen. Nach der Einschwingphase strebt die Deformation mit einer geringen Rate gegen einen Grenzwert. Bei Werkzeugeinsätzen aus FFF PLA werden charakteristische Trends wie beispielsweise eine abnehmende Deformationsrate nachdem ein eingeschwungener Zustand erreicht wird unabhängig von Werkzeugwerkstoff, Blechwerkstoff sowie Walzrichtung beobachtet. Der Verzicht auf Schmiermittel wirkt sich negativ auf die Umformbarkeit der RG aus. Höhere Reibwerte führen zu einer Zunahme des Dissipationsanteils sowie höheren Beanspruchungen der Bleche und somit der Werkzeugeinsätze. Bei einer beanspruchungsreduzierenden geometrischen Werkzeuggestaltung ist eine Selbstschmierung der Werkzeugeinsätze aus FFF PLA möglich. Ungünstige Werkzeuggeometrien führen zu einer erhöhten Neigung zu abrasivem Verschleiß, sodass die Kontaktgeometrie an Belastungen und Spannungsspitzen der Werkzeugoberfläche angepasst wird [KUWE07, S. 27]. Dies kann u.a. durch Minimierung oberflächennaher Zugbeanspruchung in Form einer flächigen Krafteinleitung an Ziehkante und äußeren Bereichen des Stempels erreicht werden. Des Weiteren werden aufgrund geringer Härte und Festigkeit des Werkzeugwerkstoffs bei keiner der RG Ausprägungen von Anhiebkanten oder Markierungen festgestellt [BIRK13, S. 242–253]. In besonderem Maße ausschlaggebend für die Deformation der Werkzeuggeometrie ist die Fläche des Obergurts sowie Ziehtiefe und Sickenbreite.

6.6 Gestaltungsempfehlungen

Mithilfe der strukturierten Analyse der theoretischen und experimentellen Erkenntnisse in Form eines Ordnungsrahmens ist die Formulierung von Gestaltungsempfehlungen möglich. Eine Übertragbarkeit von Gestaltungsempfehlungen auf einen neuen Konstruktionsstand oder eine abweichende Bauteilgeometrie bedingt einen allgemeinen Ausdruck dieser. Die effiziente Anwendung bei der Gestaltung von mittels FFF hergestellten Werkzeugelementen steht dabei im Vordergrund. Aufgrund der allgemeinen Formulierung sollen die folgenden Gestaltungsrichtlinien auf weitere additive Fertigungstechnologien übertragen werden können.

Der erste Teilbereich der Gestaltungsempfehlungen in Abbildung 6-20 betrifft die Auslegung des Verfahrens der Werkzeugherstellung (Kapitel 4.2) und beinhaltet insbesondere Empfehlung für die Einstellung der grundsätzlichen Slicing Parameter. Dazu gehören beispielsweise das Füllmuster Dreiecke, eine Fülldichte von 73% und eine Schichthöhe von 0,2 mm (vgl. Tabelle 4-1). Darauf folgt die Bestätigung der grundsätzlichen Eignung der Werkzeugwerkstoffe UM PLA und PA-CF für die Feinblechumformung anhand mechanischer Eigenschaften der Filamente im nicht verarbeiteten Zustand. Eine modulare Gestaltung des Säulengestells mit Schnittstellen zum aufwandsarmen Austauschen der Werkzeugeinsätze wird entsprechend Kapitel 4.4 empfohlen. Auf einfachwirkenden Pressen mit einer weggebundenen Steuerung und einer Endlagedämpfung können mit einem separaten Niederhaltereinsatz gute Umformergebnisse erreicht werden. Bei der geometrischen Auslegung werden Flankenwinkel, Rundungen, Fasen, eine minimale Geometriebreite sowie maximale Ziehtiefe empfohlen.

Die Werkzeugwerkstoffe PA-CF, PET-CF, UM PLA und PA zeigen im verarbeiteten Zustand ein niedriges konstantes Reibniveau (UM PLA: μ=0,095; PA-CF: μ=0,0,062) mit Schmierstoffeinsatz. Während für UM PLA eine maximale Flächenpressung im Bereich von 50-75 MPa empfohlen wird, kann PA-CF während einem Ziehvorgang mehr als 75 MPa standhalten. Die optimale Ziehgeschwindigkeit für UM PLA beträgt 100 mm/s. Weitere Werkstoffe wie PA-CF zeigen bei 75 mm/s die geringsten Reibwerte. In niedrigen Stückzahlbereichen benötigen beide Werkstoffe keinen Schmierstoff (UM PLA: μ=0,25; PA-CF: μ=0,101). Durch die Glättung von Rauheitshügeln während des Ziehvorgangs weisen UM PLA und PA-CF nur geringe Verschleißerscheinungen und gute Oberflächenwerte auf (UM PLA: Ra=0,86 µm; PA-CF: Ra=0,94 µm). Dadurch wird die Oberfläche der vier untersuchten Feinbleche nur schwach beansprucht (Rt<5 µm). Jedoch ist bei ungünstigen Geometrien und Rundungen der FFF-typische Schichtaufbau insbesondere in der Kavität zu erkennen.

Während der Elastizitätsmodul von UM PLA (E_c=2.224,6 MPa) leicht größer ist von PA-CF (E_c=2.125,8 MPa), ist bei PA-CF keine Druckfestigkeits-Maximum wie bei UM PLA (σ_y=71,4 MPa) zu ermitteln. Eine Druckspannung σ_s=83,2 MPa führt bei PA-CF zu einer Stauchung um 5 %. Somit eignen sich beide Werkstoffe für die Herstellung von Werkzeugeinsätzen. Analogieversuche zeigen, dass Trapezsicken grundsätzlich eine höhere Werkzeugdeformation hervorrufen als Halbrundsicken. Es ist eine starke Deformation in den ersten drei Umformungen zu berücksichtigen, welche sich anschließend degressiv einem geometriespezifischen Grenzwert annähert. Aufgrund geringerer Beanspruchung des Werkzeugwerkstoffs ist PLA für die Umformung von Aluminium besser geeignet als für vergleichbare kaltgewalzte Stähle wie DC04. Den größten Einfluss auf die Werkzeugbelastung zeigen Breite und insbesondere Höhe der Sickengeometrie. Additiv gefertigte Niederhalter sind zur Vermeidung von Stick & Slip-Effekten mit einer Flächenpressung von $p<15$ MPa einzustellen. Die beschränkte Standzeit von Werkzeugeinsätzen aus FFF PLA kann durch die Vermeidung von Radien $r_c<2$ mm und einem minimalen Verhältnis von Breite zu Höhe der Sicke erhöht werden. Die Durchführung von virtuellen Tryouts durch FEM-Simulationen erspart aufwendige Experimente bei Einstellung der anwendungsspezifischen Rahmenbedingungen (insbesondere das Materialmodell).

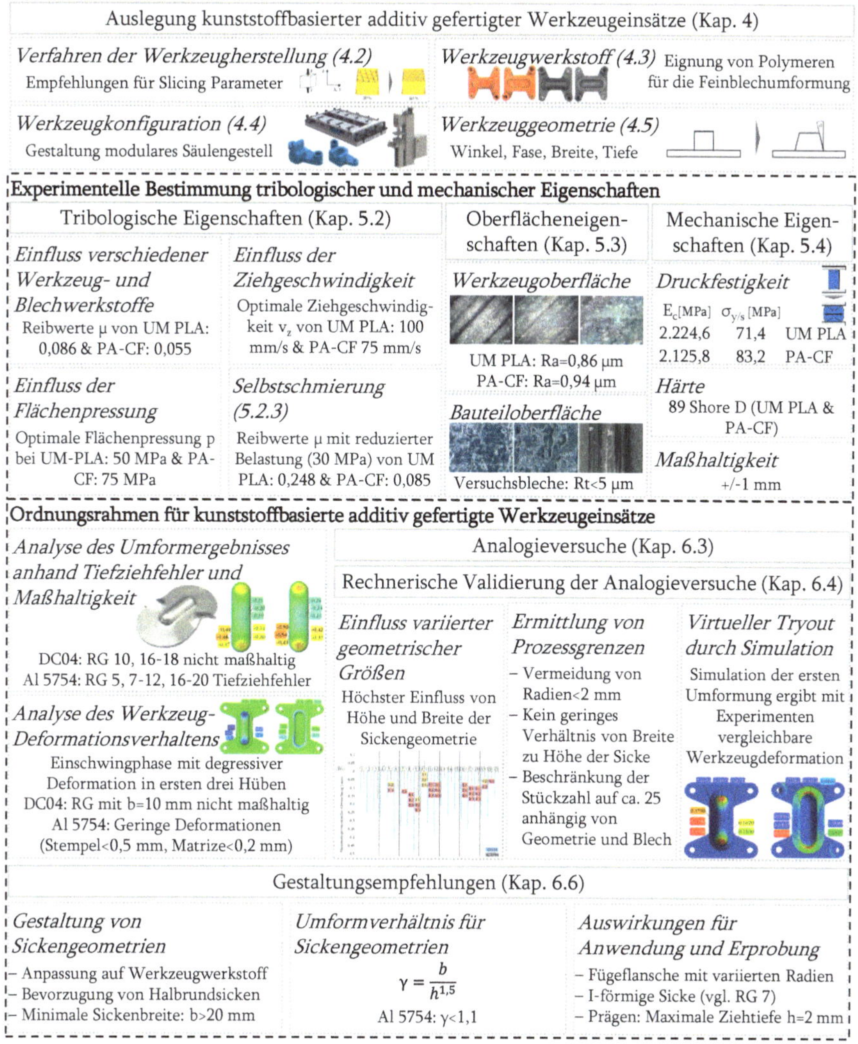

Abbildung 6-20: Gestaltungsempfehlungen für FFF PLA-Werkzeugeinsätze

Die geometrische Gestaltung von Sicken muss bei Werkzeugeinsätzen aus FFF PLA anders gestaltet werden als bei konventionellen Werkzeugsystemen. Dies hängt von der Abstimmung von Werkzeug- und Blechwerkstoff ab. PA-CF hinterlässt beispielsweise glänzende Mikrostrukturen auf Al 5754. RG 16-18 eignen sich entsprechend Tabelle 6-6 nicht für die Umformung mittels Werkzeugeinsätzen aus FFF PLA. Halbrundsicken sind bei der Verwendung von Polymeren als Werkzeugwerkstoff zu bevorzugen. Bei Halbrundsicken ist ein großes Verhältnis des Kreisradius' r zur Höhe h vorteilhaft. Geringe Ziehkantenradien werden durch den regressiven Verlauf der Biegekraft in Abbildung 4-10 ausgeschlossen. Der Ziehkantenradius r_c hat dabei einen geringeren Einfluss auf die Werkzeugdeformation als Breite b und Höhe h. Bei hohen Ziehtiefen ist der Einfluss des Radius größer als bei geringen. Eine Ziehtiefe von h=8,7 mm bei RG 9 führt zu nicht ausreichenden Umformergebnissen (vgl. Tabelle 6-6), sodass bei b=10-20 mm breiten Geometrien eine maximale Ziehtiefe von h=8 mm ermittelt wird. Die Analogieversuche in Kapitel 6.3 zeigen, dass Sicken mit einer Breite von b=20 mm geringere Werkzeugdeformationen verursachen und bessere Umformergebnisse erzielen (vgl. Abbildung 6-17 und Abbildung 6-18). Aus Tabelle 6-4 und Abbildung 6-2 ergibt sich, dass das Auftreten von Tiefziehfehlern bei der Umformung der RG in Al 5754 mittels FFF PLA von der Geometriehöhe h und –breite b abhängig ist. Je tiefer eine Sicke ausgeformt wird, umso öfter kommt es zur Rissbildung. Je breiter die Sicke ist, desto seltener treten Risse auf. Dahingegen ist ersichtlich, dass der Einfluss der Ziehtiefe stärker ist als der Einfluss der Sickenbreite, da beispielsweise bei Sicken mit 20 mm Breite ebenfalls Fehler auftreten (RG 9, 12 und 18). Um diese Zusammenhänge gewichtet darstellen zu können, wird eine Kennzahl zur Bestimmung des Umformverhältnisses für Sickengeometrien γ eingeführt (vgl. Tabelle 6-6).

$$\gamma = \frac{b}{h^{1,5}} \qquad [\text{Grenzwert } \gamma \geq 1,1]$$

γ=Umformverhältnis für Sickengeometrien

b=Breite der Sicke

h=Höhe der Sicke

Tabelle 6-6 Auswertung Analogieversuche der Werkzeugeinsätze aus FFF PLA (in 1 mm Al 5754)

RG	Max. plastische Deformation Stempel DC04 [mm]	Stempel Al 5457 [mm]	Matrize DC04 [mm]	Matrize Al 5457 [mm]	Tiefziehfehler Al 5457	Umformverhältnis γ
1	-0,38	-0,13	-0,12	-0,08	-	1,53
2	-0,24	-0,03	-0,25	-0,10	-	1,57
3	-0,09	-0,07	-0,24	-0,17	-	1,74
4	-1,28	-0,06	-0,28	+0,04	-	1,12
5	-0,72	-0,07	-0,16	-0,06	E2, R3	0,91
6	-0,14	+0,05	-0,42	-0,11	-	0,87
7	-1,08	-0,36	-0,34	-0,10	R3	0,89
8	-0,35	-0,08	-0,33	-0,12	R1, R2, R3	0,79
9	-0,79	-0,1	-0,49	-0,15	E1, R2, R3	0,78
10	-1,31	-0,07	-0,24	+0,07	E1, E2, E3	0,89
11	-0,45	-0,04	-0,31	-0,06	R1, R2, R3	0,73
12	-0,36	-0,04	-0,39	-0,06	R1, R2, R3	0,63
13	-1,13	-0,56	-0,21	-0,04	-	1,60
14	-0,8	-0,04	-0,27	-0,07	-	1,88
15	-0,53	-0,22	-0,23	-0,06	-	2,10
16	-1,74	-0,31	-0,29	-0,06	R1, R2, R3	0,89
17	-1,07	-0,22	-0,36	-0,08	R1, R2, R3	1,02
18	-0,65	-0,37	-0,26	-0,08	R1, R2, R3	1,08
19	-1,03	-0,15	-0,27	-0,04	E2, R3	1,34
20	-0,68	-0,1	-0,28	-0,04	R3	1,34
21	-0,62	-0,33	-0,17	-0,05	-	1,34

Der stärkere Einfluss wird über den Exponenten 1,5 gewichtet. Die Ergebnisse der Analogieversuche zeigen für Al 5754, dass ab einem Umformverhältnis $\gamma<1{,}1$ Tiefziehfehler bei der Ausformung von Sicken auftreten (vgl. graue Zellen in rechter Spalte in Tabelle 6-6). Zum Hervorheben von Korrelationen zwischen γ sowie Tiefziehfehlern bzw. der maximalen plastischen Deformation der Werkzeugeinsätze sind kritische Zellen grau markiert. Kritisch sind RG, wenn sie Tiefziehfehler aufweisen oder sich in dem Drittel mit der höchsten Deformation befinden.

Die Breite b hat bei Umformung von DC04 einen größeren Einfluss auf die Bauteilmaßhaltigkeit als bei Al 5754. Während die Deformation des Stempels nicht mit dem

Umformverhältnis oder dem Auftreten von Tiefziehfehlern korreliert, ist bei der Deformation der Matrize ein deutlicher Zusammenhang zu erkennen.

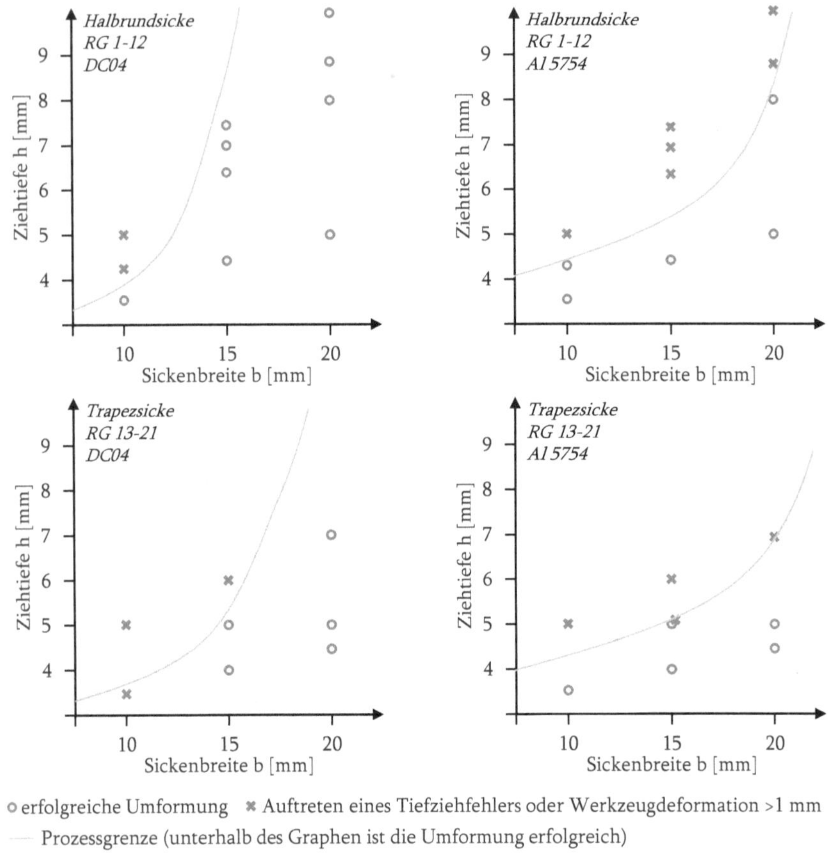

Abbildung 6-21: Darstellung des Prozessfensters in Abhängigkeit vom Sickentyp und Blechwerkstoff

Zur genaueren Untersuchung des Prozessfensters ist das Auftreten von Tiefziehfehlern sowie eine Werkzeugdeformation >1 mm in Abhängigkeit von Sickenbreite b und Ziehtiefe h in Abbildung 6-21 dargestellt. Auffällig ist, dass ab einem bestimmten geometrie- und blechabhängigen Verhältnis zwischen Ziehtiefe h und Sickenbreite b keine erfolgreiche Umformung stattfindet. Unterhalb des dargestellten Graphen ist das Prozessfenster dargestellt. Bei Al 5754 entspricht der Verlauf sowohl bei Halbrund- als auch bei

Trapezsicken annäherungsweise der Potenzfunktion entsprechend der aufgestellten Kennzahl zur Bestimmung des Umformverhältnisses für Sickengeometrien γ. Das Auftreten von Tiefziehfehlern korreliert folglich mit dem Umformverhältnis (vgl. Abbildung 6-21). Weitere Zusammenhänge der Datengrundlage können mithilfe von Methoden von Künstlicher Intelligenz erkannt und verarbeitet werden. So können weitere Prozessgrenzen, welche sich nicht direkt aus dem Datensatz ableiten lassen, formuliert und für Umformbarkeitsanalyse oder eine automatisierte Konstruktion genutzt werden. SCHUH ET AL. stellen dazu mit Beteiligung des Autors der vorliegenden wissenschaftlichen Arbeit ein Prozesskettenkonzept vor, welches in der Lage ist, die Anforderungen an eine flexible automatisierte Gestaltung von Werkzeugeinsätzen für die Blechumformung auf Basis der Messdaten der Analogieversuche in Kapitel 6.3 zu erfüllen. [SCHU21, S. 1–5]

Auf Basis dieser geometrischen Zusammenhänge werden folgende Gestaltungsempfehlungen für die in Kapitel 7 erprobten Demonstratoren hervorgehoben. Das Karosseriebauteil in Kapitel 7.1 soll verschiedenartige Sickengeometrien beinhalten. Dazu wird eine I-förmige Sicke mit einer Ziehtiefe von 5 mm vergleichbar mit RG 7 ein kritisches geometrisches Element darstellen. Zur Bestätigung der beschriebenen Zusammenhänge der geometrischen Größen wie Breite, Höhe, Radius werden diese anhand realer Geometrieelemente im Demonstrator ebenfalls variiert. Beispielsweise werden unterschiedliche Radien zwischen 1 und 5 mm untersucht. Sickenbreite und -länge der Sickengruppe der Schrift in Kapitel 7.2 wird unter Berücksichtigung einer minimalen Breite und Länge variiert. Kanten werden mit einer 45° Fase versehen und die Ziehtiefe der Schrift wird auf 2 mm limitiert. In der Draufsicht sollen ebenfalls scharfe Kanten und geringe Radien vermieden werden.

7 Anwendung und Erprobung additiv gefertigter Werkzeugeinsätze

Im Folgenden werden zwei Kleinserienproduktionen konzipiert und durchgeführt. Dabei werden Erkenntnisse der vorangegangenen Modellversuche auf realitätsnahe Umformvorgänge transferiert. Somit wird die allgemeine Gültigkeit des Ordnungsrahmens und der Gestaltungsempfehlungen validiert. Zuletzt werden die Prozessgrenzen der Technologie sowie das Potential des ermittelten Arbeitsbereichs i.A.a. TENNER evaluiert. [TENN19, S. 3].

7.1 Umformversuche mit Karosseriebauteilen

Zur Feststellung der Gültigkeit der im Rahmen von Kapitel 5 und 6 erarbeiteten Prozessgrenzen sowie zur Überprüfung der Anforderungen, welche durch bestehende Ansätze aus Kapitel 3 bestimmt werden, wird im Rahmen einer Prozesskette für die Nutzung additiv gefertigter Werkzeugeinsätze aus FFF PLA eine Blechbauteil Kleinserie produziert (vgl. Abbildung 7-1).

1) Anforderungsdefinition
2) Bauteilkonstruktion
3) Werkzeugkonstruktion
4) AM der Werkzeugeinsätze
5) Stanzen oder 2D Laserschneiden der Blechzuschnitte
6) Montage der Werkzeugeinsätze in Säulengestell
7) Umformung
8) Optische Vermessung der Werkzeugeinsätze während fortlaufender Umformungen
9) Optische Vermessung der Bauteile
10) Auswertung der optischen Vermessungen
11) U.U. 3D Laserschneiden der Bauteile (Saum, Faltenwurf, Löcher)

Abbildung 7-1: Prozesskette für additiv gefertigte Werkzeugeinsätze

Zu 1): Im Rahmen der Anforderungsdefinition wird ausgehend von Erfahrungswerten der Vorversuche ein Demonstrator-Karosseriebauteil gewählt, welches zur Verstärkung/Gurtbefestigung auf der Innenseite der B-Säule dient [SCHU21, S. 5–9]. Diese beinhaltet diverse fahrzeugtypische Feinblechgeometrien und insbesondere Sicken [SCHU20, S. 1–5]. Die durch diese Umformversuche ermittelten Ergebnisse sollen dabei auf den Realeinsatz übertragen werden können [KUWE07, S. 57f.]. Eine hohe praktische Relevanz des B-Säulen Bauteils ergibt sich durch die tragende Funktion im Fahrzeugrahmen und die Bedeutung für diverse Crashfälle [GRÖB19, S. 46], [IKPE17, S. 38f.].

Weitere Anforderungen sind die originalgetreue Darstellung der fahrzeugtypischen Feinblechgeometrien sowie die Einhaltung der begrenzten Werkzeuggröße des Säulengestells von 330 x 240 x 300 mm (vgl. Kapitel 4.4). Der Demonstrator wird aus den typischen Karosserieblechen 0,7 mm DC04 sowie 1 mm Al 1050A gefertigt und soll Maßtoleranzen von +/-1 mm einhalten [BIRK13, S. 61]. Das Bauteil kann mit einer maximalen Presskraft von 20 t in einem einstufigen Prozess umgeformt werden. Ein Niederhalter zur Steuerung des Materialflusses kann in dem modularen Säulengestell mit einem Hub von 300 mm integriert werden. Das Werkzeug wird aus einem nachhaltigen, ausreichend steifen Werkstoff gefertigt und ist hinsichtlich einer reduzierten Fertigungszeit topologieoptimiert ohne Standzeit und Funktionalität zu beeinträchtigen.

Zu 2): Das Demonstrator-Bauteil weist eine maximale Ziehtiefe von 6 mm bei einer Abmessung von 137,5 x 150 mm auf. Es werden keine Ziehsicken zur Kontrolle des Blechmaterialflusses vorgesehen (vgl. Abbildung 7-2). Hervorzuheben ist dabei die Ziehtiefe von 5 mm der abgebildeten Halbrundsicke. Die kreis- bzw. ringförmigen Sicken im Inneren des Bauteils dienen als Montage-, Positionier- oder Fügeflächen bei gleichzeitiger Steifigkeitserhöhung. Zur Überprüfung der Umformbarkeit von Kopfradien von 2 bis 5 mm werden vier verschiedene Fügeflansche für das Widerstandspunktschweißen am Bauteilrand vorgesehen. Aufgrund beschränkter mechanischer Eigenschaften können diverse Radien oder filigrane Geometrien mittels Werkzeugeinsätzen aus FFF PLA nicht abgebildet werden [SCHU20, S. 3]. Die Löcher dienen der Positionierung oder der Durchführung von Kabeln. Zur Befestigung der Sicherheitsgurt-Kassette befindet sich in der Bauteilmitte eine um 2 ° abgeschrägte Kastensicke. Der Saum weist 3 mm Radien sowie eine 20 ° Schräge auf und dient ebenfalls als Fügeflansch.

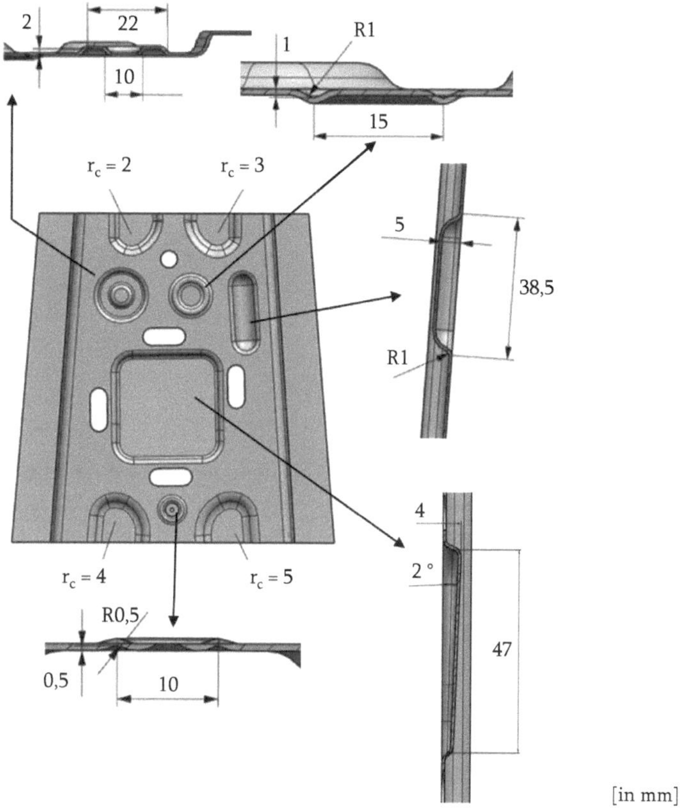

Abbildung 7-2: Abmessungen der Geometriemerkmale

Zu 3): Die Werkzeughälften stellen vereinfacht Negativformen des Demonstrator-Bauteils dar. Die Matrize ist eine Kavität mit einer ebenen Fläche zum Aufbringen der Niederhaltekraft sowie zur Positionierung des Blechzuschnitts (vgl. Abbildung 7-3). Zur Montage der Werkzeughälften auf die Grundplatten des Werkzeugaufbaus werden M5 x 35 Senkkopfschrauben nach DIN 912 genutzt, welche durch je Werkzeughälfte zwei bzw. vier zylindrische Senkungen an das Lochbild der Grundplatten befestigt werden. Während die Matrize eine Höhe von 25 mm aufweist, ist der Stempel aufgrund des Niederhalters 35 mm hoch. In den Niederhalter aus 4 mm 235JR Baustahl wird ein Niederhaltereinsatz aus ebendiesem Werkstoff eingeschraubt, in welchen ein bauteilspezifischer Einsatz aus FFF PLA gespannt wird.

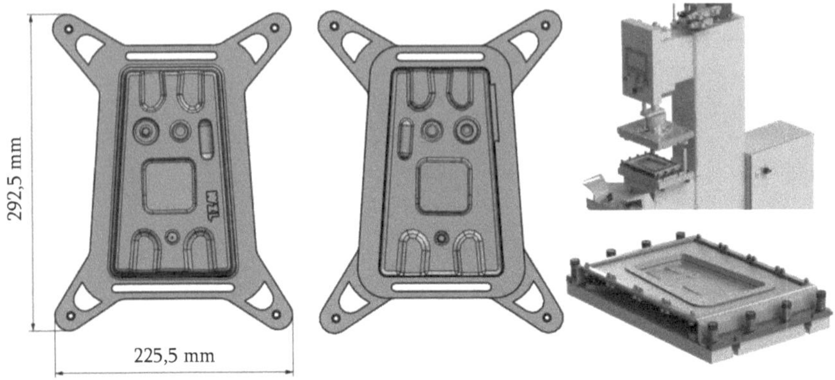

Abbildung 7-3: Aufbau der Werkzeughälften in dem Säulengestell

Zu 4): Hinsichtlich der Fertigung der AM Komponenten werden die Slicing Einstellungen und Handlungsempfehlungen gemäß Kapitel 4.2 genutzt. Wesentliche Konstruktionskriterien sind Materialeffizienz sowie Belastbarkeit hinsichtlich Druck- und Scherbeanspruchung [STEU15, S. 1–14]. Unter Verwendung von UM PLA ergibt sich eine gesamte Masse der drei AM Komponenten von 1,5 kg sowie eine Fertigungszeit von ca. 90 h. Um Einflüsse des AM Prozesses bei der Deformationsbestimmung ausschließen zu können, werden beide Werkzeughälften optisch vermessen.

Zu 5): Benötigte Blechzuschnitte aus DC04 (17 Stk.) sowie Al 1050A (11 Stk.) werden mittels der Laserschneidanlage TruLaser 5030 der Fa. Trumpf hergestellt. Anschließend werden Bleche und insbesondere die Schnittkonturen von Rückständen befreit und gereinigt. Die Anzahl produzierter Bauteile richtet sich nach den in Kapitel 3.3 vorgestellten Anwendungsfällen.

Zu 6): Eine detaillierte Explosionszeichnung der Werkzeugkonfiguration entsprechend Kapitel 4.4 für den Einsatz auf der elektrohydraulischen Presse TP-20 der Fa. Lindenberg ist in Anhang 9-31 dargestellt. Durch Verwendung der acht Federeinheiten kann eine Niederhalterkraft von bis zu 1,55 kN aufgebracht werden. Die Federeinheiten bestehen neben Druckfedern D-254 der Fa. Gutekunst aus Hülsen, welche aus PA-CF additiv gefertigt wurden, sowie M5 x 50 Senkkopfschrauben nach DIN 912.

Zu 7): Die schmierstofffreie Umformung wird anhand von zwei unterschiedlichen typischen Karosseriewerkstoffen demonstriert. Dabei wird ein exploratives Vorgehen gewählt mit dem Ziel, möglichst gute Umformergebnisse hinsichtlich des Anforderungsprofils der Analogieversuche in Kapitel 6.3 zu erhalten. Dabei werden Prozessparameter teilweise während der fortlaufenden Umformungen angepasst. Zunächst wird eine Kleinserie aus 17 Bauteilen aus 0,7 mm DC04 gefertigt. Entsprechend der Erfahrung aus

Vorversuchen wird eine Presskraft von 10 t für die ersten drei Umformungen eingestellt. Da insbesondere die filigranen ringförmigen Sicken nicht vollständig ausgeformt werden, wird die Presskraft ab der vierten Umformung bis zum Ende der Kleinserie aus DC04 auf 12 t erhöht. Aufgrund des ausgeprägten Faltenwurfs der ersten drei Bauteile wird bereits ab der vierten Umformung die maximale Niederhalterkraft von 1,55 kN aufgebracht. Infolge dieser Anpassungen werden sowohl filigrane Geometrien vollständig ausgeprägt als auch der Faltenwurf außerhalb des Niederhalterbereichs auf <0,6 mm reduziert. Nach den Umformungen 3, 7, 11, 14 sowie nach Ende der Kleinserie wird der Werkzeugaufbau zur optischen Vermessung demontiert. Da die Maßhaltigkeit der beiden Werkzeughälften nach 17 Umformungen innerhalb von +/-0,3 mm liegt (vgl. Abbildung 7-4 bis Abbildung 7-7) wird mit demselben Werkzeugaufbau eine weitere Kleinserie von elf Bauteilen aus 1 mm Al 1050A durchgeführt. Bei dieser Kleinserie wird die Presskraft beginnend mit 10 t sukzessive erhöht, um Spannungsspitzen an den Werkzeughälften durch eine erhöhte Deformation hervorzuheben. Bei einer Presskraft von 15 t werden auch filigrane Geometrien vollständig ausgeformt. Dabei wird die Belastungsgrenze von FFF PLA auch bei der maximalen Presskraft von 20 t in der 28. Umformoperation nicht erreicht. Hier führt jedoch die ausgeprägte Adhäsionsneigung des Aluminium-Werkstoffes zu höheren geometrischen Abweichung des Demonstrator-Bauteils im Vgl. zum DC04 Blech [FLEG20, S. 2511].

Zu 8): Die folgenden optischen Vermessungen werden analog zum Messaufbau in Kapitel 5.2.1 durchgeführt. Sie dienen insbesondere der geometriespezifischen Untersuchung des Materialverhaltens von Werkzeug- und Blechwerkstoff. Die während fortlaufender Umformungen durchgeführten Vermessungen werden mit der optischen Vermessung vor dem ersten Umformversuch verglichen, damit etwaige Einflüsse der additiven Fertigung herausgerechnet werden. Beide Werkzeughälften werden nach der 3., 7., 11., 14., 17. sowie 28. Umformung vermessen. Es werden 15 charakteristische Messpunkte (MP) gewählt, welche sich im Zentrum oder einer Ziehkante einer Probegeometrie befinden (vgl. Abbildung 7-4). Matrize sowie Bauteil werden analog untersucht.

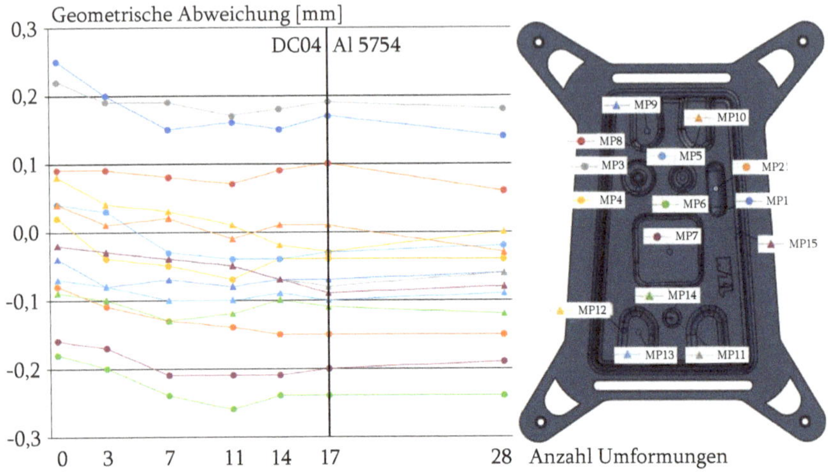

Abbildung 7-4: Optische Vermessung des Stempels

Vor der ersten Umformung weisen die MP des Stempels aufgrund des Einflusses der additiven Fertigung Abweichungen zwischen -0,2 und 0,25 mm auf. Diese Oberflächenanomalien werden durch unkontrollierte Schrumpfung während des Abkühlprozesses, Unstetigkeiten bei der Filamentextrusion, Unebenheiten des Druckbetts oder Ungenauigkeiten bei Extruderbewegungen verursacht [ĆWIK17, S. 2]. Mit zunehmenden Umformoperationen ist bei allen MP ein eindeutiger Trend sowie eine Kompression zwischen 0,05 und 0,11 mm messbar. Ein Großteil dieser Kompression findet trotz einer anfänglich geringeren Presskraft bis zur siebten Umformung statt. Die höchste Verformung ist dabei an der Halbrundsicke, der Geometrie mit der größten Ziehtiefe, festzustellen. Sämtliche Kurven zeigen einen regressiven Verlauf und streben einem Grenzwert entgegen. Dieses Verhalten kann mit der Anisotropie additiv gefertigter Bauteile erklärt werden, welche durch die beim Aufbringen der Schichten entstehende Mikrostruktur bestimmt wird [SOMI20, S. 1]. Die Schichten liegen nicht exakt übereinander. Die Messreihe des Stempels ist in Abbildung 7-5 dargestellt.

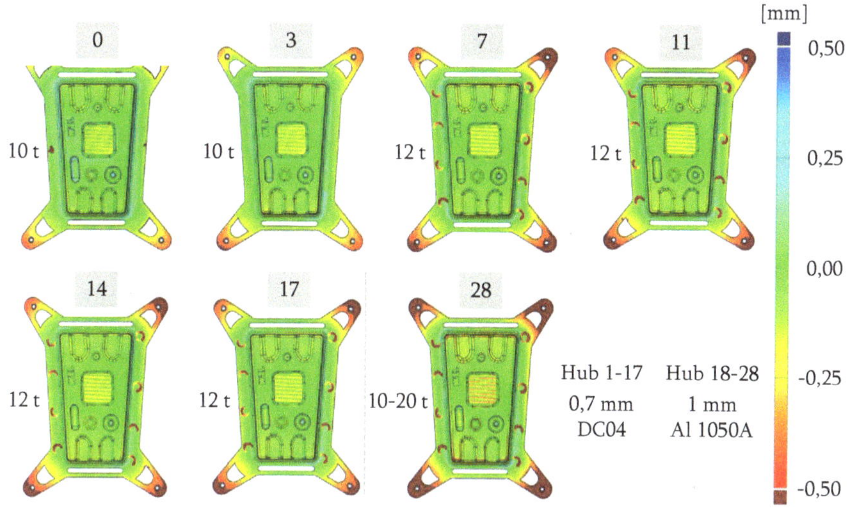

Abbildung 7-5: Messreihe des Stempels

Durch den schichtweisen Aufbau von FFF Bauteilen sind eindeutige Abstufungen in der Größe der Schichthöhe insbesondere auf der abgeschrägten Kastensicke erkennbar. Deutlich zu erkennen sind ebenfalls die zunehmend gelben Bereiche der abgeschrägten Kastensicke, der Halbrundsicke sowie in den Ecken des Bauteils. Die kreisförmigen Deformationen im Niederhalterbereich sind durch zusätzlich angebrachte Federelemente zur Erhöhung der Prozessstabilität zu erklären. Die roten Flächen in den Randbereichen entstehen durch das Anziehen der Schrauben auf der Grundplatte. Ein ähnliches Deformationsverhalten zeigt auch die Matrize in Abbildung 7-6.

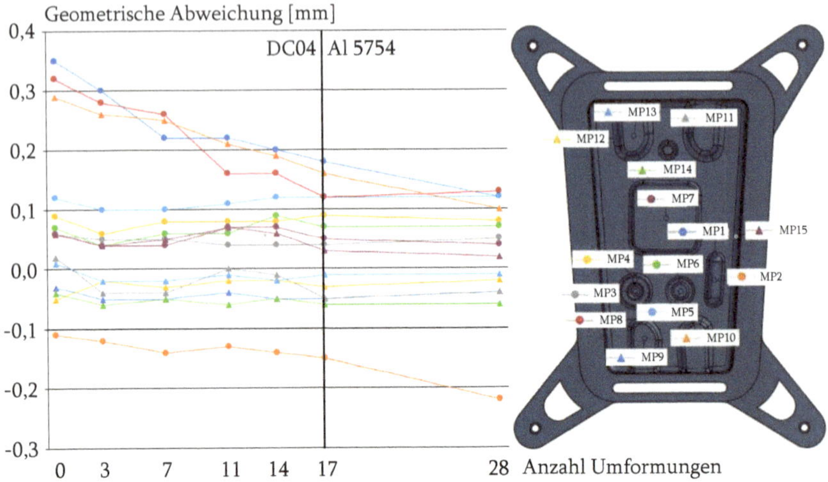

Abbildung 7-6: Optische Vermessung der Matrize

Die größte Deformation zeigt sich ebenfalls an der Halbrundsicke, diese beträgt auf der Matrize jedoch 0,23 mm. Diese Geometrie kommt beim Umformen als erste mit dem Blech in Berührung, was zu einer hohen Flächenpressung führt. Dies wirkt sich ebenfalls auf den Blechmaterialfluss aus, was an der Deformation der nahegelegenen Geometrien zu beobachten ist. Auffällig ist die höhere Deformation der MP 1, 2, 8 und 10. Diese kritischen Stellen befinden sich an der Halbrundsicke sowie den Matrizenradien der Fügeflansche am Bauteilrand mit geringeren Radien (r_c=2 oder 3 mm). Dies bestätigt die Ergebnisse der optischen Vermessung (vgl. Kapitel 6.3), wo insbesondere die RG eine höhere Deformation aufwiesen, welche einen geringen Fußradius r_c=1 mm oder eine hohe Ziehtiefe h>5 mm aufweisen. Bei den restlichen MP ist eine geringe Deformation <0,05 mm während den ersten drei Umformungen zu erkennen. Anschließend ist keine weitere Verformung ersichtlich (vgl. Abbildung 7-6). Insgesamt ist die Verformung der Matrize geringer als die des Stempels (vgl. Abbildung 7-7). Lediglich der Bereich der Halbrundsicke MP2 wird um bis zu 0,2 mm deformiert.

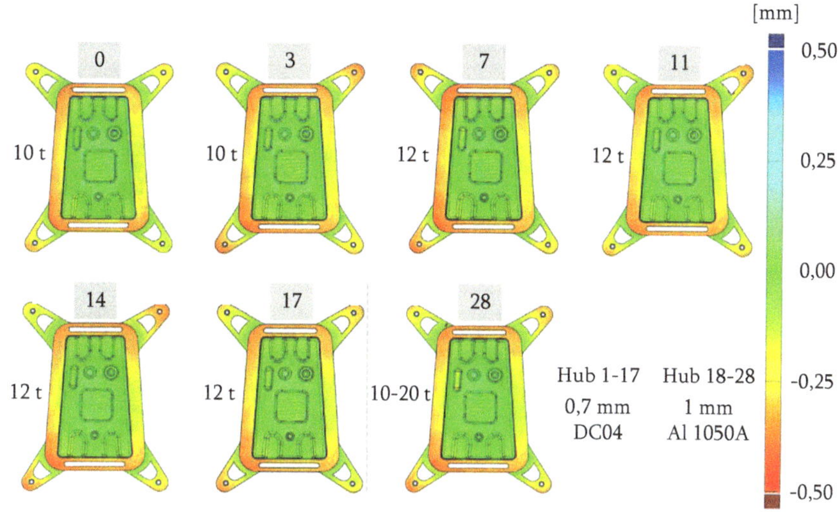

Abbildung 7-7: Messreihe der Matrize

Zur Reduktion der Deformation kann die Ziehtiefe reduziert, der Fußradius erhöht oder ein steiferer Werkzeugwerkstoff genutzt werden. Die Halbrundsicke ist der höchsten Scher- und Druckbeanspruchung ausgesetzt. Der Abstand zwischen einzelnen Geometrieelementen mit einer Ziehtiefe >5 mm soll mindestens 7 mm betragen, um einen gleichmäßigen Blechmaterialfluss zu ermöglichen. Geringe Ziehtiefen <1 mm und geringe Kantenradien <1 mm sollten ebenfalls vermieden werden, um eine ausreichende Abbildung der Geometrie zu ermöglichen.

Zu 9): Die Bauteile werden analog zu den Werkzeughälften nach der 3., 7., 11., 14., 17. und 28. Umformung vermessen. Dargestellt wird die Oberseite des Bauteils, auf welcher dieselben MP wie auf den Werkzeughälften gewählt werden (vgl. Abbildung 7-8). Diese wird mit dem CAD-Modell des Soll-Zustandes nach der Umformung verglichen.

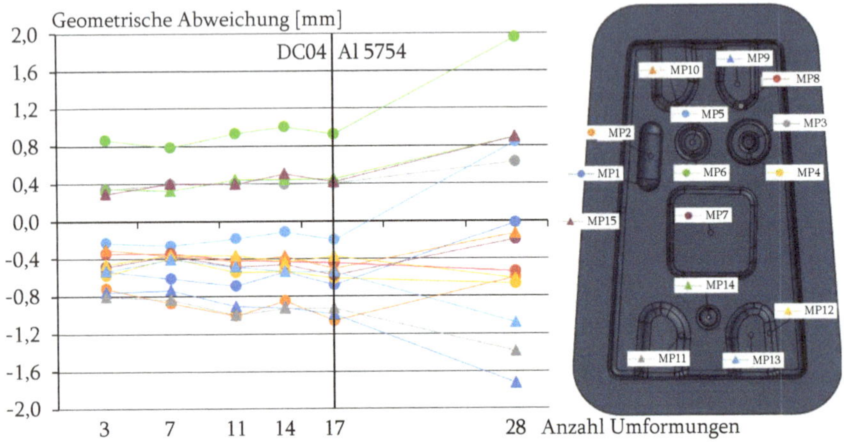

Abbildung 7-8: Optische Vermessung des Demonstrator-Bauteils

Ein positiver Wert im Vgl. zum Soll-Zustand gibt eine nicht ausreichende Ziehtiefe an, ein negativer Wert deutet auf eine höhere Ziehtiefe hin. Auffällig ist, dass insbesondere filigrane Geometrien mit einer geringen Ziehtiefe (MP 3, 6, 14 und 15) nicht ausreichend ausgeprägt sind. Des Weiteren ist die Presskraft ausreichend, um die angestrebte Ziehtiefe der anderen Geometrien um 0,2 bis 0,9 mm zu überschreiten. Dabei ist die Umformung des Bauteils aufgrund der Elastizität des Werkzeugwerkstoffs größer als die des Werkzeugs. Die Zunahme der geometrischen Abweichung infolge der Umformung von 17 Bauteilen aus 1 mm DC04 beträgt maximal 0,25 mm (vgl. Anhang 9-32). Durch die erhöhte Presskraft bei der Umformung von Aluminium wird die geometrische Abweichung bis zum 28. Bauteil stark erhöht. Die Messung der Bauteil Unterseite ergibt dabei nahezu identische Messwerte wie die Oberseite.

Ort sowie Intensität des Faltenwurfs der Bauteile variieren bei der Messreihe stark. Anhand der MP ist jedoch zu erkennen, dass sämtliche Geometrieelemente der Kleinserie aus 1 mm DC04 innerhalb des erforderlichen Toleranzbereichs von +/-1 mm liegen. Zudem ist eine belastungsreduzierende Anpassung der Geometrien zu empfehlen. Filigrane Geometrien sind zu vergrößern und dominierende Geometrien mit großen Ziehtiefe sind zu verkleinern. Eine weitere Rolle spielt die Anisotropie von AM-Bauteilen, welche zu einer ungleichmäßigen Deformation führen kann. Bei den anschließend aus Aluminium gefertigten Bauteilen können die Toleranzen jedoch nicht eingehalten werden. Das gesamte Bauteil weist aufgrund innerer Spannungen im Bauteil eine Biegung auf. Dies kann durch inhomogene Zugspannungen in Längsrichtung sowie die Kombination von Zug und Scherung in der Ebene begründet werden [LEE93].

Zu 10): Ein Abgleich von Werkzeug- und Bauteilvermessung ermöglicht eine tiefergehende Auswertung der Werkzeugkonfiguration und ermöglicht das Ableiten von Optimierungsmaßnahmen. Insbesondere im Bereich des Niederhalters werden höhere Niederhalterkräfte oder Reibwerte >0,4 für eine ausreichende Kontrolle des Blechmaterialflusses benötigt. Des Weiteren weisen Polymere mit schwachen, intermolekularen Bindungen wie PLA eine hohe thermische Anfälligkeit auf, welche bei großen Scherbeanspruchungen problematisch werden kann. Infolgedessen ist die Gestaltung der Niederhaltefunktion durch metallische Komponenten zielführend. Dadurch wird jedoch die durch AM ermöglichte Flexibilität in der Werkzeugherstellung nicht vollständig genutzt [DOEG00, S. 2]. Des Weiteren können durch den Tiefziehprozess stark beanspruchte Bereiche mit härteren Materialien wie PA-CF oder PLA-CF, mit zusätzlichen geometrischen Elementen wie Säulen aus Vollmaterial oder einer höheren Fülldichte verstärkt werden. Aufgrund der Schrumpfung des Polymerwerkstoffs wird ein Aufmaß entsprechend des Werkstoffverhaltens im niedrigen einstelligen Prozentbereich auf die gesamte Konstruktion aufgebracht. Abschließend ist festzuhalten, dass das sogenannte Einfahren des Werkzeugs zu berücksichtigen ist. In den ersten Umformversuchen werden die Rauheitsspitzen der Werkzeugaktivfläche eingeebnet und die Kontaktzone verändert sich. Der erhöhte adhäsive und abrasive Verschleiß resultiert zunächst in einer höheren Reibkraft, welche nach wenigen Belastungen abfällt. [KUWE07, S. 50f.]

Zu 11): In einem letzten Produktionsschritt werden Funktionselemente sowie die endgültige Bauteilkontur durch 3D Laserschneiden realisiert. Der Saum rund um das Bauteil wird entfernt, etwaige Löcher werden ausgeschnitten.

7.2 Umformversuche mit Logos und Schriftzügen

Im Sinne des Anwendungsfalls der Mass Customization (vgl. Kapitel 3.6) wird im Folgenden der Anwendungsfall des stückzahlflexiblen aufwandsreduzierten Prägens von Schriftzügen in Feinblech demonstriert. Dabei werden Besonderheiten auf wirtschaftlicher und produktionstechnologischer Seite entsprechend der vorangestellten Prozesskette hervorgehoben. Dabei werden die Ergebnisse des Tiefziehens von fahrzeugtypischen Feinblechgeometrien wie Sicken auf das Hohlprägen von Logos und Schriftzügen übertragen [MAJI14, S. 14], [BERG19, S. 2]. Dargestellt wird eine Kleinserie kundenspezifisch geprägter Schilder/Kennzeichen mit den Abmessungen 130 x 101 mm sowie der Abbildung fünf verschiedener Schriftzeichen sowie eines Emblems in Form eines Ahornblatts (vgl. Abbildung 7-9). Um ein schnelles Austauschen der Schriftzeichen in der Konstruktion zu ermöglichen, wurde ein parametrisches Modell in der CAD-Software Solidworks erstellt. Die Umrisse des Ahornblatts werden manuell nachgezeichnet. Nach der fertigen Konstruktion des gewünschten Blechbauteils werden die Werkzeuggeometrien mithilfe der Formwerkzeug-Features direkt abgeleitet. Beide

Werkzeughälften werden ohne Niederhalterfunktion mit den in Kapitel 4 dargestellten Eigenschaften in PLA additiv gefertigt.

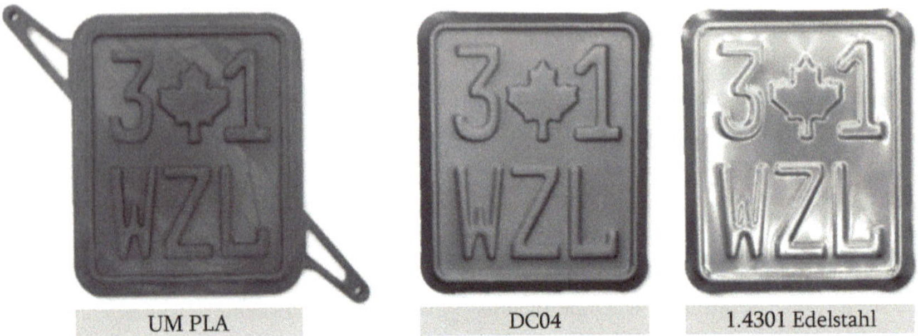

Abbildung 7-9: Demonstrator für aufwandsreduziertes Prägen von Schriftzügen

Mit dem Werkzeug wird eine Kleinserie aus 15 Bauteilen aus 0,7 mm DC04 sowie anschließend 5 Bauteilen aus 0,5 mm austenitischem Stahl (1.4301 Edelstahl) produziert (vgl. Kapitel 3.6). Sämtliche Schriftzeichen, das Emblem sowie der Rahmen in Form einer Ziehsicke werden vollständig angeformt. Der am Werkzeug festzustellende Verschleiß ist gering und die maximale plastische Verformung im Werkzeug beträgt 0,51 mm im Bereich der inneren Spitze des Schriftzeichens „W“ (vgl. Abbildung 7-10).

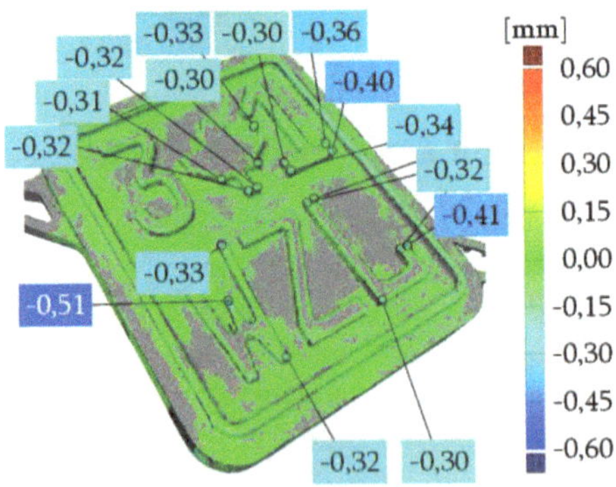

Abbildung 7-10: Optische Vermessung des Prägewerkzeugs

Die geprägten Nummernschilder liegen innerhalb der vorgegebenen Maßtoleranz von +/-1 mm und weisen eine fehlerfreie Oberflächenqualität auf. Somit können mithilfe einer teilautomatisierten Erstellung der Bauteilgeometrie, der Ableitung der Werkzeugkavitäten durch Formwerkzeug-Features sowie anschließender additiver Fertigung der Werkzeugkavitäten Konstruktions- und Bereitstellungsaufwände für die Produktion von Typenschildern aus Feinblech reduziert werden. Somit zeigt die maßhaltige Kleinserie des geprägten Nummernschildes die Anwendbarkeit von Werkzeugeinsätzen aus FFF PLA für den Anwendungsfall der Mass Customization anhand von Logos und Schriftzügen.

8 Schlussbetrachtung

8.1 Zusammenfassung

Umformende Fertigungsverfahren sind unverzichtbare Bausteine industrieller Prozessketten zur Herstellung von Blechbauteilen. Die Konfiguration und Gestaltung des Werkzeugs können an die bauteil- und anwendungsfallspezifischen Anforderungen angepasst werden. Dies hängt u.a. von dem gewählten Herstellungsverfahren des Werkzeugs sowie eingesetzten Werkzeugwerkstoff ab. Bisher zeichnen sich Umformwerkzeuge durch eine hohe Bereitstellungszeit aufgrund hoher Prozessanforderungen und einer aufwendigen Zerspanbarkeit der verwendeten Werkstoffe aus. Die kunststoffbasierte additive Fertigung von Werkzeugeinsätzen verspricht gute Reibeigenschaften sowie eine deutliche Aufwandsreduktion in der Werkzeugbereitstellung beispielsweise beim sogenannten Einfahren des Werkzeugs. Die Forschungsansätze und Ergebnisse dieser Arbeit sollen das Bemessen von werkzeugseitigen Leistungsgrenzen insbesondere hinsichtlich Reibung und Deformation erleichtern. Zu diesem Zweck wird ein Ordnungsrahmen beschrieben indem diverse Modellversuche, Betriebsversuche sowie Simulationen von Probekörpern und Sickengeometrien durchgeführt sowie ausgewertet werden. Folglich besteht die Zielsetzung der vorliegenden wissenschaftlichen Arbeit in der Ermittlung von Einflussfaktoren für das aufwandsreduzierte maßhaltige Umformen fahrzeugtypischer Feinblechgeometrien mittels additiv gefertigten Werkzeugeinsätzen aus Kunststoff. Hierbei orientiert sich der forschungsmethodologische Ansatz an der Systemtheorie sowie dem Forschungsprozess der angewandten Wissenschaften gemäß ULRICH.

In einem zweiten Schritt findet die Erläuterung grundlegender Begrifflichkeiten und relevanter Theorien aus den Themenbereichen des Betrachtungsbereichs der Arbeit statt. Dabei wird der Betrachtungsbereich anhand des definierten Forschungsziels objekt-, prädikat- sowie subjektbezogen eingegrenzt. Zunächst werden grundlegende Definitionen sowie Prozessfolgen des automobilen Karosseriebaus dargestellt. Im Rahmen bestehender Leichtbauansätze werden Sicken und vergleichbare fahrzeugtypische Feinblechgeometrien fokussiert beschrieben. Anschließend werden die fokussierten Umformtechnologien Tiefziehen und Hohlprägen definiert. Aus diesen Technologien ergeben sich grundlegende Beanspruchungsbedingungen und Spannungsverhältnisse.

Zu den Grundlagen zur Anwendung von FEM-Simulationen in der Umformtechnik gehört insbesondere die Beschreibung grundlegender Spannungsverhältnisse sowie die Wahl des Materialmodells mithilfe der Software Ansys. Bedeutend für die Auslegung von Umformprozessen sind die tribologischen Eigenschaften des Werkzeugsystems. Dazu werden die Grundlagen der Tribologie anhand von Reibung, Verschleiß sowie möglicher Prüfverfahren dargestellt. Des Weiteren werden Grundlagen der Prozessauslegung beschrieben. Dazu gehören produkt- und prozessbezogene Aspekte wie verwendete Werkstoffe oder herrschende Reibverhältnisse. Die Grundlagen der Werkzeuggestaltung für solche Prozesse werden anhand der typischen Herstellungsverfahren und Werkstoffe beschrieben. Im Weiteren wird auf die Konfiguration konventioneller Tiefzieh- und Prägewerkzeuge eingegangen. In Hinblick auf die Beeinflussung des Materialverhaltens sowie herrschende Verschleißerscheinungen wird der Einfluss der Werkzeuggeometrie genauer untersucht.

Additive Fertigungsverfahren werden als Herstellungsverfahren für die in der vorliegenden wissenschaftlichen Arbeit untersuchten Werkzeugeinsätze beschrieben und sind somit Teil des Gestaltungsbereichs. Dabei wird das Fused Filament Fabrication-Verfahren fokussiert, welches das am weitesten verbreitete Verfahren der Materialextrusion ist. Darauffolgend werden für dieses Verfahren geeignete polymere Thermoplaste beschrieben. Zur Beleuchtung der wesentlichen industriellen Anwendungsfälle, welche eine flexiblere Werkzeuggestaltung motivieren, werden bestehende Ansätze anhand von fünf Kategorien beschrieben und anhand ihres Anforderungsprofils analysiert. Anwendungen des Prototyping sowie Klein- und Vorserien bedingen eine aufwandsreduzierte Produktion von Blechbauteilen in kleinen Stückzahlen zu bestimmten Qualitätsvorgaben. Dahingegen erfordert die Herstellung von Ersatzteilen sowie der Trend der Mass Customization stückzahlflexible Ansätze zur Reduktion der Betriebsmittelkosten, Investitionskosten und Kapitalbindung.

Im Rahmen der theoretischen Analyse des Systems Tiefziehen mittels kunststoffbasierten additiv gefertigten Werkzeugeinsätzen werden anschließend in einem vierten Schritt geänderte Einflussfaktoren hinsichtlich der Prozess- und Werkzeugauslegung beschrieben. Es ergibt sich ein Änderungsbedarf in der Optimierung des Herstellungsverfahrens der Werkzeugeinsätze aus Fused Filament Fabricated Polylactiden. Die Slicing Parameter für die additive Fertigung können gemäß dem Lastfall des Tiefziehens angepasst werden, um eine ausreichende Maßqualität sowie Standzeit zu erreichen. Des Weiteren wird ein im Vgl. zu konventionellen Werkzeugwerkstoffen grundsätzlich anderes Reib- und Deformationsverhalten beschrieben. Eine angepasste modulare Werkzeugkonfiguration erhöht die Konfigurierbarkeit und Flexibilität des Werkzeugs. Zur Einhaltung erforderlicher Maßtoleranzen werden exemplarische Handlungsempfehlungen hinsichtlich der Gestaltung der Werkzeuggeometrie definiert, welche den mechanischen Eigenschaften des verwendeten Werkzeugwerkstoffs entsprechen.

Im fünften Schritt werden zur Synthese des Ordnungsrahmens benötigte experimentelle Untersuchungen beschrieben sowie ausgewertet. Motiviert und strukturiert werden diese Untersuchungen anhand eines erweiterten tribotechnischen Systems für das Tiefziehen mittels kunststoffbasierter additiv gefertigter Werkzeugeinsätze. Dieses System basiert auf der vorangegangenen Systemanalyse und motiviert experimentelle Untersuchungen zur tribologischen Beanspruchung, Oberflächeneigenschaften und mechanischen Eigenschaften. Im Kontext der Tribologie werden Streifenziehversuche in verschiedenen Konfigurationen zur Ermittlung von Reibungs- und Verschleißeigenschaften mit und ohne Schmierstoff durchgeführt. In bestimmten Betriebsbereichen ergeben sich geringere Reibwerte als bei konventionellen Werkzeugwerkstoffen und für Kleinserien ausreichende Verschleißeigenschaften, welche vom Belastungszustand und Werkzeugwerkstoff abhängen. Ergänzt werden diese durch Betriebsversuche zur Verdeutlichung des Verschleißverhaltens anhand einer Probegeometrie, welche eine geringe Deformation im µm-Bereich ergibt. In verschiedenen Konfigurationen des Streifenziehversuchs werden lichtmikroskopische Aufnahmen, Rauheitsmessungen sowie Sichtprüfungen genutzt, um die resultierende Bauteiloberflächengüte zu bestimmen. Durch die geringere Härte und Steifigkeit der verwendeten Werkzeugwerkstoffe ergeben sich nur geringe Oberflächendefekte und -beschädigungen. Zylinderstauchversuche dienen der Quantifizierung der (Druck-)Festigkeitseigenschaften additiv gefertigter Probekörper in verschiedenen Slicing Parameter/Material-Konfigurationen. Insbesondere Polylactide sowie kohlenstofffaserverstärktes Polyamid zeigen gute Festigkeitswerte und eignen sich somit als Werkstoffwerkstoff.

Die Prozessgrenzen kunststoffbasierter additiv gefertigter Werkzeugeinsätze werden in einem letzten Schritt anhand parametrisierter geometrischer Größen von Halbrund- und Trapezsicken ermittelt. Dazu werden diese Sickengeometrien abstrahiert und wesentliche geometrische Größen systematisch variiert, um deren Einfluss auf Werkzeugverformung und Bauteilqualität zu ermitteln. Detaillierte Analogieversuche der 21 Referenzgeometrien lassen dabei Rückschlüsse auf diese Einflüsse zu. Dazu werden die Referenzgeometrien in 1 mm DC04 und 1 mm Al 5754 Blechwerkstoff angeformt. Anschließend wird durch die optische Vermessung von sowohl Werkzeug als auch Bauteil nach der Umformung ermittelt, ob die Umformung der Referenzgeometrien mittels Werkzeugeinsätzen aus FFF PLA möglich ist. Es wird u.a. beobachtet, dass bekannte Tiefziehfehler oder eine erhöhte Werkzeugdeformation >1 mm lediglich bei bestimmten Geometrien auftreten. Die Kalibrierung der Ergebnisse dieser Analogieversuche mit einem simulativen Ansatz findet anhand der Betrachtung der Spannungsverhältnisse sowie einer Ermüdungsanalyse statt. Dabei ergibt die Simulation vergleichbare geometrische Abweichungen von Blech und Werkzeug. Im Rahmen der Synthese des Ordnungsrahmens werden die Ergebnisse in Form von umfassenden Zahlentafeln dargestellt. Diese ermöglichen u.a. anhand des Einhaltens der maximalen Maßabweichung, des Auftretens von Tiefziehfehlern, der Bewertung anhand einer Sichtprüfung sowie des Erreichens der erforderlichen Werkzeugstandzeit eine Aussage zu den geometriespezifischen Prozessgrenzen der Technologie. Diese werden zur Konzeption von Gestaltungsempfehlungen insbesondere hinsichtlich der geometrischen Gestaltung von Sickengeometrien genutzt.

Die Validierung der Ergebnisse der theoretischen sowie experimentellen Untersuchungen erfolgt abschließend anhand der Kleinserienproduktion zweier Demonstrator-Bauteile. Zum einen wird ein vereinfachtes Karosseriebauteil aus 1 mm DC04 tiefgezogen, zum anderen ein Kennzeichen aus 0,7 mm DC04 und 0,5 mm 1.4301 Edelstahl geprägt. Somit kann die Eignung von Werkzeugeinsätzen aus FFF PLA entsprechend des definierten Ordnungsrahmens in den definierten Prozessgrenzen bestätigt werden.

8.2 Limitation

Zur Reduktion des experimentellen Aufwands werden im Rahmen der Erstellung des Ordnungsrahmens diverse Einflussfaktoren nur beschränkt betrachtet, um beispielsweise die geometrische Gestaltung fahrzeugtypischer Feinblechgeometrien fokussieren zu können. Weitere vielversprechende Werkzeugwerkstoffe wie PA-CF, PETG oder PC werden lediglich als Vergleichswerkstoffe untersucht. AM-Technologien anderer Prozesstechnologien, welche sich durch beispielsweise den Aushärtungsmechanismus von den Verfahren der Materialextrusion unterscheiden, ergeben andere mechanische Eigenschaften. Die Untersuchung weiterer Blechwerkstoffe des Karosseriebaus wird ausgelassen. Diese könnten weitere Zusammenhänge zwischen den Eigenschaften von Werkzeug- und Blechwerkstoff aufdecken. Eine weiterführende Variation der geometrischen Größen fahrzeugtypischer Feinblechgeometrien ermöglicht die spezifischere Ermittlung werkstoffabhängiger Leistungsgrenzen der Werkstoff/Verfahrenskombination von FFF PLA. Weitere Modellversuche wie beispielsweise der Streifenziehversuch mit Umlenkung nach VDA 230-213 oder Drei-Punkt-Biegeversuch nach DIN EN ISO 14125 werden nicht durchgeführt. Generell wird eine weitere Variation der Einflussfaktoren des erweiterten tribotechnischen Systems wie beispielsweise Prozesskraft, Oberflächenrauheit durch Variation der Schichthöhe oder Degradation nicht verfolgt. Die durchgeführte Simulation berücksichtigt die Auswirkungen des Füllmusters lediglich durch die experimentell ermittelten Eigenschaften aus Kapitel 5. Zur Reduktion des Rechenaufwands werden mehrere Umformoperationen mit Berücksichtigung des Deformationsverhalten sowie Integration des sich veränderten Reibverhaltens nicht durchgeführt.

8.3 Ausblick

Ergänzend zu den theoretischen und experimentellen Untersuchungen der vorliegenden wissenschaftlichen Arbeiten können weitere konsekutive Forschungsbedarfe abgeleitet werden. Weitere Forschungsaktivitäten können hinsichtlich des Einsatzes weiterer technischer Werkzeugwerkstoffe wie beispielsweise endlosfaserverstärkte Filamente durchgeführt werden. Diese bieten gute mechanische Eigenschaften bei geringem Materialeinsatz. Die Werkzeugoberfläche kann mittels Multimaterial AM von beispielsweise Polyamid mit sehr guten Reibeigenschaften ummantelt werden, sodass Reibung und Verschleiß minimiert werden. Durch AM können Leitungen für diverse Sensoren ohne Zusatzkosten gefertigt werden oder Sensoren können während des AM Prozesses in das Bauteil integriert werden. Eine Befähigung von Serienapplikationen kann eine nähere Untersuchung des metallbasierten AM motivieren. Durch den gezielten Einsatz von Werkzeugeinlagen und -verstärkungen kann eine bessere Verteilung der Umformkräfte erreicht werden, was zu einer Verbesserung der Bauteilmaßhaltigkeit und Werkzeugstandzeit führt. Eine tiefergehende Anwendung simulativer Ansätze, welche die Eigenschaften additiv gefertigter Werkzeugeinsätze durch beispielsweise Abbildung des Füllmusters besser darstellen, reduzieren Bereitstellungsaufwände und können eine weitere Automatisierung der Werkzeugerstellung befähigen. Die Weiterentwicklung der Simulation zu einer Plug and Play Simulation kann als Input für eine automatisierte Prozesskette mit anschließendem AM dienen. So können die elastisch-plastischen Deformationseigenschaften von kunststoffbasierten additiv gefertigten Werkzeugeinsätzen durch die Ermittlung eines geregelten Aufmaßes auf kritische Geometrien ausgeglichen werden. Die Entwicklung von Ansätzen der künstlichen Intelligenz, welche mithilfe des Ordnungsrahmens der vorliegenden wissenschaftlichen Arbeit und von Datensätzen weiterer Versuchsreihen die automatisierte Gestaltung von Werkzeugeinsätzen ermöglichen, unterstützen diese Entwicklung. Die Logik der Substitution von Werkzeugbestandteilen durch additiv gefertigte Elemente kann auf weitere Produktionstechnologien der Blechumformung wie beispielsweise das Biegen oder Hydroforming übertragen werden. Des Weiteren ist der Transfer auf großflächige Bauteile wie beispielsweise solche der Karosserie-Außenhaut zu prüfen. Abschließend können weitere Versuchsreihen anhand realer Bauteile zur Demonstration der Übertragbarkeit durchgeführt werden.

9 Anhang

Drucker und Druckeigenschaften	Technologie	**Fused filament fabrication (FFF)**
	Druckkopf	**Dual Extruder mit Auto-Nozzle-Lifting System und austauschbaren Printcores**
	Bauraum	**XYZ: 330 x 240 x 300 mm** (linke oder rechte Düse oder Dual Extrusion)
	Filamentdurchmesser	**2,85 mm**
	Schichtdicke	**0,25 mm Düse: 150 – 60 Mikrometer** **0,4 mm Düse: 200 – 20 Mikrometer** **0,8 mm Düse: 600 – 20 Mikrometer**
	XYZ Auflösung	**6,9; 6,9; 2,5 Mikrometer**
	Druckgeschwindigkeit	**<24 mm3/s**
	Druckplatte	**Beheizte Glasdruckplatte** **Beheizte Aluminiumdruckplatte** (ab Herbst 2018 erhältlich)
	Druckplattentemperatur	**20 – 140°C**
	Druckplattennivellierung	**Active Leveling**
	Unterstützte Materialien	**Optimiert für: PLA, Tough PLA, Nylon, ABS, CPE, CPE+, PC, TPU 95A, PP, PVA, Breakaway** (Unterstützt auch Materialien von Drittanbietern) **Im Lieferumfang: Ultimaker Tough PLA Schwarz 750 g, Ultimaker PVA 750 g**
	Feeder	**2 Antriebsräder, abriebfest** (kann Verbundwerkstoffe verarbeiten)
	Düsendurchmesser	**0.25 mm, 0.4 mm, 0.8 mm**
	Düsentemperatur	**180 - 280 °C**
	Düsenaufheizzeit	**<2 min**
	Druckplattenaufheizzeit	**<4 min (von 20 bis 60°C)**
	Betriebslautstärke	**50 dBA**
	Leistung	**500 W**
	Materialerkennung	**Automatische Erkennung mit NFC Scanner**
	Konnektivität	**Wi-Fi, LAN, USB port**
	Display	**4,7 Zoll (11,9 cm) Farbtouchscreen**
	Sprachen	**Englisch, Niederländisch, Französisch, Deutsch, Italienisch, Japanisch, Koreanisch, Portugiesisch, Russisch, Spanisch, vereinfachtes Chinesisch**
	Monitoring	**Live-Kamera (über PC oder App)**
Maße	Größe	**495 x 457 x 520 mm** **495 x 585 x 780 mm** (mit Bowdenschläuchen und Spulenhalter
	Nettogewicht	**20,6 kg**
	Versandgewicht	**29 kg**
	Versandkarton Größe	**650 x 600 x 700 mm**
Umgebungsbedingungen	Umgebungstemperatur (bei Betrieb)	**15 – 32°C, 10-90% rF nicht kondensierend**
	Umgebungstemperatur (bei Stillstand)	**0 - 32 °C**
Software	Mitgelieferte Software	**Ultimaker Cura, unsere kostenlose Software für die Druckvorbereitung** **Cura Connect, unsere kostenlose Software für das Drucker-Management**
	Unterstützte Betriebssysteme	**MacOS, Windows, Linux**
	Schnittstellen	**SolidWorks, Siemens NX**
	Dateitypen	**Ultimaker Cura: STL, OBJ, X3D, 3MF, BMP, GIF, JPG, PNG** **Druckfähige Formate: G, GCODE, GCODE.gz, UPF**
Gewährleistung und Service	Gewährleistungsfrist	**12 Monate**
	Technischer Support	**Support durch zertifizierte Servicepartner unseres weltweiten Netzwerks über die gesamte Lebensdauer Ihres Druckers**

Anhang 9-1: Spezifikationen UM S5

Technisches Datenblatt PLA

Ultimaker

Chemische Bezeichnung	Polymilchsäure
Beschreibung	Ultimaker PLA-Filament bietet dank der Zuverlässigkeit und guten Oberflächenqualität ein reibungsloses 3D-Druckerlebnis. Die Ausgangsmaterialien für unser PLA stammen aus biologischen und erneuerbaren Quellen. Es ist sicher, gut geeignet zum Drucken und in zahlreichen Anwendungsbereichen sowohl von unerfahrenen als auch von erfahrenen Anwendern einsetzbar.
Hauptmerkmale	Gute Zugfestigkeit und Oberflächenqualität, einfach zu handhaben bei hohen Druckgeschwindigkeiten, benutzerfreundlich sowohl für Anwendungen zu Hause als auch im Büro. PLA ermöglicht die Herstellung hochauflösender Teile. Große Auswahl an Farboptionen verfügbar.
Anwendungsbereiche	Haushaltswerkzeuge, Spielzeug, Bildungsprojekte, Ausstellungsobjekte, Prototypen, Architekturmodelle sowie Lost-Gießverfahren für die Herstellung von Metallteilen.
Nicht geeignet für	Lebensmittelkontakt- und In-vivo-Anwendungen. Langfristiger Gebrauch im Außenbereich oder Anwendungen, bei denen das Druckprodukt Temperaturen von über 50°C ausgesetzt ist.

Technische Angaben zum Filament	Wert	Verfahren
Durchmesser	2,85 ± 0,10 mm	-
Max. Rundungsabweichung	0,10 mm	-
Filament-Nettogewicht	350 g / 750 g	-
Filamentlänge	~ 44 m / ~ 95 m	-

Angaben zu den Farben	Farbe	Farbcode
	PLA grün	RAL 6018
	PLA schwarz	RAL 9005
	PLA silber-metallic	RAL 9006
	PLA weiß	RAL 9010
	PLA durchsichtig	keine Angabe
	PLA orange	RAL 2008
	PLA blau	RAL 5002
	PLA magenta	RAL 4010
	PLA rot	RAL 3020
	PLA gelb	RAL 1003
	PLA perlweiß	RAL 1013

Technisches Datenblatt — Ultimaker PLA **Seite** 1

Anhang 9-2: Technisches Datenblatt UM PLA Seite 1/3

Mechanische Eigenschaften (*)	Spritzgießen		3D-Druck	
	Typischer Wert	Prüfverfahren	Typischer Wert	Prüfverfahren
Zugmodul	-	-	2346,5 MPa	ISO 527 (1 mm/Min.)
Streckspannung	-	-	49,5 MPa	ISO 527 (50 mm/Min.)
Bruchspannung	-	-	45,6 MPa	ISO 527 (50 mm/Min.)
Streckdehnung	-	-	3,3%	ISO 527 (50 mm/Min.)
Bruchdehnung	-	-	5,2%	ISO 527 (50 mm/Min.)
Biegefestigkeit	-	-	103,0 MPa	ISO 178
Biegemodul	-	-	3150,0 MPa	ISO 178
Izod-Schlagzähigkeit, gekerbt (bei 23°C)	-	-	5,1 kJ/m²	ISO 180
Charpy-Schlagzähigkeit (bei 23°C)	-	-	-	-
Härte	-	-	83 (Shore D)	Durometer

Thermische Eigenschaften	Typischer Wert	Prüfverfahren
Schmelzflussindex (MFR)	6,09 g/10 Min.	ISO 1133 (210°C, 2,16 kg)
Wärmeformbeständigkeit (HDT) bei 0,455 MPa	-	-
Wärmeformbeständigkeit (HDT) bei 1,82 MPa	-	-
Glasübergang	~ 60°C	ISO 11357
Wärmeausdehnungskoeffizient	-	-
Schmelztemperatur	145 - 160°C	ISO 11357
Thermische Schwindung	-	-

Sonstige Eigenschaften	Typischer Wert	Prüfverfahren
Spezifisches Gewicht	1,24	ASTM D1505
Brandklasse	-	-

(*) Siehe Anmerkungen.

Anhang 9-3: Technisches Datenblatt UM PLA Seite 2/3

Anmerkungen

Die hier aufgeführten Eigenschaften stellen Durchschnittswerte einer Standardcharge dar. Die 3D-Druckprüflinge wurden in der XY-Ebene mit dem normalen Qualitätsprofil in Cura 2.1, einem Ultimaker 2+, einer 0,4-mm-Düse, 90% Füllung, 210°C Düsentemperatur und 60°C Bauplattentemperatur gedruckt. Die Werte sind Durchschnittswerte von 5 weißen und 5 schwarzen Prüflingen für die Zug-, Biege- und Schlagversuche. Die Shore-Härte D wurde in einem 7-mm dicken Quadrat gemessen, das in der XY-Ebene mit dem normalen Qualitätsprofil in Cura 2.5, einem Ultimaker 3, einem 0,4-mm-Druckkern und 100% Füllung gedruckt wurde. Ultimaker arbeitet fortlaufend an der Erweiterung der TDS-Daten.

Haftungsausschluss

Alle hierin enthaltenen technischen Informationen oder Hilfestellungen werden auf Ihr eigenes Risiko erteilt und akzeptiert. Weder Ultimaker noch seine Tochtergesellschaften übernehmen jegliche Gewährleistung in Bezug auf oder aufgrund dieser Informationen. Weder Ultimaker noch seine Tochtergesellschaften haften für die Verwendung dieser Informationen oder der erwähnten Produkte, Verfahren oder Geräte. Es obliegt Ihrer Verantwortung, deren Eignung und Vollständigkeit für Ihren individuellen Anwendungszweck, für den Schutz der Umwelt sowie für die Gesundheit und Sicherheit Ihrer Mitarbeiter und Käufer Ihrer Produkte selbst zu bestimmen. Es wird keine Garantie für die Marktfähigkeit oder Eignung der Produkte gegeben und nichts hierin stellt einen Verzicht auf die Verkaufsbedingungen von Ultimaker dar. Die technischen Daten können jederzeit ohne Vorankündigung geändert werden.

Anhang 9-4: Technisches Datenblatt UM PLA Seite 3/3

Kenngröße [Einheit]	Wertebereich
Presskraft [t]	2-20
Hub [mm]	300
Einbauhöhe [mm]	380
Press-Geschwindigkeit [mm/min]	180-700
Eilgang-Geschwindigkeit [mm/min]	180-1.500
Rückhub-Geschwindigkeit [mm/min]	180-2.300
Motor [kW]	3,0
Positioniergenauigkeit [mm]	>0,2

Anhang 9-5: Technische Daten Hydraulikpresse Lindenberg TP-20

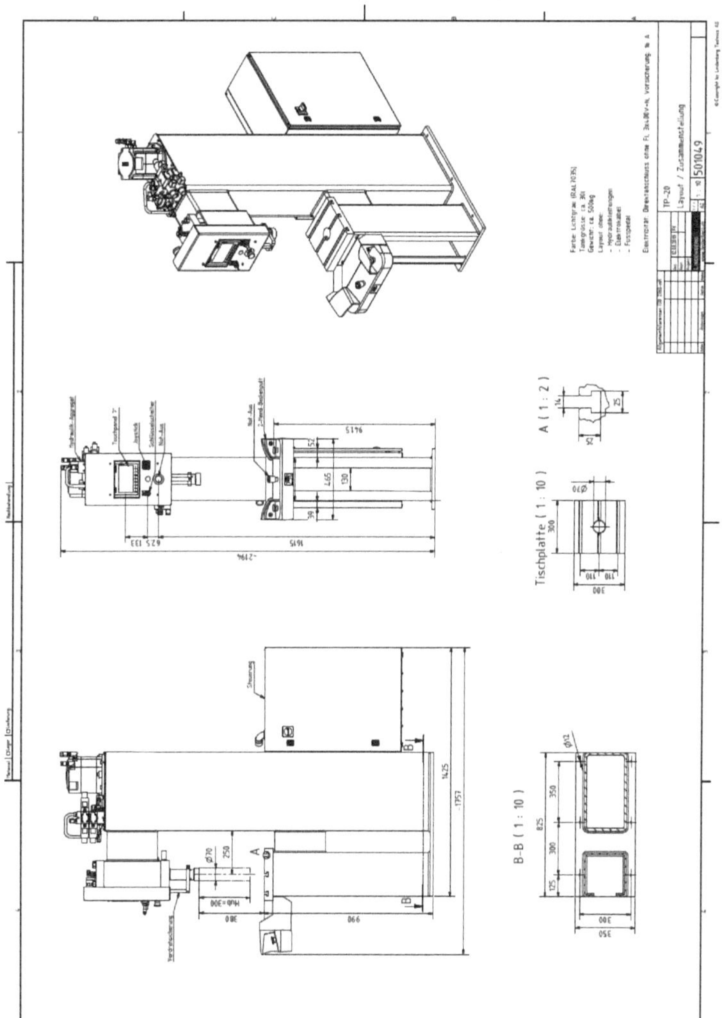

Anhang 9-6: Technische Zeichnung Hydraulikpresse Lindenberg TP-20

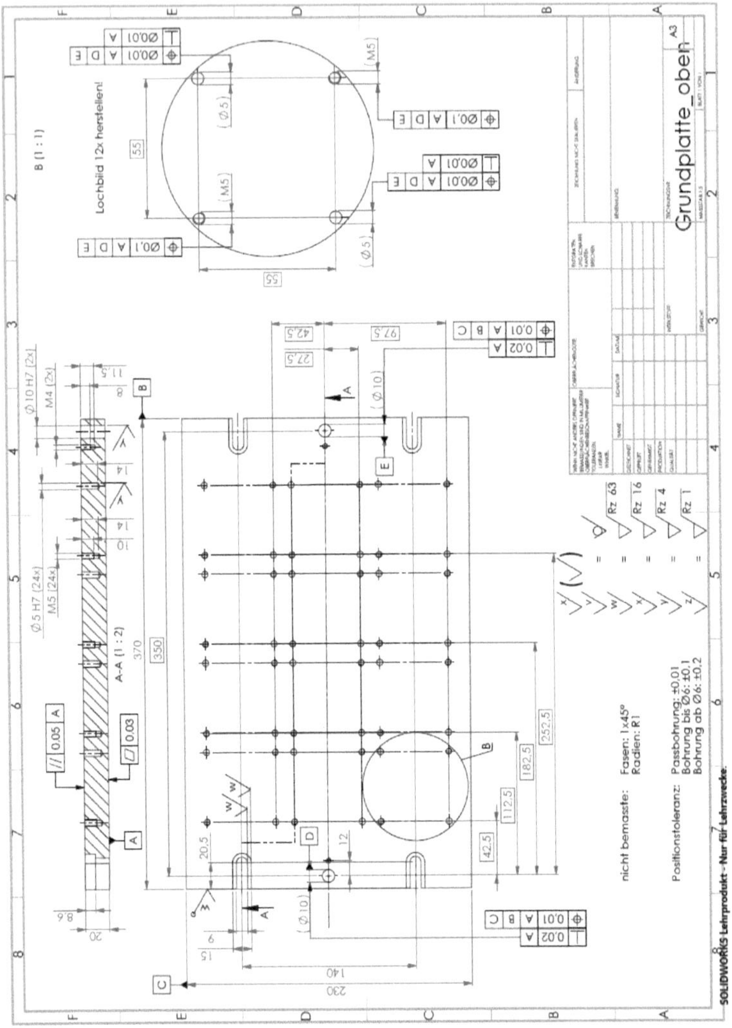

Anhang 9-7: Technische Zeichnung Grundplatte oben

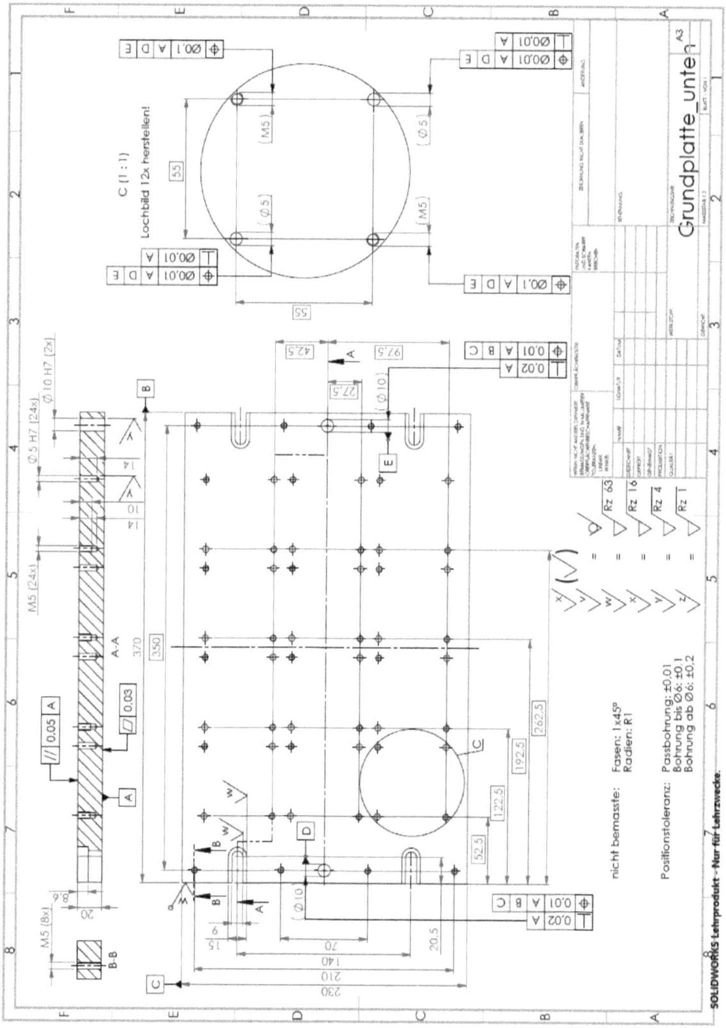

Anhang 9-8: Technische Zeichnung Grundplatte unten

Kenngröße [Einheit]	Wertebereich
Normalkraft F_N [kN]	<100
Reibkraft F_R [kN]	<50
Ziehgeschwindigkeit v_z [mm/s]	1-333
Hub gesamt [mm]	500
davon Teststrecke [mm]	450
Streifengröße [mm²]	50 x 1.000
Werkzeugauflagefläche [°]	80

Anhang 9-9: Technische Daten Streifenziehanlage Raziol Tribometer 5000

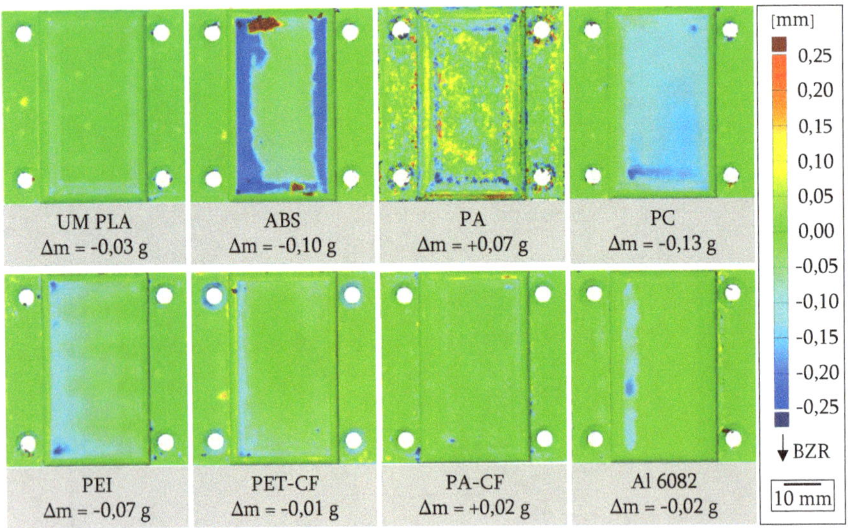

Anhang 9-10: Höhen- sowie Masseänderung der variierten Werkzeugwerkstoffe

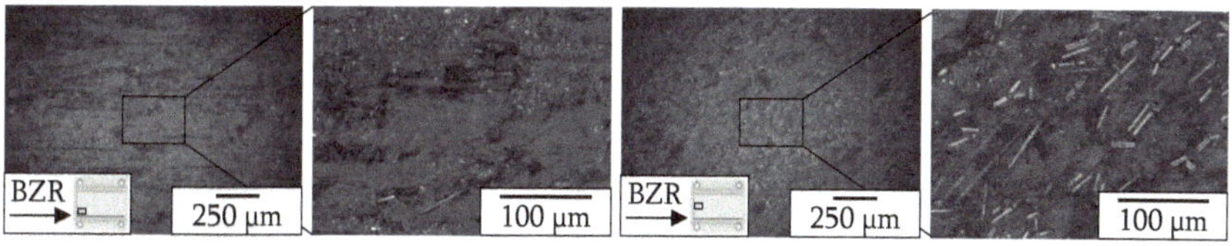

Anhang 9-11: PET-CF in 200- und 1.000-facher Auflösung

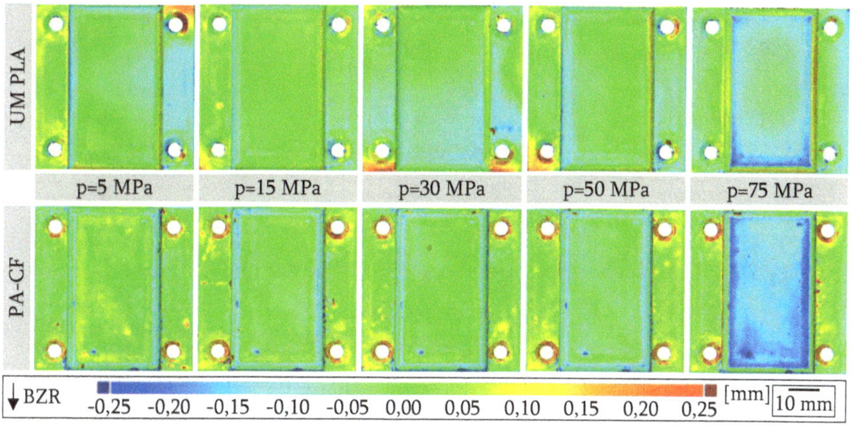

Anhang 9-12: Höhenänderung der Probekörper aus UM PLA und PA-CF

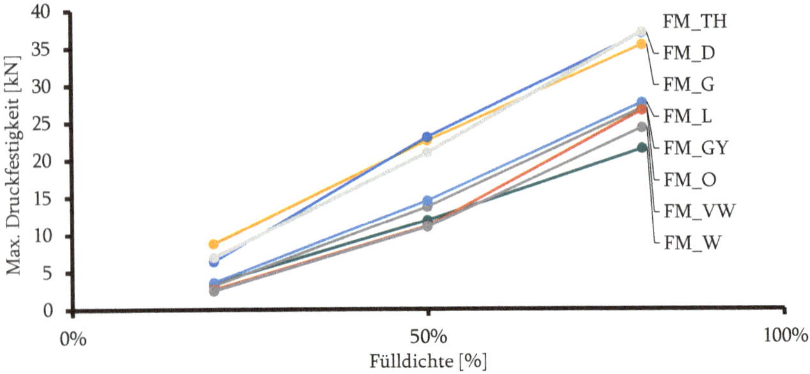

FM_G: Füllmuster Gitter — FM_W: Würfel — FM_L: Linie

FM_O: Octet — FM_VW: Viertelwürfel — FM_D: Dreieck

FM_TH: Tri-Hexagon — FM_GY: Gyroid

Anhang 9-13: Untersuchung des Einflusses von Füllmuster und Füllmusterdichte auf Druckfestigkeit

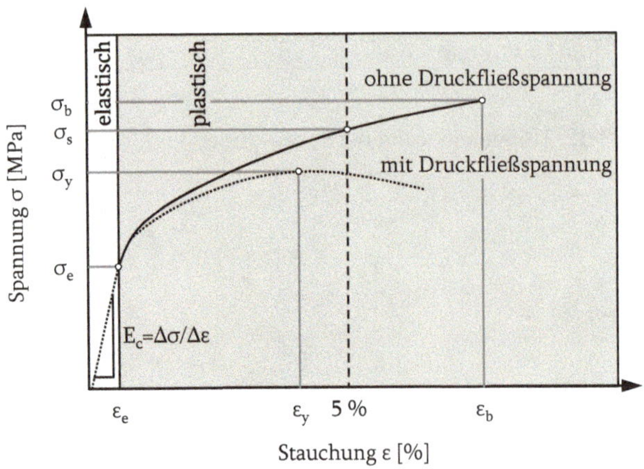

Anhang 9-14: Exemplarisches Spannungs-Stauchungs-Diagramm i.A.a. [CEN03, S. 4]

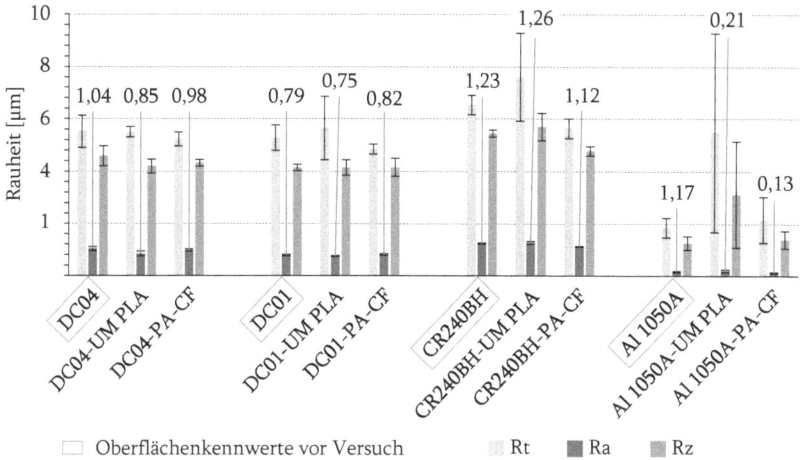

Anhang 9-15: Änderung der Oberflächenrauheit der Versuchsbleche

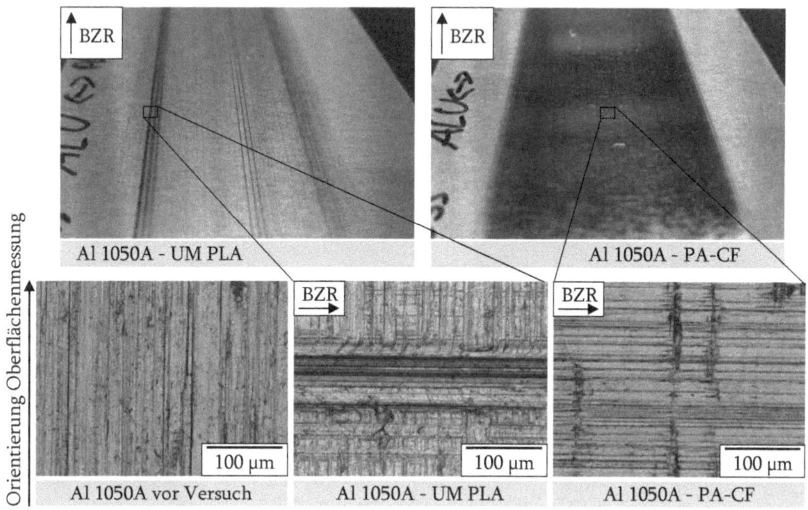

Anhang 9-16: Ausgewählte Al 1050A-Blechstreifen vor und nach dem Streifenziehversuch als fotografische Aufnahme und in 1.000-facher Vergrößerung

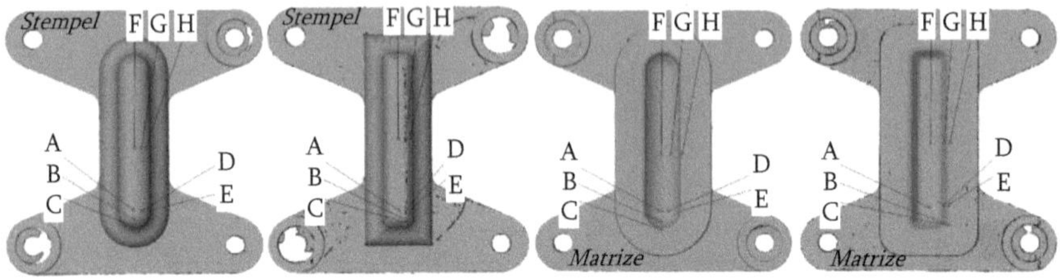

Anhang 9-17: Lage der Messpunkte

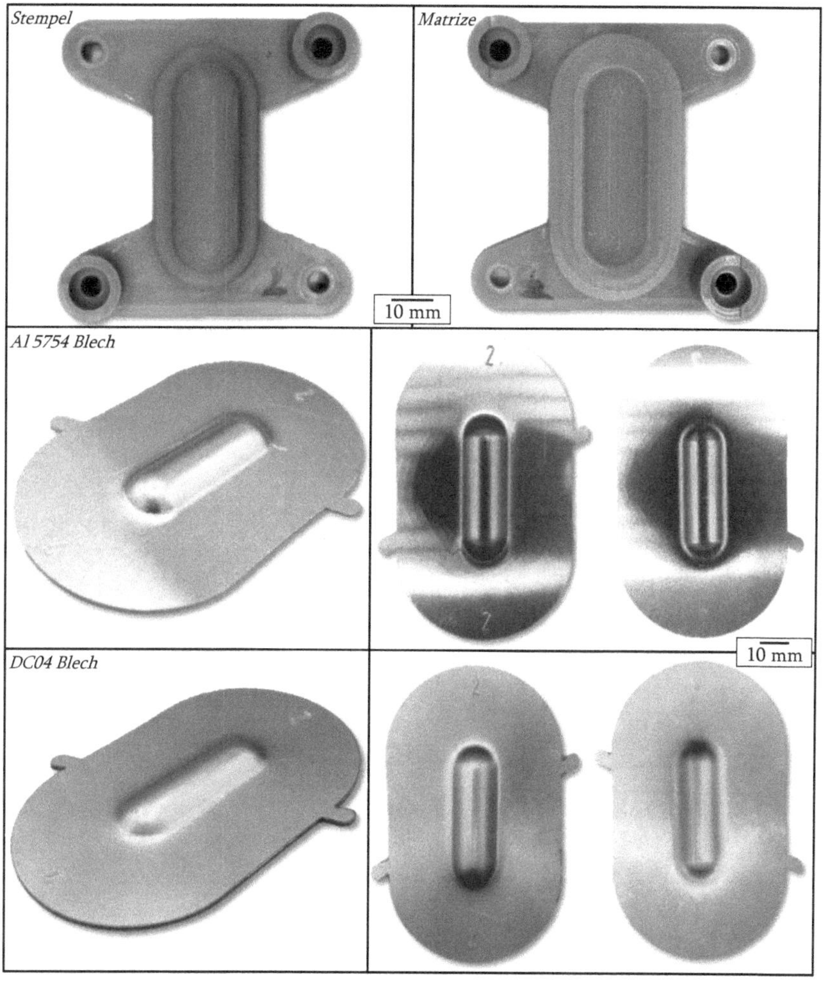

Anhang 9-18: Fotografische Aufnahmen der PLA-Werkzeugeinsätze und Blechzuschnitte von RG 2

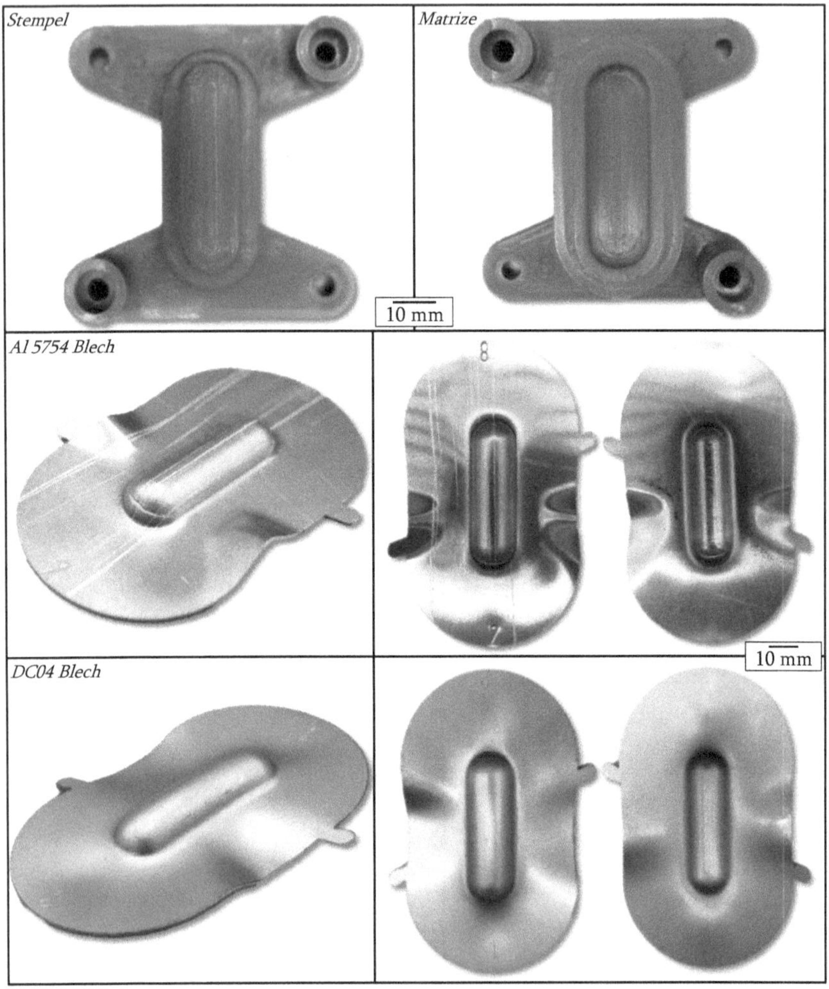

Anhang 9-19: Fotografische Aufnahmen der PLA-Werkzeugeinsätze und Blechzuschnitte von RG 8

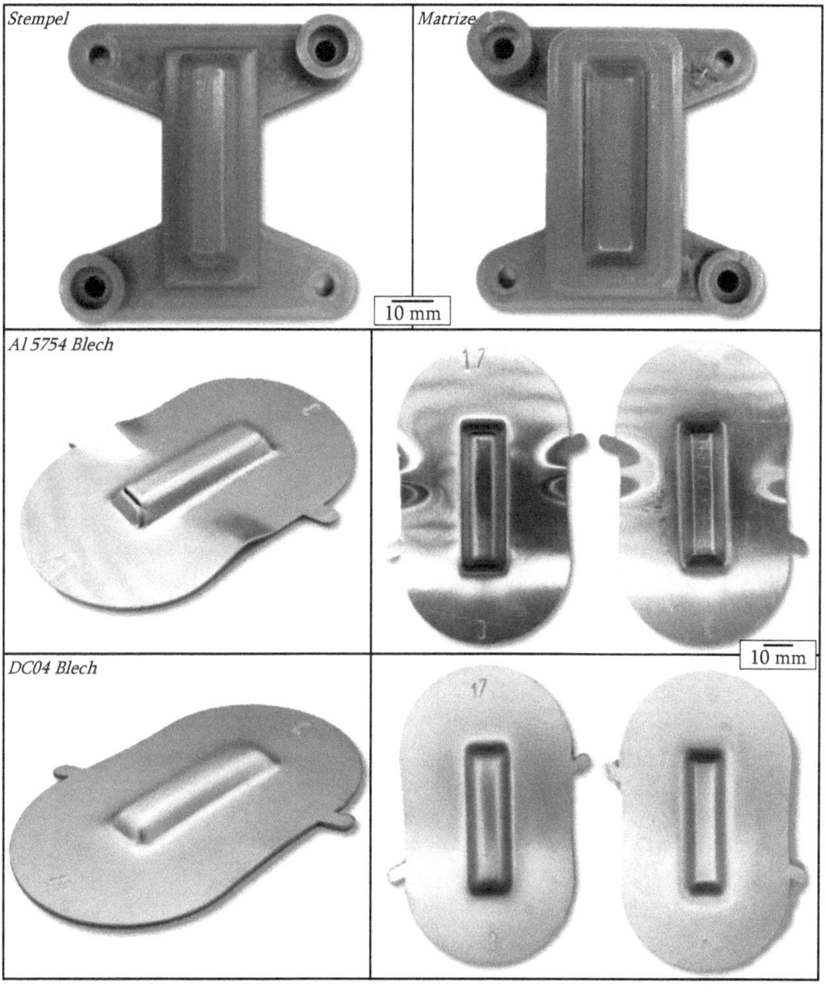

Anhang 9-20: Fotografische Aufnahmen der PLA-Werkzeugeinsätze und Blechzuschnitte von RG 17

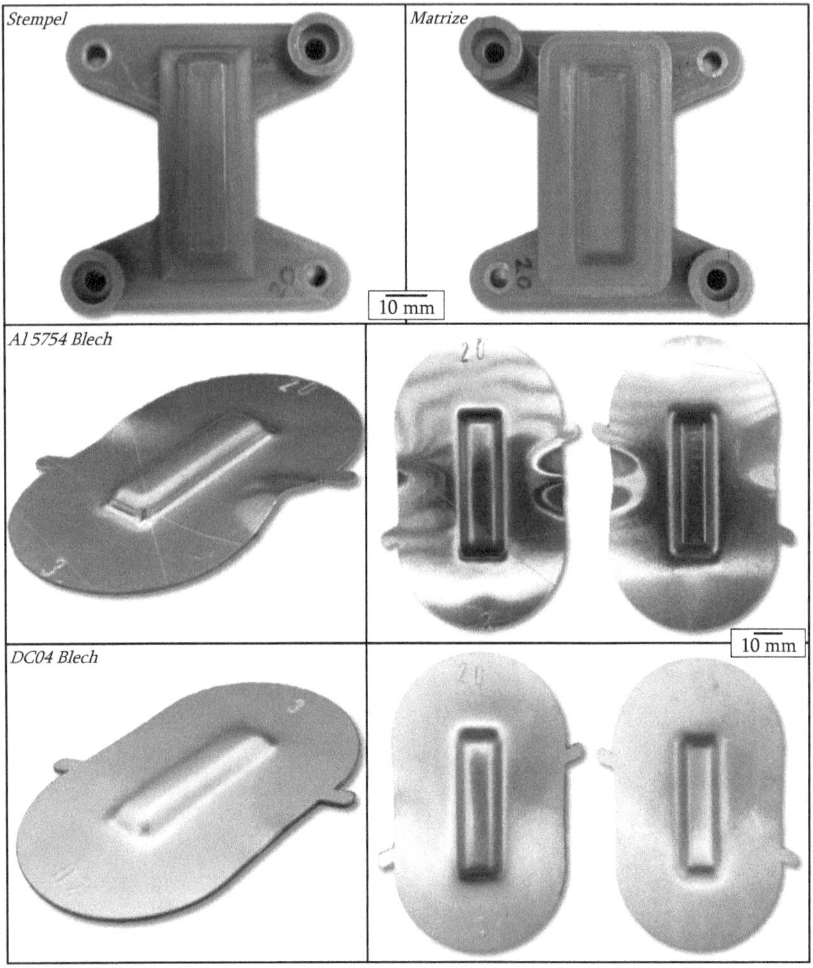

Anhang 9-21: Fotografische Aufnahmen der PLA-Werkzeugeinsätze und Blechzuschnitte von RG 20

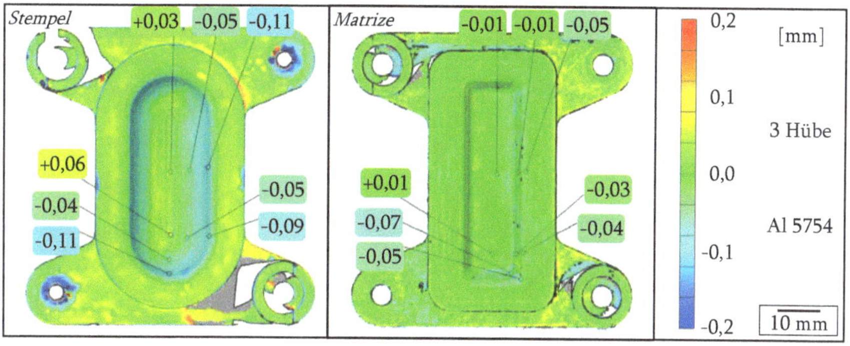

Anhang 9-22: Plastische Deformation der Matrizen von RG 20 (links) und RG 14 (rechts) aus PLA mit Al 5754

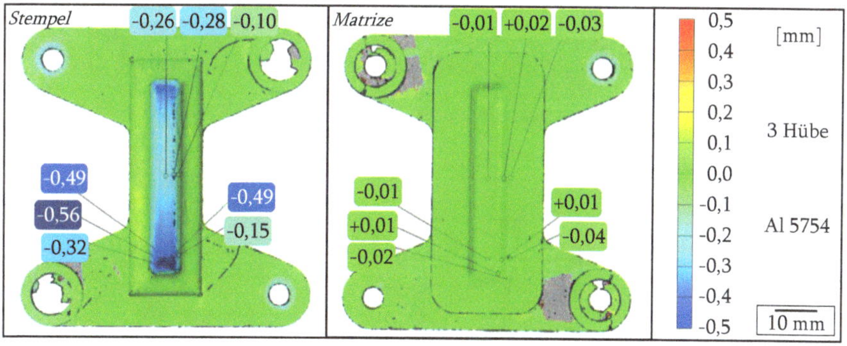

Anhang 9-23: Plastische Deformation von RG 13 aus PLA mit Al 5754

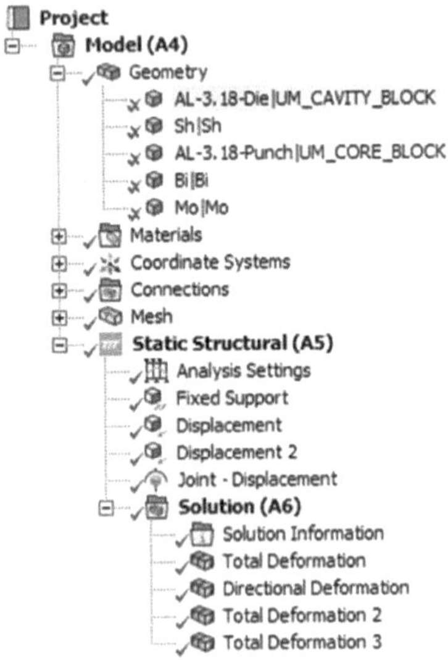

Anhang 9-24: Einstellung des Simulationsmodells im Dateinavigator

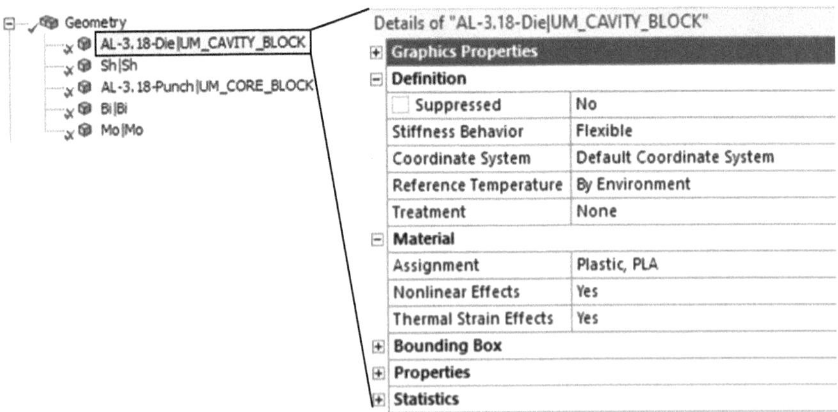

Anhang 9-25: Zuweisung von Materialmodellen

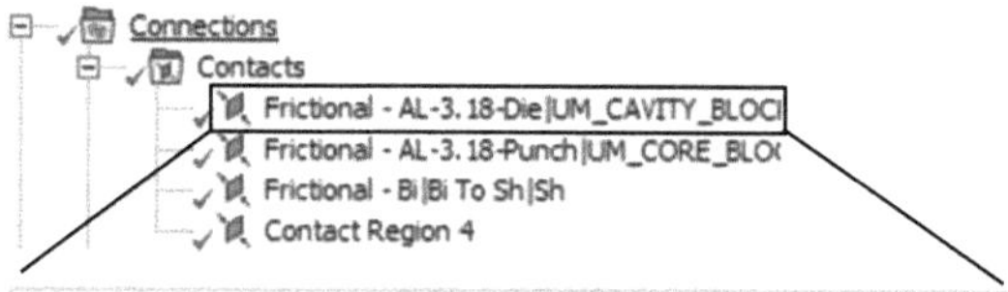

Scope	
Scoping Method	Geometry Selection
Contact	27 Faces
Target	1 Face
Contact Bodies	AL-3.18-Die|UM_CAVITY_BLOCK
Target Bodies	Sh|Sh
Protected	No
Definition	
Type	Frictional
Friction Coefficient	8,5e-002
Scope Mode	Manual
Behavior	Asymmetric
Trim Contact	Program Controlled
Suppressed	No
Advanced	
Formulation	Augmented Lagrange
Small Sliding	On
Detection Method	Program Controlled
Penetration Tolerance	Program Controlled
Elastic Slip Tolerance	Program Controlled
Normal Stiffness	Program Controlled
Update Stiffness	Program Controlled
Stabilization Damping Factor	0,
Pinball Region	Program Controlled
Time Step Controls	None
Geometric Modification	
Interface Treatment	Add Offset, Ramped Effects
Offset	0, mm
Contact Geometry Correction	None
Target Geometry Correction	None

Anhang 9-26: Definition von Kontakt und Kontaktbedingung einer Geometrie

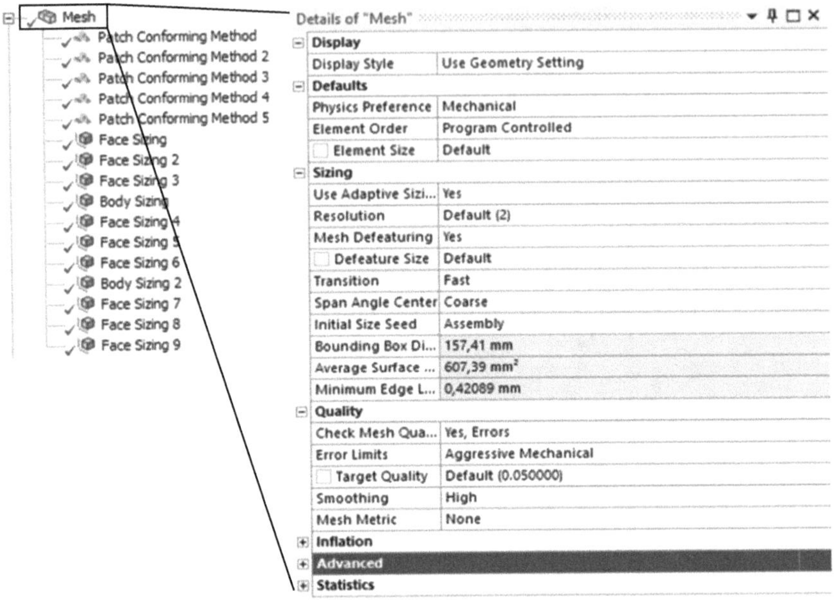

Anhang 9-27: Einstellung des Meshings

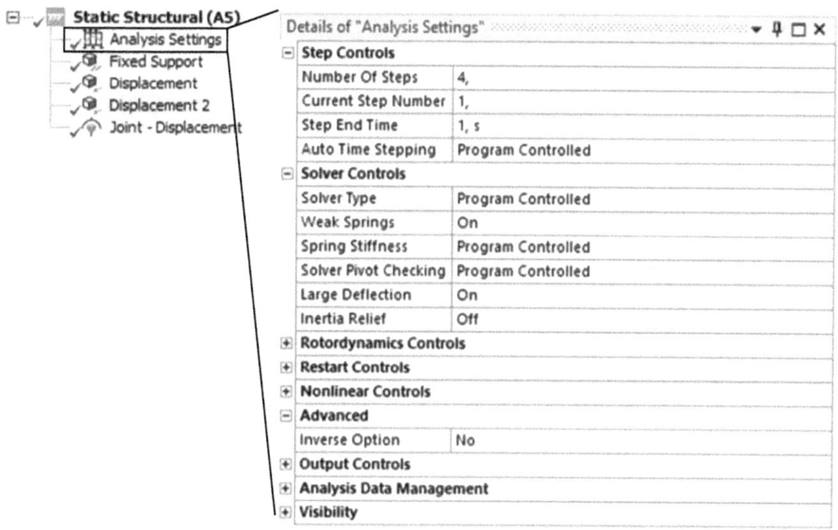

Anhang 9-28: Weiterführende Einstellungen der Simulation

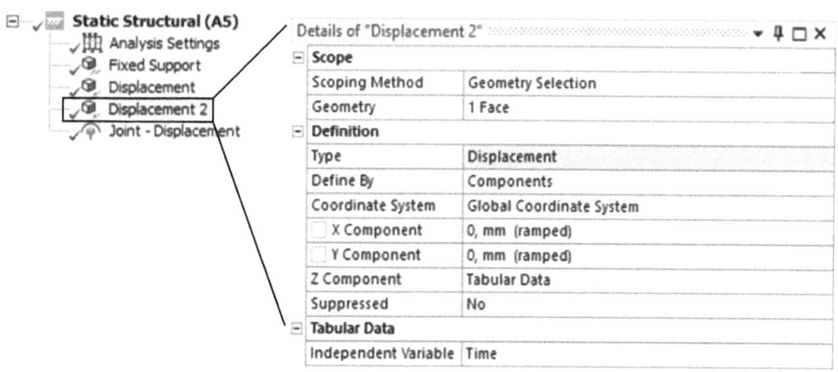

Anhang 9-29: Verschiebungseinstellungen

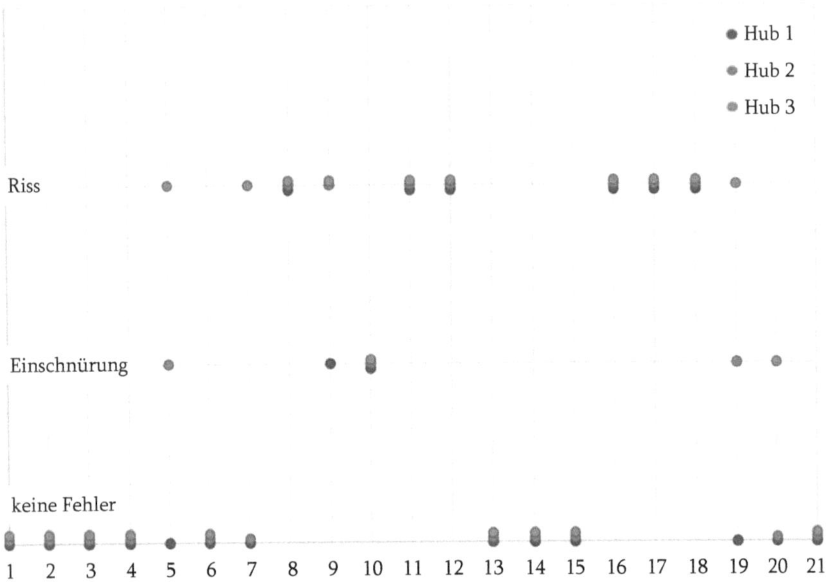

Anhang 9-30: Auswertung Tiefziehfehler bei Al 5754

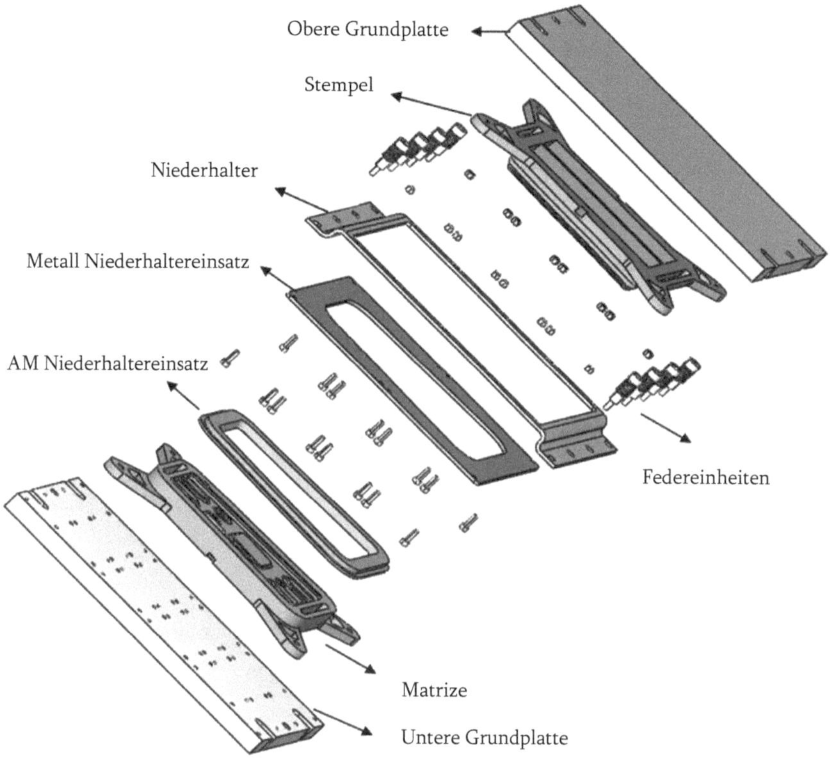

Anhang 9-31: Explosionszeichnung des Werkzeugaufbaus

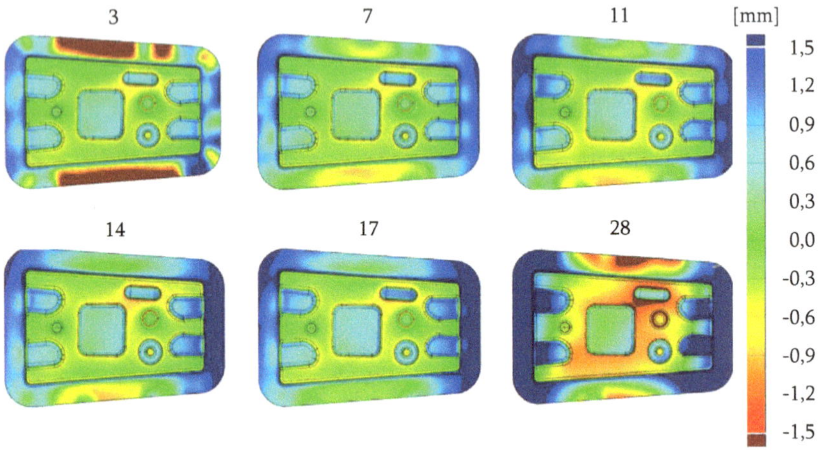

Anhang 9-32: Messreihe des Demonstrator-Bauteils

10 Literaturverzeichnis

[ABBA17] Abbas, T. F.; Othman, F. M.; Ali, H. B.: Effect of infill parameter on compression property in FDM process. In: Int. Journal of Engineering Research andApplication, 10. Jg., 2017, Nr. 7

[ABEL03] Abele, E.; Elzenheimer, J.; Rüstig, A.: Anlaufmanagement in der Serienproduktion. In: ZWF, 98. Jg., 2003, Nr. 4, S. 172–176

[ADAM15] Adam, G. A.: Systematische Erarbeitung von Konstruktionsrichtlinien für die additiven Fertigungsverfahren Lasersintern, Laserschmelzen und Fused Deposition Modeling. In: Forschungsberichte des Direct Manufacturing Research Centers, 2015

[ADAM96] Adam, K.: Handbuch der Umformtechnik. 1. Aufl.: Springer Berlin Heidelberg, 1996

[AFRO15] Afrose, M. F.; Masood, S. H.; Iovenitti, P.; Nikzad, M.; Sbarski, I.: Effects of part build orientations on fatigue behaviour of FDM-processed PLA material. In: Progress in Additive Manufacturing, 1. Jg., 2015, Nr. 1-2, S. 21–28

[AHA20] Aha, B.; Hettich, D.; Merkle, C.; Zimmermann, R.; Filzek, J.: Advantage in Friction Control in the Automotive Press Shop by Prelube 2nd Generation. In: Procedia Manufacturing, 47. Jg., 2020, S. 566–569

[AHN02] Ahn, S.-H.; Montero, M.; Odell, D.; Roundy, S.; Wright, P. K.: Anisotropic material properties of fused deposition modeling ABS. In: Rapid Prototyping Journal, 8. Jg., 2002, Nr. 4, S. 248–257

[AKSE19] Aksenov, L. B.; Kononov, I. Y.: 3D Printed Plastic Tool for Al Thin-Sheet Forming. In: IOP Conference Series: Earth and Environmental Science, 337. Jg., 2019, S. 12053

[ALOY20] Aloyaydi, B.; Sivasankaran, S.; Mustafa, A.: Investigation of infill-patterns on mechanical response of 3D printed poly-lactic-acid. In: Polymer Testing, 87. Jg., 2020, S. 5–9

[ALTA12] Altan, T.; Tekkaya, A. E.: Sheet Metal Forming - Fundamentals. In: The Materials Information Society, 2012

[ANTO19] Antonov, F.: Continuous Fiber Reinforced Composites from Anisoprint: How New Materials and Technologies Can Change Manufacturing. In: Research & Development in Material science, 12. Jg., 2019, Nr. 3, S. 1284–1286

[ARAY18] Araya-Calvo, M.; López-Gómez, I.; Chamberlain-Simon, N.; León-Salazar, J. L.; Guillén-Girón, T.; Corrales-Cordero, J. S.; Sánchez-Brenes, O.: Evaluation of compressive and flexural properties of continuous fiber fabrication additive manufacturing technology. In: Additive Manufacturing, 22. Jg., 2018, S. 157–164

[ARNO17] Arnold, B.: Werkstofftechnik für Wirtschaftsingenieure. (Reihe: Lehrbuch). 2. überarbeitete und ergänzte Aufl. Berlin: Springer Vieweg, 2017

[ASTM15] ASTM International: Test Method for Compressive Properties of Rigid Plastics. In: Standard Test Methods, 2015

[ATZE10] Atzeni, E.; Iuliano, L.; Minetola, P.; Salmi, A.: Redesign and cost estimation of rapid manufactured plastic parts. In: Rapid Prototyping Journal, 16. Jg., 2010, Nr. 5, S. 308–317

[AUGU08] Augustin, M.: Alternativer Werkstoff Holz spart Werkzeugkosten für die Blechumformung. In: Maschinenmarkt das IndustrieMagazin, 2008, Nr. 38

[AUGU19] Augustin, L.; Schabacker, M.: Combining Scrum and Design Thinking for a Highly Iterative and User-Centric Hardware Development Project. In: Proceedings of the Design Society: International Conference on Engineering Design, 1. Jg., 2019, Nr. 1, S. 2189–2198

[BART17] Barta, J.; Maronek, M.; Jancar, J.; Krampota'ak, P.; Novy, F.; Samardzic, I.: Fatigue properties of weld joint of steel sheets treated by PLASOX process. In: Tehnicki vjesnik - Technical Gazette, 24. Jg., 2017, Nr. 5

[BATH01] Bathe, K.-J.: Finite-Elemente-Methoden. 2. Aufl.: Springer, 2001

[BAUM01] Baumgarten, H.; Risse, J.: Logistikbasiertes Management des Produktentstehungsprozesses. In: Jahrbuch der Logistik 2001, 2001, S. 150–156

[BENI14] Benisa, M.; Babic, B.; Grbovic, A.; Stefanovic, Z.: Numerical simulation as a tool for optimizing tool geometry for rubber pad forming process. In: FME Transaction, 42. Jg., 2014, Nr. 1, S. 67–73

[BERG19] Bergweiler, G.; Fiedler, F.; Kampker, A.; Lichtenthäler, K.: Additiv gefertigte Umformwerkzeuge im Prototypenbau. In: Umformtechnik Blech Rohre Profile, 2019

[BERG20] Bergweiler, G.; Heinze, F.; Lichtenthäler, K.; Bickendorf, P.: Ressourceneinsparung durch additiv gefertigte Umformwerkzeuge und Schweißvorrichtungen. In: ATZproduktion, 7. Jg., 2020, Nr. 1, S. 44–47

[BERG21] Bergweiler, G.; Fiedler, F.; Shaukat, A.; Löffler, B.: Experimental Investigation of Dimensional Precision of Deep Drawn Cups Using Direct Polymer Additive Tooling. In: Journal of Manufacturing and Materials Processing, 5. Jg., 2021, Nr. 1, S. 3

[BIND17] Binder, M.: Mechanismenbasierte Verschleißsimulation zur integrierten Werkzeug- und Prozessauslegung. In: Ergebnisse aus der Produktionstechnik, 2017

[BIRK13] Birkert, A.; Haage, S.; Straub, M.: Umformtechnische Herstellung komplexer Karosserieteile. 1. Aufl. Berlin, Heidelberg: Springer Berlin Heidelberg, 2013

[BMWI18] BMWi: Innovationen für die Elektromobilität. In: Ergebnisse aus dem Förderprogramm ELEKTRO POWER II 2016-2018, 2018

[BOHN98] Bohn, M.: Toleranzmanagement im Entwicklungsprozess. Reduzierung der Auswirkungen von Toleranzen auf Zusammenbauten der Automobil-Karosserien. In: Schriften des Instituts Werkzeumaschinen und Betriebstechnik der Universität Karlsruhe, 1998

[BONT16] Bonten, C.: Kunststofftechnik. Einführung und Grundlagen. 2. aktualisierte Aufl. München: Hanser, 2016

[BOOS16] Boos, W.; Salmen, M.; Hensen, T.; Johannsen, L.; Kelzenberg, C.; Schippers, M.: Tooling in Germany. Studie. In: WBA Studie, 2016

[BOOS20] Boos, W.; Kelzenberg, C.: Tooling in Germany 2020. In: WBA Studie, 2020

[BOOS21] Boos, W.; Kelzenberg, C.; Prümmer, M.; Boshof, J.; Frey, C.; Dannen, T.: Systematischer Leitfaden zur Potenzial-Analyse von Additive Manufacturing (AM) im Werkzeugbau. In: Der Stahlformenbauer, 38. Jg., 2021, Nr. 2, S. 30–34

[BREN16] Brenner, W.; Uebernickel, F.: Design Thinking for Innovation. 1. Aufl. Cham: Springer International Publishing, 2016

[BRÖC05] Bröckerhoff, M.; Wallentowitz, H.; Abratis, C.: Strukturverbesserungen für den seitlichen Pfahlaufprall. Structure improvements concerning side-on pole impact. In: Aachener Kolloquium Fahrzeug- und Motorentechnik, 2005, S. 1–18

[BROC20] Brockhaus: DC04. In: Stahl, 2020

[BÜHL19] Bühler, P.; Schlaich, P.; Sinner, D.; Stauss, A.; Stauss, T.: Produktdesign. Aufl. Berlin, Heidelberg: Springer Berlin Heidelberg, 2019

[BULL13] Bulla, B.: Ultrapräzisionszerspanung von Nanokorn-Hartmetall mit monokristallinen Diamantwerkzeugen. (Reihe: Edition Wissenschaft, 3). 1. Aufl. Aachen: Apprimus-Verl., 2013

[BUNG13] Bungartz, H.-J.; Zimmer, S.; Buchholz, M.; Pflüger, D.: Modellbildung und Simulation. Aufl. Berlin, Heidelberg: Springer Berlin Heidelberg, 2013

[BURG20] Burggräf, P.; Wagner, J.; Koke, B.; Steinberg, F.: Approaches for the Prediction of Lead Times in an Engineer to Order Environment - A Systematic Review. In: IEEE Access, 8. Jg., 2020, S. 142434–142445

[BURG21] Burggräf, P.; Schuh, G.: Fabrikplanung. Handbuch Produktion und Management 4. 2. Aufl. Berlin, Heidelberg: Springer Vieweg, 2021

[CEN03] International Organization for Standardization Norm (2003): EN ISO 604

[CHA19] Cha; Wan-Gi: Formability Consideration in Bead Optimization to stiffen Deep Drawn Parts. Aufl. München: TUM University Press, 2019

[CHAN13] Chang, K.-H.: Sheet Metal Forming Simulation. In: Product Manufacturing and Cost Estimating using CAD/CAE, 2013, S. 133–190

[CHAN18] Chandrasekaran, P.; Manonmani, K.; Arunkumar, M.: Tribological behaviour analysis of polymer composite materials for sheet metal forming. In: Journal of the Balkan Tribological Association, 24. Jg., 2018, Nr. 4, S. 858–869

[CHEA02] Cheah, C. M.; Chua. C.K.; Lee, C. W.; Lim, S. T.; Eu, K. H.; Lin, L. T.: Rapid Sheet Metal Manufacturing Part 2. Direct Rapid Tooling. In: International Journal of Advanced Manufacturing Technology, 19. Jg., 2002, S. 510–515

[CHRY13] Chryssolouris, G.; Efthymiou, K.; Papakostas, N.; Mourtzis, D.; Pagoropoulos, A.: Flexibility and complexity: is it a trade-off? In: International Journal of Production Research, 51. Jg., 2013, Nr. 23-24, S. 6788–6802

[ĆWIK17] Ćwikła, G.; Grabowik, C.; Kalinowski, K.; Paprocka, I.; Ociepka, P.: The influence of printing parameters on selected mechanical properties of FDM/FFF 3D-printed parts. In: IOP Conference Series: Materials Science and Engineering, 227. Jg., 2017, S. 1–11

[CZIC15] Czichos, H.; Habig, K.-H.: Tribologie-Handbuch. Aufl. Wiesbaden: Springer Fachmedien Wiesbaden, 2015

[DAIM16] Daimler: Jedes Werkzeug muss perfekt sein. In: Werkzeug- und Formenbau, 2016, S. 1–6

[DARM18] Darmawan, A. S.; Anggono, A. D.; Hamid, A.: Die design optimization on sheet metal forming with considering the phenomenon of springback to improve product quality. In: MATEC Web of Conferences, 154. Jg., 2018, S. 1–4

[DAUB14] Daubner, A.: Analyse, Modellierung und Simulation von Verschleiß auf mehreren Skalen zur Betriebsdauervorhersage von Wellendichtringen aus PTFE-Compound. In: Berichte aus dem Institut für Maschinenelemente, 2014, Nr. 165

[DEIL05] Deiler, G.: Untersuchungen zum Eignungsprofil polymerer Werkzeugwerkstoffe für das Tiefziehen von Feinblechen. In: Berichte aus dem IFUM, 2005

[DETE02] Deters, L.; Fischer, A.; Santner, E.; Stolz, U.: GfT Arbeitsblatt 7 Tribologie. Verschleiß, Reibung - Definitionen, Begriffe, Prüfung. In: GfT-Arbeitsblatt, 2002

[DIN03] DIN: DIN 8582 Fertigungsverfahren Umformen. Einordnung, Unterteilung, Begriffe, Alphabetische Übersicht. In: Deutsche Norm, 2003

[DIN03] DIN: DIN 8585-1 Fertigungsverfahren Zugumformen. Teil 1: Allgemeines, Einteilung, Unterteilung, Begriffe. In: Deutsche Norm, 2003

[DIN03] DIN: DIN 8584-3 Fertigungsverfahren Zugdruckumformen. Teil 3: Tiefziehen Einordnung, Unterteilung, Begriffe. In: Deutsche Norm, 2003

[DIN03] DIN: DIN 8585-4 Fertigungsverfahren Zugumformen. Teil 4: Tiefen Einordnung, Unterteilung, Begriffe. In: Deutsche Norm, 2003

[DIN06] Deutsche Norm (2006): Kaltgewalzte Flacherzeugnisse ohne Überzug und mit elektrolytischem Zink- oder Zink-Nickel-Überzug aus weichen Stählen sowie aus Stählen mit höherer Streckgrenze zum Kaltumformen EN 10131:2006

[DIN07] Deutsche Norm (2007): Kaltgewalzte Flacherzeugnisse aus weichen Stählen zum Kaltumformen EN 10130:2006

[DIN10] (2010): Geometrische Produktspezifikation (GPS) - Oberflächenbeschaffenheit: Tastschnittverfahren - Benennungen, Definitionen und Kenngrößen der Oberflächenbeschaffenheit

[DIN14] Deutsche Norm (2014): Metallische Werkstoffe – Bleche und Bänder – Tiefungsversuch nach Erichsen (ISO 20482:2013); Deutsche Fassung EN ISO 20482:2013

[DIN18] DIN: DIN EN ISO ASTM 52900. In: Deutsche Norm, 2018

[DIN19] Deutsche Norm (2019): Aluminium und Aluminiumlegierungen - Chemische Zusammensetzung und Form von Halbzeug EN 573-3:2019

[DIN76] DIN: DIN 24420 Ersatzteillisten. Allgemeines. In: Deutsche Norm, 1976

[DOEG00] Doege, E.; Huette, H.; Elend, L.-E.: Stand und Entwicklungstendenzen in der Blechumformung. In: Institut für Umformtechnik und Umformmaschinen der Universität Hannover, 2000, S. 1–31

[DOEG07] Doege, E.; Behrens, B.-A.: Blechumformung. Grundlagen, Technologien, Maschinen. In: Handbuch Umformtechnik, 2007, S. 257–294

[DOEG98] Doege, E.; Hütte, H.; Kröff, A.; Strache, W.: Der überwachte Prozeß. Genauigkeit im Preßwerk - Teil I. In: Herstellen und Verarbeiten von Band, Blech, Rohren und Profilen, 1998, Nr. 6

[DOEG99] Doege, E.: Umformtechnik an der Schwelle zum nächsten Jahrtausend. In: Umformtechnisches Kolloquium Hannover, 1999

[DOMB20] Dombrowski, U.; Fochler, S.; Malorny, C.: After Sales Service. Aufl. Berlin, Heidelberg: Springer Berlin Heidelberg, 2020

[DUKW20] Dukwen, J.: Verschleiß der Umformwerkzeuge beim Präzionsblankpressen von Quarzglas. Wear of molding tools while precision molding of quartz glass. (Reihe: Prozesstechnologie, Band 1/2020). 1. Aufl. Aachen: Apprimus Verlag, 2020

[DUOM19] Duoma, E.: A modular future. How to make customization a success. In: Robert Berger Focus, 2019, Nr. 6

[DURÃ16] Durão, L. F. C.; Christ, A.; Anderl, R.; Schützer, K.; Zancul, E.: Distributed Manufacturing of Spare Parts Based on Additive Manufacturing: Use Cases and Technical Aspects. In: Procedia CIRP, 57. Jg., 2016, S. 704–709

[DURG13] Durgun, I.; Aybaraz, E.; Sakin, A.: Polymer Tooling for Low Volume Production. A Case Study of Automotive Industry. In: International Conference and Exhibition on Design and Production of MACHINES and DIES/MOLDS, 7. Jg., 2013, S. 243–247

[DURG13] Durgun, I.; Sakin, A.; Aybaraz, E.: Prototype Tooling of Sheet Metal Components of Car Body. In: International Conference and Exhibition on Design and Production of MACHINES and DIES/MOLDS, 7. Jg., 2013, S. 249–254

[DURG14] Durgun, I.; Kus, A.; Sakin, A.; Unver, E.; Jagger, B.; Doruk, E.; Findik, F.: Experimental investigation of sheet metal forming using a recyclable low melting point alloy tool. In: Tofas-Fiat Research & Development, 2014

[DURG15] Durgun, I.: Sheet metal forming using FDM rapid prototype tool. In: Rapid Prototyping Journal, 21. Jg., 2015, Nr. 4, S. 412–422

[DYCK12] Dyckhoff, H.; Müser, M.; Renner, T.: Ansätze einer Produktionstheorie des Serienanlaufs. In: Zeitschrift für Betriebswirtschaft, 82. Jg., 2012, Nr. 12, S. 1427–1456

[EDAG17] EDAG: NextGen Spaceframe 2.0: Bionics, additive manufacturing and aluminium for flexible, high-end lightweight design. In: Innovations for the automotive future, 2017

[EIGN09] Eigner, M.; Stelzer, R.: Der Produktentstehungsprozess im Wandel. In: Product Lifecycle Management, 2009, S. 9–25

[ELEN01] Elend, L.-E.: Einsatz elatischer Niederhaltersysteme zur Erweiterung der Prozeßgrenzen beim Tiefziehen. In: Berichte des Fachbereichs Maschinenbau der Universität Hannover, 2001

[EMMR05] Emmrich, D.: Entwicklung einer FEM-basierten Methode zur Gestaltung von Sicken für biegebeanspruchte Leitstützstrukturen im Konstruktionsprozess. Aufl. Karlsruhe: Institut für Produktentwicklung Universität Karlsruhe, 2005

[EVER98] Eversheim, W.; Klocke, F.: Werkzeugbau mit Zukunft. Strategie und Technologie. 1. Aufl.: Springer Berlin Heidelberg, 1998

[FARR02] Farr, M. T.: Zieh- und Stempelkantenradien beim Tiefziehen. (Reihe: Beiträge zur Umformtechnik). Aufl. Frankfurt: MAT INFO Werkstoff-Informationsges, 2002

[FEDE20] Federation Internationale des Vehicles Anciens (FIVA): Protecting, Presercing and Promoting the use of Historic Vehicles. FIVA Technical Code. In: Fiva Technical Code, 2020

[FELD19] Feldmann, C.; Schulz, C.; Fernströning, S.: Digitale Geschäftsmodell-Innovationen mit 3D-Druck. Aufl. Wiesbaden: Springer Fachmedien Wiesbaden, 2019

[FENO14] Feno, M. R.; Cauvin, A.; Ferrarini, A.: Conceptual Design and Simulation of an Automotive Body Shop Assembly Line. In: Preprints of the 19th World Congress, 2014

[FIBE20] Fiberthree GmbH: Technical Datasheet F3 PA-CF Pro. In: Technical Datasheet, 2020

[FILZ04] Filzek, J.: Kombinierte Prüfmethode für das Reib-, Verschleiß- und Abriebverhalten beim Tief- und Streckziehen. (Reihe: Berichte aus Produktion und Umformtechnik). Aufl. Aachen: Shaker, 2004

[FLEG20] Flegler, F.; Groche, P.; Abraham, T.; Bräuer, G.: Dry Deep Drawing of Aluminum and the Influence of Sheet Metal Roughness. In: JOM, 72. Jg., 2020, Nr. 7, S. 2511–2516

[FORD20] Ford: Ford develops 3D printed locking wheel nuts to help keep thieves at bay. In: Ford Media Center, 2020

[FRAN99] Frank, C.: Kunststoff als Werkzeugwerkstoff für das Tiefziehen von Feinblechen. In: Berichte des Fachbereichs Maschinenbau der Universität Hannover, 1999

[FRIE17] Friedrich, H. E.: Leichtbau in der Fahrzeugtechnik. 2. Aufl. Wiesbaden: Springer Fachmedien Wiesbaden, 2017

[FROH20] Frohn-Sörensen, P.; Geueke, M.; Tuli, T. B.; Kuhnhen, C.; Manns, M.; Engel, B.: 3D printed prototyping tools for flexible sheet metal drawing. In: The International Journal of Advanced Manufacturing Technology, 2020

[FROH22] Frohn-Sörensen, P.; Geueke, M.; Engel, B.; Löffler, B.; Bickendorf, P.; Asimi, A.; Bergweiler, G.; Schuh, G.: Design for 3D Printed Tools: Mechanical Material Properties for Direct Polymer Additive Tooling. In: Polymers, 14. Jg., 2022, Nr. 9, S. 1–17

[FUHR18] Fuhrmann, M.: Qualitätsorientierte modellbasierte Prozessparameteroptimierung für das Fused Deposition Modeling. Dissertation, 2018

[GEBH16] Gebhardt, A.: Additive Fertigungsverfahren. Additive Manufacturing und 3D-Drucken für Prototyping - Tooling - Produktion. 5. neu bearbeitete und erweiterte Aufl. München: Hanser, 2016

[GIBS21] Gibson, I.; Rosen, D.; Stucker, B.; Khorasani, M.: Additive Manufacturing Technologies. Aufl. Cham: Springer International Publishing, 2021

[GÖPF16] Göpfert, I.: Logistik der Zukunft - Logistics for the Future. Aufl. Wiesbaden: Springer Fachmedien Wiesbaden, 2016

[GRÖB19] Gröbel, D.: Herstellung von Nebenformelementen unterschiedlicher Geometrie an Blechen mittels Fließpressverfahren der Blechmassivumformung. In: FAU Studien aus dem Maschinenbau, 2019

[GROC19] Groche, P.; Storbeck, M.; Wang, T.: Continuous forming of height-variable profiles by flexible roller beading. In: The International Journal of Advanced Manufacturing Technology, 103. Jg., 2019, Nr. 5-8, S. 2649–2663

[GROß21] Groß, M.; Lichtenthäler, K.; Bergweiler, G.; Burggräf, P.: Digital press shops: Data of an online survey among press shop experts. In: Data in brief, 35. Jg., 2021, S. 1–9

[HAAS04] Haasler, B.; Jenewein, Klaus, Röben, Peter: Hochtechnologie und Handarbeit. Eine Studie zur Facharbeit im Werkzeugbau der Automobilindustrie. 1. Aufl.: W. Bertelsmann Verlag, 2004

[HADE00] Hadeler, T.; Winter, E.: Gabler Wirtschafts Lexikon. Die ganze Welt der Wirtschaft: Betriebswirtschaft - Volkswirtschaft - Recht - Steuern. 15. Aufl. Wiesbaden: Springer Fachmedien Wiesbaden, 2000

[HAGL15] Hagl, R.: Das 3D-Druck-Kompendium. Aufl. Wiesbaden: Springer Fachmedien Wiesbaden, 2015

[HESS16] Hess, T.: Hightech um den Tropfen. In: Journal für Oberflächentechnik, 2016, Nr. 10, S. 8–13

[HIRT05] Hirt, G.; Ames, J.; Bambach, M.: A New Forming Strategy to Realise Parts Designed for Deep‐drawing by Incremental CNC Sheet Forming. In: steel research int., 76. Jg., 2005, Nr. 2/3, 160-

[HOFF09] Hoffmann, A.: Entwicklung eines Ordnungsrahmens zur Analyse von intraorganisationalem Wissenstransfer. In: Berichte des Fachbereichs Wirtschaftswissenschaften der Goethe-Universität Frankfurt am Main, 2009

[HOFF12] Hoffmann, H.; Spur, G.; Neugebauer, R.: Handbuch Umformen. (Reihe: Edition Handbuch der Fertigungstechnik). 2. vollst. neu bearb. Aufl. s.l.: Carl Hanser Fachbuchverlag, 2012

[HÖLK17] Hölker-Jäger, R.; Tekkaya, A. E.: Additive manufacture of tools and dies for metal forming. In: Laser Additive Manufacturing - Materials, Design, Technolgies, and Applications, 2017, S. 439–464

[HORT00] Hortig, D.: Werkzeugbeschichtungen mit Trockenschmierstoffeigenschaften für das Tiefziehen. In: Berichte aus Produktion und Umformtechnik, 2000

[HU15] Hu, Y.; Yuan, X.; Ma, G.; Masen, M. A.; Wang, L.: Tool-life prediction under multi-cycle loading during metal forming: a feasibility study. In: Manufacturing Review, 2. Jg., 2015, S. 1–7

[HU19] Hu, Y.; Zheng, Y.; Yang, X.; Politis, D. J.; Wang, L.; Gharbi, M. M.; Cui, J.: FE Simulation of Aluminium Galling Induced Forming Tool Failures Under Multi-cycle Loading Conditions: A Feasibility Study. Proceedings of the 4th International Conference on Advanced High Strength Steel and Press Hardening (ICHSU2018). In: Advanced High Strength Steel and Press Hardening, 4. Jg., 2019, S. 194–198

[HUTZ15] Hutzschenreuter, T.: Allgemeine Betriebswirtschaftslehre. Grundlagen mit zahlreichen Praxisbeispielen. 6. Aufl. Wiesbaden: Springer Fachmedien Wiesbaden, 2015

[ICKE12] Ickert, L.; Thomas, D.; Eckstein, L.; Tröster, T.: Beitrag zum Fortschritt im Automobilleichtbau durch belastungsgerechte Gestaltung und innovative Lösungen für lokale Verstärkungen von Fahrzeugstrukturen in Mischbauweise. In: FAT Schriftenreihe, 2012, Nr. 244, S. 1–386

[IKPE17] Ikpe, A. E.; Orhorhoro, E. K.; Gobir, A.: Design and Reinforcement of a B-Pillar for Occupants Safety in Conventional Vehicle Applications. In: International Journal of Mathematical, Engineering and Management Sciences, 2. Jg., 2017, Nr. 1, S. 37–52

[INDU20] Industrieverband Blechumformung: Kennzahlenreport Industrieverband Blechumformung. Report Q1/2020. In: Kennzahlenreport, 2020

[JANC98] Janczyk, M.; McLaughlin, R.; Malloy, R.; McCarthy, S.: Stereolithography for Rapid Tooling for Injection Molding: The Effect of Cooling Channel Geometry. In: IS&T's 50th Annual Conference, 1998, 656-660

[JASI19] Jasinski, C.; Morawinski, L.; Kocanda, A.; Swillo, S.: A New Approach to Experimental Testing of Sheet Metal Formability for Automotive Industry. In: Archives of Metallurgy and Materials, 4. Jg., 2019, Nr. 64, S. 1231–1238

[JAYA97] Jayanthi, S.; Hokuf, B.; McConnell, R.; Speer, R.; Fussell, P.: Stereolithographic Injection Molds for Direct Tooling. In: International Solid Freeform Fabrication Symposium, 1997

[KAM17] Kam, M.; Ipekci, A.; Saruhan, H.: Investigation of 3D Printing Filling Structures Effect on Mechanical Properties and Surface Roughness of PET-G Material Products. In: Gaziosmanpasa Journal of Scientific Research, 6. Jg., 2017, S. 114–121

[KAMP13] Kampker, A.; Vallée, D.; Schnettler, A.: Elektromobilität. Grundlagen einer Zukunftstechnologie. Aufl. Berlin, Heidelberg: Springer Berlin Heidelberg, 2013

[KAMP14] Kampker, A.: Elektromobilproduktion. Aufl. Berlin, Heidelberg: Springer Berlin Heidelberg, 2014

[KAMP16] Kampker, A.; Förstmann, R.; Ordung, M.; Haunreiter, A.: Prototyping in the Agile Development Management. In: ATZ, 8. Jg., 2016, Nr. 118

[KAMP19] Kampker, A.; Bergweiler, G.; Hollah, A.; Bickendorf, P.; Hoffmann, F.: Development of a framework for the flexibility assessment of automotive production concepts. In: Procedia CIRP, 81. Jg., 2019, S. 34–39

[KAMP20] Kampker, A.; Ayvaz, P.; Lukas, G.: Direct Polymer Additive Tooling - Economic Analysis of Additive Manufacturing Technologies for Fabrication of Polymer Tools for Injection Molding. In: Key Engineering Materials, 843. Jg., 2020, S. 9–18

[KÄST16] Kästle, C.: Simulationsmethode zur Beurteilung der Maßhaltigkeit von rollgefalzten Karosseriebaugruppen im Zusammenbau. Dissertation. Stuttgart, 2016

[KIEF07] Kiefer, J.: Mechatronikorientierte Planung automatisierter Fertigungszellen im Bereich Karosserierohbau. (Reihe: Schriftenreihe Produktionstechnik). Aufl. Saarbrücken: Univ. des Saarlandes Lehrstuhl für Fertigungstechnik, 2007

[KLEI19] Klein, B.; Gänsicke, T.: Leichtbau-Konstruktion. Dimensionierung, Strukture, Werkstoffe und Gestaltung. 11. Aufl. Wiesbaden: Springer Fachmedien Wiesbaden, 2019

[KLEK49] Klekeler, K.: Zerspanbarkeit von Automatenstahl. In: Die Zerspanbarkeit der Werkstoffe, 1949

[KLOC06] Klocke, F.; Kuwer, C.; Zeppenfeld, C.: Optimierter Einsatz keramischer Werkzeuge in der Blechumformung. In: Verformungskundliches Kolloquium Tagungsband, 14. Jg., 2006, S. 73–87

[KLOC09] Klocke, F.; Zimmermann, M.; Feldhaus, B.: Wegner, H.: Tiefziehen mit Keramikwerkzeugen. Untersuchungen zum Verschleißverhalten von Siliziumnitridkeramik in der Blechumformung. In: wt Werkstattstechnik online, 99. Jg., 2009, Nr. 10, S. 721–727

[KLOC17] Klocke, F.; König, W.: Fertigungsverfahren Band 4. Umformen. 6. Aufl. Berlin, New York: Springer Vieweg, 2017

[KLUG20] Kluge, S.: Prozesse der Blechumformung. Bauteil-, Werkzeug- und Fertigungsgestaltung im Karosseriebau. Aufl. München: Carl Hanser Verlag, 2020

[KNOP18] Knoppe, M.; Wild, M.: Digitalisierung im Handel. Aufl. Berlin, Heidelberg: Springer Berlin Heidelberg, 2018

[KOÇ08] Koç, M.: Hydroforming for advanced manufacturing. (Reihe: Woodhead Publishing in materials). Aufl. Cambridge: Woodhead Pub. and Maney Pub. on behalf of The Institute of Materials Minerals & Mining, 2008

[KOCA16] Kocańda, A.; Jasiński, C.: Extended evaluation of Erichsen cupping test results by means of laser speckle. In: Archives of Civil and Mechanical Engineering, 16. Jg., 2016, Nr. 2, S. 211–216

[KOGL13] Koglin, K.: Aktuelle Trends im Karosseriebau. In: Automotive Engineering Expo 2013, 2013

[KOLB12] Kolbe, J.: Thermisch beschichtete, faserverstärkte Polymerwerkzeuge für die Umformung höherfester Blechwerkstoffe. In: Institut für Umformtechnik und Leichtbau (IUL), 2012

[KOLB18] Kolbe, M.; Hellwig, W.: Spanlose Fertigung Stanzen. Aufl. Wiesbaden: Springer Fachmedien Wiesbaden, 2018

[KOLL05] Kolling, S.; Haufe, A.: A constitutive model for thermoplastic materials subjected to high strain rates. In: PAMM, 5. Jg., 2005, Nr. 1, S. 303–304

[KORE10] Koren, Y.; Hill, R.: The Global Manufacturing Revolution. Product-Process-Business Integration and Reconfigurable Systems. Aufl.: Wiley, 2010

[KÖTT11] Kötter, H.: Potenziale von MELATO-Werkzeugen zum Heißpressen. In: ForMaT, 2011

[KOVA18] Kovan, V.; Tezel, T.; Topal, E. S.; Camurlu, H. E.: Printing Parameters Effect on Surface Characteristics of 3D Printed PLA Materials. In: International Scientific Journal Machines, Technologies, Materials, 9. Jg., 2018, Nr. 7, S. 266–269

[KRAU21] Krause DiMaTec GmbH: Werkstoffe für den 3D-Druck. In: Technical Datasheet, 2021

[KUBI77] Kubicek, H.: Heuristische Bezugsrahmen und heuristisch angelegte Forschungsdesigns als Elemente einer Konstruktionsstrategie empirischer Forschung. 1. Aufl. Stuttgart: Poeschel, 1977

[KUMK18] Kumke, M.: Methodisches Konstruieren von additiv gefertigten Bauteilen. Aufl. Wiesbaden: Springer Fachmedien Wiesbaden, 2018

[KUWE07] Kuwer, C.-J.: Verschleißreduktion beim Tiefziehen von X5 CrNi 18-10. (Reihe: Berichte aus der Produktionstechnik, 2007,22). Aufl. Aachen: Shaker, 2007

[LAMM13] Lamminen, L.; Wadman, B.; Küttner, R.; Svinning, T.: ProSheet - Prototyping and low volume production of sheet metal components. Research report. In: NI Project Research Report, 2013

[LANG93] Lange, K.: Umformtechnik Handbuch für Industrie und Wissenschaft. Band 4: Sonderverfahren, Prozeßsimulation, Werkzeugtechnik, Produktion. 2. Aufl.: Springer-Verlag Berlin Heidelberg, 1993

[LEAC15] Leacock, A. G.; Cowan, G.; Cosby, M.; Volk, G.; McCracken, D.; Brown, D.: Structural and Frictional Performance of Fused Deposition Modelled Acrylonitrile Butadiene Styrene (P430) with a View to Use as Rapid Tooling Material in Sheet Metal Forming. In: Key Engineering Materials, 639. Jg., 2015, S. 325–332

[LEE93] Lee, W. B.: Advances in Engineering Plasticity and its Applications. 1. Aufl.: Elsevier Science, 1993

[LIEW08] Liewald, M.; Souza, J. H. C. de: New developments on the use of polymeric materials in sheet metal forming. In: Production Engineering, 2. Jg., 2008, Nr. 1, S. 63–72

[LIPP18] Lippert, R. B.: Restriktionsgerechtes Gestalten gewichtsoptimierter Strukturbauteile für das Selektive Laserstrahlschmelzen. In: Institut für Produktentwicklung und Gerätebau IPeG, 2018

[LOTT12] Lotter, B.; Wiendahl, H.-P.: Montage in der industriellen Produktion. Ein Handbuch für die Praxis. 2. Aufl. Berlin, Heidelberg: Springer Berlin Heidelberg, 2012

[MAIE18] Maier, S. J.: Inline-Qualitätsprüfung im Presswerk durch intelligente Nachfolgewerkzeuge. 1. Aufl. München: TUM University Press, 2018

[MAJI14] Majic, N.: Entwicklung einer FEM-basierten Methode zur fertigungsorientierten Sickenmustergestaltung für biegebeanspruchte Tragstrukturen. Aufl. Karlsruhe: Karlsruher Institut für Technologie (KIT), 2014

[MALN19] Malnati, P.: SPE's 48th Automotive Innovation Awards Celebrates Achievements in Auto Plastics. In: PLASTICS ENGINEERING, 2019, Nr. 1, S. 48–55

[MEC14] MEC ideas srl: Die for sheet metal parts. URL: http://www.mecideas.com/english/dies-for-metal-sheet.html

[MEHI15] Mehic, B.; Engler, S.; Aziz, H.: Entwicklung einer Streifenziehversuchsanlage zur Untersuchung des Reib- und Verschleißverhaltens vom tribologisch beanspruchten Oberflächen. In: Forschungsforum der Österreichischen Fachhochschulen, 2015, Nr. 7, S. 1–11

[MEIS01] Meise, V.: Ordnungsrahmen zur prozessorientierten Organisationsgestaltung. Modelle für das Management komplexer Reorganisationsprojekte. (Reihe: Studien zur Wirtschaftsinformatik, Band 10). Aufl. Hamburg: Verlag Dr. Kovac GmbH, 2001

[MIAZ21] Miazio, Ł.: The influence of layer height on the tensile strength of specimens printed in the FDM technology. In: Technical Sciences, 24. Jg., 2021, Nr. 1

[MOHR13] Mohr, D.; Müller, N.; Krieg, A.: The road to 2020 and beyond. What's driving the global automotive industry? In: Advanced Industries, 2013

[MÜLL10] Müller, J. C. K.: Integrativer Ordnungsrahmen für die Entwicklung fluidtechnisch-mechatronischer Systeme. Aufl. Aachen: Apprimus Verlag, 2010

[NAKA19] Nakamura, N.; Mori, K.; Abe, Y.: Applicability of plastic tools additively manufactured by fused deposition modelling for sheet metal forming. In: The International Journal of Advanced Manufacturing Technology, 111. Jg., 2019, Nr. 2

[NATI18] Nationale Plattform Elektromobilität (NPE): Fortschrittsbericht 2018 – Markthochlaufphase. In: NPE-Fortschrittsberichte, 2018

[NETS95] Netsch, T.: Methode zur Ermittlung von Reibmodellen für die Blechumformung. (Reihe: Berichte aus Produktion und Umformtechnik). Aufl. Aachen: Shaker, 1995

[NICH19] Nichols, M. R.: How does the automotive industry benefit from 3D metal printing? In: Metal Powder Report, 74. Jg., 2019, Nr. 5, S. 257–258

[NYHU08] Nyhuis, P.: Beiträge zu einer Theorie der Logistik. Aufl. Berlin, Heidelberg: Springer Berlin Heidelberg, 2008

[OTTO03] Otto, M.: Erweiterung der Umformgrenzen beim Tiefziehen und Kragenziehen durch Nachschieben von Werkstoff. In: Berichte der Fakultät für Maschinenbau der Otto-von-Guericke-Universität Magdeburg, 2003

[PAPA16] Papaioanu, A.: Einsatz eines neuartigen Verfahrens zum kombinierten Recken und Tiefziehen von Außenhautbeplankungen aus Feinblech. Dissertation. Stuttgart, 2016

[PAST19] Pastor-Artigues, M.-M.; Roure-Fernández, F.; Ayneto-Gubert, X.; Bonada-Bo, J.; Pérez-Guindal, E.; Buj-Corral, I.: Elastic Asymmetry of PLA Material in FDM-Printed Parts: Considerations Concerning Experimental Characterisation for Use in Numerical Simulations. In: Materials (Basel, Switzerland), 13. Jg., 2019, Nr. 1

[PIMM94] Pimmler, T. U.; Eppinger, S. D.: Integration analysis of product decomposition. In: ASME Design Theory and Methodology Conference, 1994, S. 1–10

[PREH06] Prehn, R.: Tribologisch optimierte polymere Hochleistungsverbundwerkstoffe für den Einsatz unter abrasiven Bedingungen. In: Fachbereich Maschinenbau und Verfahrenstechnik der TU Kaiserslautern, 2006

[PRIL14] Prillhofer, R.; Rank, G.; Berneder, J.; Antrekowitsch, H.; Uggowitzer, P. J.; Pogatscher, S.: Property Criteria for Automotive Al-Mg-Si Sheet Alloys. In: Materials (Basel, Switzerland), 7. Jg., 2014, Nr. 7, S. 5047–5068

[PRIT19] Prithvirajan, R.; Sugavaneswaran, M.; Sathishkumar, N.; Arumaikkannu, G.: Metal bellow hydroforming using additive manufactured die: a case study. In: Rapid Prototyping Journal, 25. Jg., 2019, Nr. 4, S. 765–774

[PUTZ13] Putz, M.: Energieeffiziente Produkt- und Prozessinnovationen in der Produktionstechnik. Management von Karosseriebauprozessen unter dem Aspekt von Energie- und Ressourceneffizienz. In: Spitzentechnologiecluster eniPROD, 2013

[RAAB03] Raab, H.: Umformen durch Ziehen und Tiefziehen. Ziehen & Tiefziehen. In: FH Südwestfalen, 2003, S. 1–11

[REIT13] Reitter, G. K.: Leichtbau durch Sicken. In: 4ming Forming Handbücher, 2013

[ROSC18] Roscher, M.: Energieinformationssystemarchitektur für produzierende Unternehmen. In: Dissertationsschrift, 2018

[SAUE18] Sauer, B.: Konstruktionselemente des Maschinenbaus 2. Aufl. Berlin, Heidelberg: Springer Berlin Heidelberg, 2018

[SCHE05] Schell, T.: Grundlegende Untersuchungen einer neuen Rapid Tooling Technik für die Blechumformung. In: Berichte der Technischen Fakultät der Universität Erlangen-Nürnberg, 2005

[SCHM02] Schmidt-Jürgensen, R.: Untersuchungen zur Simulation rückfederungsbedingter Formabweichungen beim Tiefziehen. In: Fachbereich Maschinenbau der Universität Hannover, 2002

[SCHM15] Schmitt, R.: Anlaufmanagement. Begriffe und Definitionen. Aufl.: Apprimus Verlag, Aachen, 2015

[SCHU08] Schuh, G.; Stölzle, W.; Straube, F.: Anlaufmanagement in der Automobilindustrie erfolgreich umsetzen. Aufl. Berlin, Heidelberg: Springer Berlin Heidelberg, 2008

[SCHU11] Schuh, G.; Klappert, S. (Hrsg.): Technologiemanagement. Aufl. Berlin, Heidelberg: Springer Berlin Heidelberg, 2011

[SCHU14] Schuh, G.; Pitsch, M.; Komorek, N.; Schippers, M.; Salmen, M.: Cutting Manufacturing Failure Costs in the Tool and Die Industry by Implementing a Knowledge Transfer System to Avoid and Correct Mistakes More Effectively. In: Procedia CIRP, 16. Jg., 2014, S. 80–85

[SCHU17] Schuh, G.; Vogt, F.; Lau, F.; Bickendorf, P.: Concept of Innovation Transfer from Corporate Incubators. In: Portland International

Conference on Management of Engineering and Technology (PIC-MET), 2017

[SCHU17] Schuh, G.; Vogt, F.; Lau, F.; Bickendorf, P.: Typing of Innovations from Corporate Incubator. In: International Journal of Engineering Research & Technology, 2017, Nr. 12, S. 307–315

[SCHU18] Schuh, G.; Lau, F.; Vogt, F.; Zimmermann, R.: Gestaltung von Corporate Inkubatoren. Whitepaper Empirische Studie. In: Fraunhofer Whitepaper, 2018

[SCHU19] Schuh, G.; Bergweiler, G.; Fiedler, F.; Bickendorf, P.; Colag, B. C.: A Review on Flexible Forming of Sheet Metal Parts. In: IEEE International Conference on Industrial Engineering and Engineering Management (IEEM), 12. Jg., 2019, S. 1221–1225

[SCHU19] Schuh, G.; Kelzenberg, C.; Wiese, J.; Ochel, T.: Data Structure of the Digital Shadow for Systematic Knowledge Management Systems in Single and Small Batch Production. In: Procedia CIRP, 84. Jg., 2019, S. 1094–1100

[SCHU20] Schuh, G.; Bergweiler, G.; Bickendorf, P.; Fiedler, F.; Colag, B. C.: Sheet Metal Forming Using Additively Manufactured Polymer Tools. In: Procedia CIRP, 53. Jg., 2020

[SCHU20] Schuh, G.; Bergweiler, G.; Fiedler, F.; Bickendorf, P.; Schumacher, P.: Small Series Production and Geometric Analysis of Sheet Metal Car Body Parts Using Forming Tools Made of Fused Filament Fabricated PLA. In: Procedia IEEM, 13. Jg., 2020

[SCHU21] Schuh, G.; Bergweiler, G.; Bickendorf, P.; Zäpfel, M.; Salian, A.: Decision Approach for the Design and Sensor Integration of an LPBF Manufactured Gripper End Effector. In: CIRP Conference on Manufacturing Systems, 54. Jg., 2021

[SCHU21] Schuh, G.; Bergweiler, G.; Fiedler, F.; Passgang, A.; Bickendorf, P.: Process Chain Concept for the Automated Design of Polymer Additively Manufactured Forming Tools. In: Procedia IEEM, 14. Jg., 2021

[SCHU21] Schuh, G.; Bergweiler, G.; Fiedler, F.; Neumann, D.; Heetfeld, L.; Bickendorf, P.: Potential Analysis Of Flexible Small Series Production Of Spare Parts By Direct Polymer Additive Tooling. In: 2nd Conference on Production Systems and Logistics, 2021

[SHEI06] Sheikhi, S.: Herstellung und Bewertung der Umformbarkeit von reibrührgeschweißten Tailored Blanks aus Aluminiumlegierungen. In: Berichte der GKSS, 2006, Nr. 10

[SIEB17] Siebertz, K.; van Bebber, D.; Hochkirchen, T.: Statistische Versuchsplanung. Aufl. Berlin, Heidelberg: Springer Berlin Heidelberg, 2017

[SIEG15] Siegert, K.: Blechumformung. Aufl. Berlin, Heidelberg: Springer Berlin Heidelberg, 2015

[SIEG98] Siegert, K.; Farr, M.: Ermittlung optimaler Zieh- und Stempelkantenradien von Ziehwerkzeugen. (Reihe: EFB-Forschungsbericht). Aufl. Hannover: EFB, 1998

[SING19] Singer, M. R.: Neuartige Versuchsmethodik zur verbesserten Modellierung der Reibung in der Blechumformung. In: Beiträge zur Umformtechnik, 2019, Nr. 85

[SOMI20] Somireddy, M.; Czekanski, A.: Anisotropic material behavior of 3D printed composite structures – Material extrusion additive manufacturing. In: Materials & Design, 195. Jg., 2020, S. 1–13

[SOUZ10] Souza, J. de; Liewald, M.: Analysis of the tribological behaviour of polymer composite tool materials for sheet metal forming. In: Wear, 268. Jg., 2010, Nr. 1-2, S. 241–248

[SPAL17] Spalding, M. A.; Chatterjee, A. M. (Hrsg.): Handbook of industrial polyethylene and technology. Definitive guide to manufacturing, properties, processing, applications and markets. Aufl. Hoboken NJ: John Wiley & Sons, 2017

[STAE98] Staeves, J.: Beurteilung der Topografie von Blechen im Hinblick auf die Reibung bei der Umformung. In: Berichte des Fachbereichs Maschinenbau der Technischen Universität Darmstadt, Institut für Produktionstechnik und Umformmaschinen. Jg., 1998

[STEU15] Steuben, J.; van Bossuyt, D. L.; Turner, C.: Design for Fused Filament Fabrication Additive Manufacturing. In: Proceedings of the ASME 2015 International Design Engineering Technical Conferences & Computers and Information in Engineering Conference, 2015

[STIC07] Stich, C.: Produktionsplanung in der Automobilindustrie. Aufl. Wiesbaden: Springer Fachmedien Wiesbaden, 2007

[STRA18] Stratasys: Top 5 Benefits of Using FDM Tooling for Sheet Metal Forming. Forming Tools. In: Stratasys Direct, 2018

[STRA18] Stratasys: FDM Tooling for Sheet Metal Forming Hydroforming and Rubber Pad Press. In: Technical Application Guide, 2018, S. 1–11

[STRA19] Stratasys: FDM for Composite Tooling 2.0. In: Stratasys Design Guide, 2019

[STRA19] Stratasys: Hydroforming with FDM Tooling. In: Application Brief, 2019

[STUM17] Stumpp, B.: Trockenes Tiefziehen. In: Umformtechnik, 2017

[TALE12] Taleb-Araghi, B.: Inkrementelle Blechumformung und ihre Kombination mit Streckziehen. Grundlagen und Anwendungen. In: Umformtechnische Schriften, 2012

[TECK16] Tecklenburg, G.: Karosseriebautage Hamburg 2016. Aufl. Wiesbaden: Springer Fachmedien Wiesbaden, 2016

[TENN19] Tenner, J.: Realisierung schmierstofffreier Tiefziehprozesse durch maßgeschneiderte Werkzeugoberflächen. In: FAU Studien aus dem Maschinenbau, 2019, Nr. 323

[THYS18] thyssenkrupp Steel Europe AG: Tiefziehstähle DD, DC und DX - Produktinformation. In: Produktinformation, 2018, Nr. 1

[TOFA18] Tofail, S. A.; Koumoulos, E. P.; Bandyopadhyay, A.; Bose, S.; O'Donoghue, L.; Charitidis, C.: Additive manufacturing: scientific and technological challenges, market uptake and opportunities. In: Materials Today, 21. Jg., 2018, Nr. 1, S. 22–37

[TOMC92] Tomczak, T.: Forschungsmethoden in der Marketingwissenschaft. Ein Plädoyer für den qualitativen Forschungsansatz. In: ZFP - Journal of Research and Management, 2. Jg., 1992, Nr. 2

[TWIK19] Twikit: Let's make everything personal. Solutions for mass individualization and digital manufacturing. In: Produktinformation, 2019

[UETZ85] Uetz, H.; Wiedemeyer, J.: Tribologie der Polymere. Grundlagen und Anwendungen in der Technik: Reibung - Verschleiß - Schmierung. 1. Aufl.: Carl Hanser Verlag München Wien, 1985

[ULRI01] Ulrich, H.; Schwaninger, M.: Systemorientiertes Management. 1. Aufl. Bern und Stuttgart: Paul Haupt, 2001

[ULRI70] Ulrich, H.: Die Unternehmung als produktives soziales System. Grundlagen der allgemeinen Unternehmungslehre. In: Schriftenreihe Unternehmung und Unternehmensführung, 1970, S. 11–107

[ULRI76] Ulrich, P.; Hill, W.: Wissenschaftstheoretische Grundlagen der Betriebswirtschaftslehre. Teil I. In: WiSt - Wirtschaftswissenschaftliches Studium, 1976, Nr. 7, S. 304–390

[ULRI84] Ulrich, H.: Management. In: Schriftenreihe Unternehmung und Unternehmensführung, 1984, Nr. 13

[ULTI20] Ultimaker Support: Infill settings. URL: https://support.ultimaker.com/hc/en-us/articles/360012607079-Infill-settings [Stand: 15.05.2021]

[VAN08] van den Boogaard, A. H.; Carleer, B. D.; Atzema, E. H.; ter Wijlen, E. V.: Experimental validation of numerical sensitivities in a deep drawing simulation. In: International Journal of Material Forming, 1. Jg., 2008, Nr. S1, S. 41–44

[VDA13] VDA: Jahresbericht 2013. In: Jahresberichte der deutschen Automobilindustrie, 2013

[VDA18] VDA 230-213 (2018): Prüfverfahren für die Produktklassen Prelube, Prelube 2, Hotmelt, Spot lubricant

[VDMA16] VDMA: How to succeed: Strategic options for European Machinery. Shifting growth patterns, increasing pace of digitization and organizational change. In: Verband Deutscher Maschinen- und Anlagenbau e.V., 2016, S. 1–84

[VDMA17] VDMA VDW: Marktbericht 2017. Die deutsche Werkzeugmaschinenindustrie und ihre Stellung im Weltmarkt. In: VMDA Marktberichte, 2017

[VEDP19] Vedpathak, V. S.; Tadamalle, A. P.; Burande, D. H.: Evaluation of Deep Drawing Force in Sheet Metal Forming. In: International Journal of Engineering Research & Technology, 8. Jg., 2019, Nr. 7, S. 854–859

[VICK18] Vickery, P.: Stress Testing 3D printed parts on a Trumpf Press Brake. In: Centerline ES, 2018, S. 1–6

[VOLK17] Volkswagen AG: Lieferantenleitfaden für Produktentwicklung. 4. Aufl.: Konzern-Entwicklungsverbund, 2017

[WAGN15] Wagner, S.: Werkzeuge der Blechumformung. In: Manuskripte des Instituts für Umformtechnik IFU, 2015

[WAGN19] Wagner, M.: Diskretisierung mit finiten Elementen. In: Lineare und nichtlineare FEM, 2019, S. 59–80

[WALL15] Walla, W.: Standard- und Modulbasierte digitale Rohbau-prozesskette. Frühzeitige Produktbeeinflussung bezüglich Produktionsanforderungen im Karosserierohbau der Automobilindustrie. In: Berichte der Fakultät für Maschinenbau des Karlsruher Institut für Technologie (KIT), 2015

[WALL30] Wallichs, A.; Opitz, H.: Die Prüfung der Zerspanbarkeit von Automatenstahl. In: Archiv für das Eisenhüttenwesen, 4. Jg., 1930, Nr. 5

[WALT07] Waltl, H.; Vette, W.; Griebach, D.: Toolmaking for Future Car Bodies. Toolmaking as a Pioneer for Quality, Speed and Cost Reduction for the Development and Production of New Car Body Concepts. In: International Deep-drawing Research Group Proceedings, 2007, S. 1–14

[WANG17] Wang, Z.; Zhang, Q.; Liu, Y.; Zhang, Z.: A robust and accurate geometric model for automated design of drawbeads in sheet metal forming. In: Computer-Aided Design, 92. Jg., 2017, S. 42–57

[WATT18] Watts, F. B.: Engineering Documentation Control/Configuration Management Standards Manual. Policies, Procedures, Flow Diagrams, Forms and Form Instructions for Product Manufacturing Companies. 1. Aufl. Wiley Global Hoboken: Scrivener Publishing LLC, 2018

[WELT02] Welter, M.: Die Forschungsmethode der Typisierung. Charakteristika, Einsatzbereiche und praktische Anwendung. In: Wirtschaftswissenschaftliches Studium, 35. Jg., 2002, Nr. 2, S. 112–116

[WEMH06] Wemhöner, N.: Flexibilitätsoptimierung zur Auslastungssteigerung im Automobilrohbau. (Reihe: Berichte aus der Produktionstechnik). Aufl. Aachen: Shaker Verlag GmbH, 2006

[WERN15] Werner, M.: StaBiFü - Wirtschaftlich und flexibel Blechteile fertigen - bei sinkenden Stückzahlen. In: Fraunhofer Whitepaper, 2015

[WIDM84] Widmann, M.; Lange, K.: Herstellung und Versteifungswirkung von geschlossenen Halbrundsicken. (Reihe: Berichte aus dem Institut für Umformtechnik der Universität Stuttgart). Aufl.: Springer Berlin Heidelberg, 1984

[WILL84] Willmann, G.: Randbedingungen für die konstruktive Gestaltung von keramischen Bauteilen. In: Keramische Zeitschrift, 36. Jg., 1984, Nr. 12, S. 669–673

[WITU11] Witulski, J.; Trompeter, M.; Tekkaya, A. E.; Kleiner, M.: High wear resistant deep drawing tools made of coated polymers. In: CIRP Annals - Manufacturing Technology, 60. Jg., 2011, Nr. 1, S. 311–314

[WOHL21] Wohlers, T.; Campbell, R. I.; Diegel, O.; Huff, R.; Kowen, J.: Wohlers Report 2021. 3D Printing and Additive Manufacturing Global State of the Industry. Aufl. Fort Collins Colorado: Wohlers Associates Inc, 2021

[WÖHR18] Wöhrle, D.: Kunststoffe. Wichtige Werkstoffe unserer Zeit. In: Chemie in unserer Zeit, 53. Jg., 2018, Nr. 1, S. 50–64

[WYCI18] Wycisk, E.; Munsch, M.; Schmidt-Lehr, M.: Additive Manufacturing of Automotive Components. In: AMpower Insights, 2018, S. 1–32

[YANG18] Yang, D. Y.; Bambach, M.; Cao, J.; Duflou, J. R.; Groche, P.; Kuboki, T.; Sterzing, A.; Tekkaya, A. E.; Lee, C. W.: Flexibility in metal forming. In: CIRP Annals, 67. Jg., 2018, Nr. 2, S. 743–765

[ZARA21] Zaragoza, V. G.; Rane, K.; Strano, M.; Monno, M.: Manufacturing and performance of 3D printed plastic tools for air bending applications. Manuscript Draft. In: Journal of Manufacturing Processes, 2021

[ZEDT19] Zedtwitz, A.: Jahres-PK 2019: Präzisionswerkzeuge erreichten 2018 neues Rekordniveau - VDMA. In: VDMA Pressekonferenz, 2019

[ZHAN18] Zhang, J.; Jung, Y.-G. (Hrsg.): Additive Manufacturing. Materials, Processes, Quantifications and Applications. Aufl. Cambridge, MA: Butterworth-Heinemann, 2018

[ZUM85] zum Gahr, K. H.: Tribologie: Reibung - Verschleiß - Schmierung. In: Naturwissenschaften, 1985, Nr. 72, S. 260–267

In der Reihe **Ergebnisse aus der Produktionstechnik** zuletzt erschienen:

Kreß, Julian Maximilian:
Erbringung hybrider Leistungsangebote in Wertschöpfungsnetzwerken
ISBN: 978-3-98555-128-6
Erscheinungsdatum: 24.01.2023

Behrens, Jan:
Selbstkalibrierung von 5-Achs-Bearbeitungszentren mit Dreh-/Schwenktisch
ISBN: 978-3-98555-124-8
Erscheinungsdatum: 24.01.2023

Bickendorf, Philipp:
Tribologische und geometrische Auslegung von additiv hergestellten Werkzeug-einsätzen zur Feinblech-umformung
ISBN: 978-3-98555-133-0
Erscheinungsdatum: 24.01.2023

Vierschillung, Sebastian Patrick:
Automatisierung der Standortauswahl in der Fabrikplanung
ISBN: 978-3-98555-134-7
Erscheinungsdatum: 09.01.2023

Wenning, Marius:
Kontextabhängige Anomaliedetektion zur visuellen Hinderniserkennung für automatisierte PKW im End-of-Line-Bereich
ISBN: 978-3-98555-121-7
Erscheinungsdatum: 19.12.2022

Helbig, Jens:
Typisierung und Auswahl von Referenzstrategien für den Werkzeugeinkauf
ISBN: 978-3-98555-122-4
Erscheinungsdatum: 19.12.2022

Schlegel, Peter:
Bewertung und Optimierung der Vollständigkeit von Betriebsdaten im Kontext der Fehlerprädiktion
ISBN: 978-3-98555-120-0
Erscheinungsdatum: 18.11.2022

Kukla, Christian:
Prozesstemperaturregelung in der laserunterstützten Verarbeitung von faserverstärkten thermoplastischen Verbundkunststoffen
ISBN: 978-3-98555-116-3
Erscheinungsdatum: 19.10.2022

Kiesel, Raphael:
Techno-Economic Evaluation of 5G Technology for Latency-Critical Applications in Production
ISBN: 978-3-98555-115-6
Erscheinungsdatum: 19.10.2022

Hahn, Viviane:
Bewertung der Wandlungsfähigkeit in der automatisierten Fabrikplanung
ISBN: 978-3-98555-102-6
Erscheinungsdatum: 10.10.2022

Edition Wissenschaft
Apprimus

Schäkel, Martin:
Adaptiver laserunterstützter Tapewickelprozess für die Herstellung von Druckbehältern aus endlosfaserverstärkten Thermoplasten
ISBN: 978-3-98555-107-1
Erscheinungsdatum: 12.08.2022

Elser, Hannes:
Fähigkeit von Bluetooth Low Energy zur signalstärkebasierten Rückverfolgung von Bauteilen in der Einzel- und Kleinserienfertigung
ISBN: 978-3-98555-099-9
Erscheinungsdatum: 12.08.2022

Busch, Max:
Intelligente Produktionsplanungsprozesse im Werkzeugbau
ISBN: 978-3-98555-095-1
Erscheinungsdatum: 14.07.2022

Fölling, Carsten:
Komplexitätsbeherrschung durch hybride Montageplanung
ISBN: 978-3-98555-090-6
Erscheinungsdatum: 30.06.2022

Ays, Johanna:
Kontextbasierte Integration agiler und plangetriebener Entwicklungsprozesse
ISBN: 978-3-98555-087-6
Erscheinungsdatum: 23.06.2022

Maslo, Semir:
Simulation of the Dynamic Vibration Behaviour and Spindle Speed Optimization During the Milling Process of Turbomachinery Components
ISBN: 978-3-98555-082-1
Erscheinungsdatum: 25.05.2022

Solf, Mareike:
Modellierung der Schleifkraft beim Kegelradschleifen
ISBN: 978-3-98555-106-4
Erscheinungsdatum: 12.08.2022

Henkel, Jérôme
Strategien zur Steigerung der Flächeneffizienz von Fabriken im urbanen Umfeld ISBN
ISBN: 978-3-98555-098-2
Erscheinungsdatum: 27.07.2022

Eßer, Bastian:
Analyse des Betriebsverhaltens von Kugelgewindetrieben unter statischen axialen Betriebslasten
ISBN: 978-3-98555-065-4
Erscheinungsdatum: 11.07.2022

Schulz, Martin:
Optimierung des Temperaturfeldes beim Laserstrahlhärten
ISBN: 978-3-98555-078-4
Erscheinungsdatum: 23.06.2022

Ebade Esfahani, Matthias:
Ontologie der Fabrikplanung mit Hilfe von Building Information Modeling (BIM)
ISBN: 978-3-98555-084-5
Erscheinungsdatum: 07.06.2022

Schmitz, Seth:
Datenbasierte Beschreibung der Prozessperformance in der Auftragsabwicklung
ISBN: 978-3-98555-079-1
Erscheinungsdatum: 19.05.2022

Edition Wissenschaft
Apprimus

MIX

Papier | Fördert gute Waldnutzung

FSC® C083411

Zeitfracht Medien GmbH
Ferdinand-Jühlke-Straße 7
99095 Erfurt, Deutschland
produktsicherheit@kolibri360.de